이론과 문제 중심

알기 쉬운 전기설비

ELECTRIC INSTALLATION

김 수 용 저

화수목

머리말

산업의 급격한 발전과 더불어 건축물의 대형화, 초고층화, 고밀화 등으로 전기설비에 대한 중요성은 날로 증가하고 있다. 본 저자는 이 분야에 대한 교재의 필요성을 인식하여 본인의 현장실무와 교육경험을 바탕으로 본 교재를 집필하였다.

전기에너지는 우리생활에 있어서 무엇보다도 중요시 인식이 되고 있으며 모든 산업의 동력원으로 시설하고 육성을 하고 있습니다. 이러한 이유로서 절대적으로 기술자 필요하다.

전기설비에 대하여 기초를 튼튼히 하고자 하는 분들이 조금 더 쉽게 공부를 할수 있도록 출제기준에 맞추어 이론과 문제를 체계적으로 구성을 하였으며 연습문제 및 실전연습문제와 그 해설을 상세히 서술을 하였다.

이 책의 구성의 특징은 다음과 같다.

제 1 장 전선 및 케이블 / 제 2 장 배선기구 및 측정 계기 / 제 3 장 전선의 접속 /
제 4 장 옥내 배선 공사 / 제 5 장 전선 및 기계기구의 보안 /
제 6 장 가공 인입선 및 배전선 공사 / 제 7 장 특수 장소 공사 /
제 8 장 수변전설비 / 실전연습문제

1. 전기설비이론부분과 연습문제를 수록을 하였다.
2. 학습에 효율을 높일 수 있도록 이론과 문제를 상세히 서술을 하였다.
3. 초보자라도 쉽게 접근을 할 수 있도록 서술을 하였다.
4. 어느 장소에서도 교재 선정이 가능하도록 집필을 하였다.
5. 전기설비 실전연습문제를 수록하여 완벽하에 이해할 수 있도록 하였다.

아무쪼록, 이 책이 학습을 하고자 하는 분들에게 도움이 되길 바라는 마음으로 심혈을 기우려 집필을 하였으며, 책의 내용에 미비한 점들이 있다면 수정 보완해 나갈 것이다.

끝으로 이 책이 출판이 되기까지 수고를 하여주신 화수목 출판사 대표님 및 직원분들께 감사드린다.

교육학/공학박사 저자 씀

차 례

CHAPTER 01

전선 및 케이블

CHAPTER 01

전선 및 케이블

1.1 전선의 조건 및 규격

(1) 전선의 조건 및 규격

① 가요성이 좋아야 한다.

② 도전율이 높아야 한다.

③ 내구성이 뛰어나고, 기계적 강도가 커야 한다.

④ 비중이 낮아야 한다.

전선의 재료

- 구리 : 인장강도가 크다.
- 알루미늄 : 구리, 은 다음으로 도전율이 좋다.
  인장강도가 적으나 고압전송에서 코로나 발생방지

(2) 전선의 구분

① 단선과 연선

㉠ 단선(solid wire) : 전선의 단면이 1개의 도체로 된 전선

㉡ 연선(stranded wire) : 여러 단선을 필요한 굵기에 따라 합쳐 놓은 전선

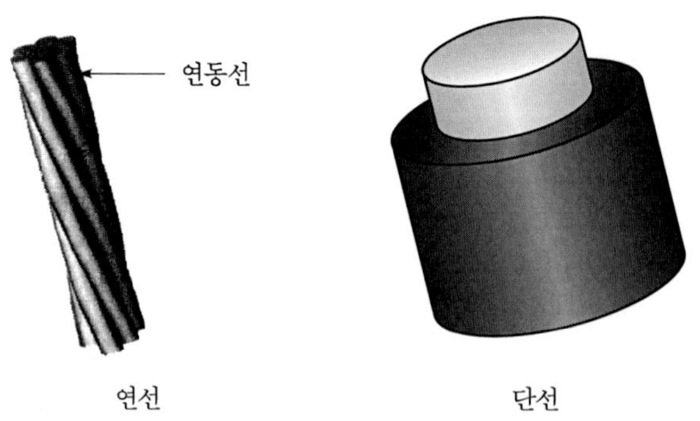

② 전선의 굵기를 나타내는 방법

㉠ 단선 : 지름[mm], 최소 0.1[mm]에서 최대 12[mm]42종

㉡ 연선 : 공칭 단면적 [mm^2], 최소 0.9[mm]에서 최대 1000[mm^2] 26종

③ 경동선과 연동선

㉠ 경동선 : 인장 강도가 커서 송·배전용 가공전선로를 사용한다.

㉡ 연동선 : 전기 저항이 작고 부드러운 성질이 있어서 주로 옥내배선에 사용한다.

④ 고유저항

㉠ 연동선 : 1/58[$\Omega mm^2/m$]

㉡ 경동선 : 1/55[$\Omega mm^2/m$]

⑤ 연선의 구성 : 중심 소선 1가닥을 중심으로 총수에 6의 배수만큼 층마다 증가

㉠ 총 소선수 $N=3n(n+1)+1$[개]

(n : 전선의 총수)

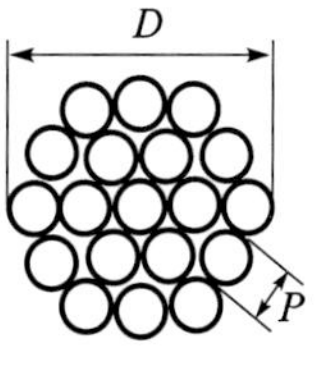

㉡ 연선의 바깥지름 $D=(1+2n)d$[mm^2]

(d : 전선 한 가닥의 직경[mm])

㉢ 연선의 총 단면적 $A=aN$[mm^2]

(a : 전선 한 가닥의 단면적[mm])

1.2 전선의 종류

(1) 나선

① 평각 구리선 : 피복이 없는 나선의 일종으로 전기 기계 기구의 전선에 사용되는 평각 구리선은 4가지 종류가 있다.

㉠ 1호 평각 구리선 — 경질인 것

㉡ 2호 평각 구리선 — 반경질인 것

㉢ 3호 평각 구리선 — 연질인 것

㉣ 4호 평각 구리선 — 연질인 것으로서 에지 와이어(edge wire) 구부려 쓰는 것

(2) 절연전선

• 전선 피복의 재질 및 기능에 따른 분류

① 고무 절연 전선(RB)

고무절연전선(polyvinyl chloride insulated) 주로 600[V]이하의 옥내용 전기회로에 사용한다.

② 비닐 절연 전선

㉠ 비닐절연전선(polyvinyl chloride insulated wire)은 사용 전압 600[V] 이하의 옥내공사용 전기회로에 사용한다.

㉡ 색깔은 검정, 흰색, 빨강, 파랑, 초록, 노랑, 보라, 황적 및 회색의 9종류가 있다.

㉢ 60[℃]를 넘으면 전열물이 변질되어 화재의 원인이 된다.

③ 내열용 비닐 절연 전선(HIV)

600[V] 이하 옥내 배선 중 내열성을 요구하는 경우에 사용한다.

④ 폴리에틸렌 절연 전선(polyethylene insulated wire)은 600[V]이하의 내식성, 내약품성을 요구하는 곳에 사용된다.

⑤ 플루오르 수지 절연 전선

㉠ 플루오르 수지 절연 전선(fluorine insulated wire)은 테플론(teflon)이라는 합성수지 절연체로 피복한 것으로 600[V] 이하에서 사용된다.

㉡ 내열성이 우수하고, 기계적 강도가 크고 또 흡수성이 없으며 화학적으로 안전하다.

⑥ 옥외용 비닐 절연 전선(OW)

옥외용 비닐 절연 전선(outdoor polyvinyl chloride insulated wire)은 옥외가공선로에 사용한다. 피복의 두께가 제일 얇고, 옥내에서는 사용할 수 없다.

⑦ 인입용 비닐 절연 전선(DV)

인입용 비닐 절연 전선(polyvinyl chloride insulated drop wire)은 저압 가공 인입선, 옥외 조명용 가공선 등에 사용한다.

⑧ 형광등 전선

㉠ 형광 방전등의 관등회로전압 1000[V] 이하에 사용하는 것으로, 주로 슬립 라인 형광등, 냉음극 형광등용 변압기의 고측기에 사용된다.

㉡ 전선 표면에 1000[V] 형광 방전등 전선을 1000VFL로 표시한다.

(3) 코드(code)

- 코드는 전등이나 전기기계기구에 부착하기 때문에 가용성을 증대하고 이동용으로 만들어졌다.
- 종류(한국공업규격) : 고무코드, 비닐코드. 전열용 석면코드, 극장용 무대코드, 소기구용의 금실 코드 등이 있다.

① 고무 코드

㉠ 공칭 단면적0.5~5.5[mm^2]의 심선에 고무절연을 하고, 실로 겉을 편조한 것

㉡ 종류 : 단심, 2개연, 대편, 원편, 평형, 방습 코드

② 비닐 코드

주석 도금한 가는 연동연선에 염화비닐 수지를 절연체로 피복한 것으로 보통 한타래에 100m씩이다.

③ 금실 코드

㉠ 전기 이발기, 전기면도기, 헤어드라이기 등 소기구용에 사용된다.

㉡ 가요성이 좋아서 부드럽다. 그러나 도체가 가늘어서 허용 전류는 보통 0.5[A]이하로 길이는 2.5[m]이하로 제한된다.

㉢ 두께 약 0.02[mm], 너비 약 0.35[mm]의 도금하지 않은 연동막을 2줄의 질긴 무명실에 감은 것을 18가닥 모아, 다시 그 위에 두께 약 0.2[mm], 너비 약10[mm]의 순고무 테이프를 감고, 밑 편조를 한 2조로 꼬아 종이테이프를 감은다음, 무명실로 대편형의 표면 편조를 한 것이다.

➡ 표면 편조 : 헝겊을 짜듯이 망으로 전선 표면을 둘러싸는 것.

④ 극장용 코드

방습 코드의 일종으로 표면편조에 방습성 절연 컴파운드를 침입시킨 코드.

⑤ 전열용 코드

연동연선에 종이테이프나 면사로 감고 고무혼합물로 피복하고, 석면사로 편조하고, 무명실로 표면을 편조한 선이다.

⑥ 캡타이어 코드

㉠ 옥내에서 사용하는 교류 300[V] 이하의 소형 전기 기구에 사용한다.

㉡ 캡타이어 케이블을 가늘게 만들어 옥내용 전기기구에 사용한다.

(4) 케이블

전기적으로 고무·비닐 등으로 외장을 만들고 이중으로 절연하도록 하였고 기계적으로는 납이나 강대, 강선 등으로 보호하여 강화하였다.

- 저압용 케이블
  비금속 케이블, 고무 외장 케이블, 비닐 외장 케이블, 클로로프렌 외장 케이블, 플렉사블 외장 케이블, 연피 케이블, 주트권 연피 케이블, 강대 외장 연피케이블, MI케이블(미네랄인슐레이션 케이블)
- 고압용 케이블
  비닐 외장 케이블, 클로로프렌 외장 케이블, 연피 케이블, 주트권 연피 케이블, 강대 외장 케이블 등

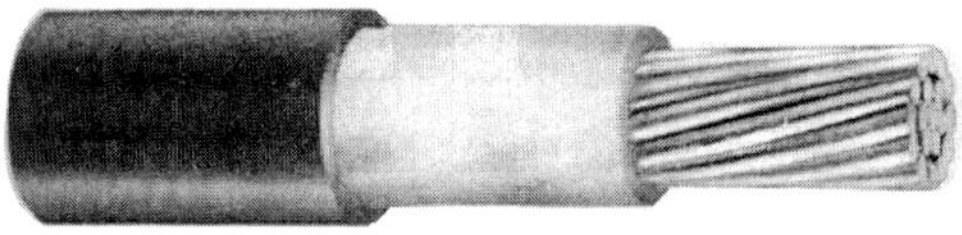

케이블

① 캡타이어 테이블

캡타이어 테이블(captyre cable)은 고무 절연한 심선 또는 케이블 위에 질긴 캡타이어 고무로 피복한 전선이다. 특성으로는 내수성, 내산성, 내알칼리성, 내유성을 가지고 있어 마모, 충격, 굴곡, 습기에 대한 저항력이 강하여 광산, 공장, 농장, 기타 이동용의 배선에 사용된다.

㉠ 구조에 따라 다음과 같이 4종류가 있다.

ⓐ 제1종 : 심선위에 캡타어의 고무로 피복한 것으로, 전기공사에는 사용하지 않는다.

ⓑ 제2종 : 제1종보다 고무질이 좋다.

ⓒ 제3종 : 고무피복이 전체적으로 3중이 되고, 고무 피복 중간에 면표테이프를 끼어 넣어 강도를 보강한 것

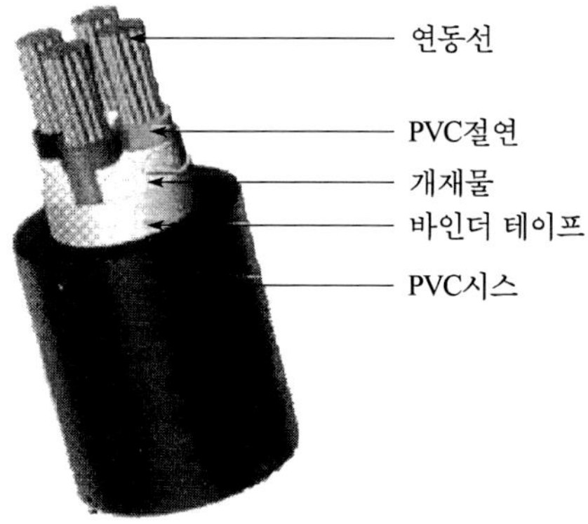

캡타이어 케이블

ⓛ 캡타이어 케이블에는 단심에서 5심까지 있으며, 고무 절연체의 색깔을 한다.

ⓐ 3심 : 검정, 흰색, 빨강

ⓑ 4심 : 검정, 흰색, 빨강, 녹색

ⓒ 5심 : 검정, 흰색, 빨강, 녹색, 노랑

ⓒ 공칭 단면적은 최소 0.75[mm^2], 최대 100[mm^2]까지 있다.

② 비닐절연 비닐 외장 케이블(V-V케이블, 저압용)

㉠ 비닐 외장 케이블은 2본 또는 3본을 연합한 것에 염화비닐을 외장해서 원형으로 마무리한 것이다. 전기적 성질이 우수하고 연피있는 케이블에 비해 가벼워 취급이 간단하고 내마모성이 있다. 케이블 공사에 많이 사용되고 있다.

ⓛ 저압 가공 케이블, 옥외 조명 가공 케이블, 인입구 배선, 옥측 배선 등에 사용된다. (저압)

③ 고무절연 클로르프렌 외장 케이블(EV 케이블.고압)

㉠ 3kV 이하에서 사용하고 내후성, 기계적 특성이 우수하다.

ⓛ 용도는 고압 옥내 배선용, 고압 가공 케이블용, 고압 안입선용, 고압 지중 케이블용으로 사용된다.

④ 가교폴리에틸렌케이블(CV 케이블)

저・고압 , 특고압에서 사용, 플라스틱 전력 케이블이 대표적이다.

⑤ 부틸고무절연외장케이블(BN 케이블)

내열성이 수, 저・고압, 특고압에 사용한다.

⑥ CD 케이블

㉠ 각 심선들을 종합한 직경의 1.3배 이상으로 내경을 갖는 폴리에틸렌 턱트에심선을 수용한 케이블이고 절연은 고무나 폴리에틸렌으로 한다.

㉡ 지중으로 매설할 경우 직접매설이 가능한 케이블이다.

⑦ MI 케이블

㉠ 동관 속에 동선을 넣고 절연물로 넣고 분말로 된 산화마그네슘을 충전하고 압연한 케이블이다. 이 케이블은 연소되는 일이 없는 내염성. 내열성이 매우우수하다.

㉡ 또한 기계적인 강도도 크고 충격과 변형에 대해서 강하다.

⑧ 플렉시블 외장 케이블

㉠ 플렉시블에는 2심, 3심의 종류가 있으며, 2심의 것은 검정, 흰색, 3심의 것은 검정, 흰색 및 빨강으로 구별하고 있다.

㉡ 플렉시블 외장 케이블의 구조와 용도

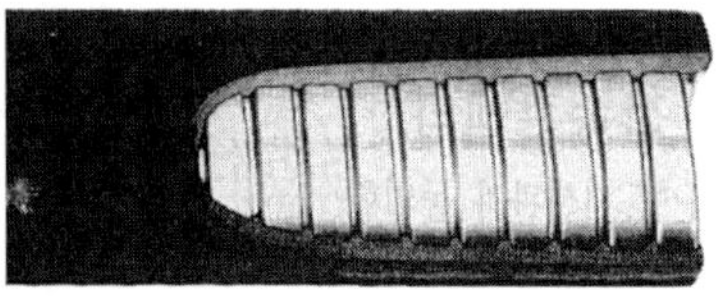

플렉시블 전선관

형식	구 조	주요 용도
AC	심선에 고무 절연선을 사용한 것	건조한 곳의 노출 및 은폐 배선용
ACT	심선에 비닐 절연 전선을 사용한 것	
ACV	주트를 감고 절연 컴파운드를 먹인 것	공장용, 삼정용
ACL	외장 밑에 연피가 있는 것	습기, 물기 또는 기름이 있는 곳

⑨ 용접용 케이블

㉠ 종류와 기호

종　류	기 호	비　　고
리드용 제 1종 케이블	WCT	천연고무 캡타이어로 피복한 것
리드용 제 2종 케이블	WNCT	클로로프랜 캡타이어로 피복한것
홀더용 제 1종 케이블	WRCT	천연고무 캡타이어로 피복한 것
홀더용 제 2종 케이블	WRNCT	클로로프랜 캡타이어로 피복한것

㉡ 한 다발의 표준 길이는 200[m]이다.

㉢ 일반전선 한 다발은 300[m]이다.

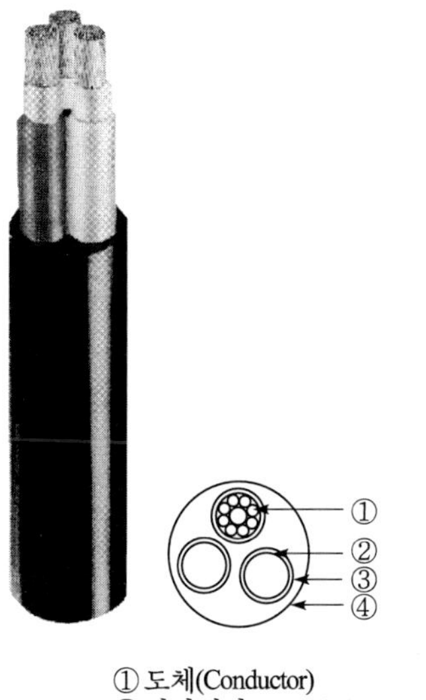

① 도체(Conductor)
② 절연테이프(Insulation tape)
③ 절연체(Insulation)
④ 시이즈(Sheath)

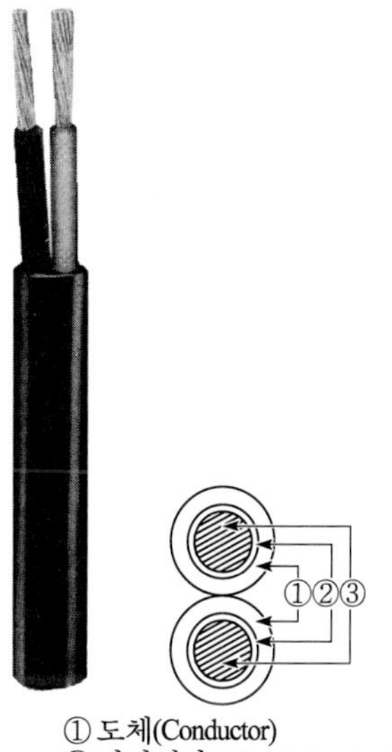

① 도체(Conductor)
② 절연테이프(Insulation tape)
③ 시이즈(Sheath)

1.3 전선의 허용종류

전선에 과전류가 흐르게 되면 온도가 상승하여 절연물이 변질하고 심하면 전선 자체를 용단하는 일도 있으므로 일정한 온도 이하로 유지하여 절연물의 기능을 발휘하고 흐르는 전류를 일정하게 한도를 정할 필요가 있다.

(1) 절연 전선의 허용 전류(주위 온도 30[℃] 이하)

종류	굵기	알루미늄선	알루미늄 합급	구리선	구리선을 전선관 등에 넣었을 경우			
					3 이하	4	5~6	7~15
단선 [mm]	1.0	12	12	16	11	10	8	7 9 13 17 23 30 39
	1.2	15	14	19	13	12	10	
	1.6	21	19	27	19	17	15	
	2.0	27	25	35	24	22	19	
	2.6	37	35	48	33	30	27	
	3.2	38	45	62	43	38	34	
	4.0	63	58	81	56	51	45	
	5.0	83	77	107	74	67	59	
연선 [mm^2]	2	21	19	27	18	17	15	13
	3.5	29	27	37	25	23	20	18
	5.5	38	35	49	34	31	27	24
	8	48	44	61	42	38	34	30
	14	69	63	88	61	55	49	43
	22	90	83	115	80	72	64	56
	30	108	100	139	98	87	78	68
	38	128	117	162	113	102	90	79
	50	148	137	190	133	119	106	93
	60	169	156	217	152	136	121	106
	80	200	185	215	180	162	144	126
	100	232	215	298	208	187	167	146

(2) 코드 및 형광등 전선의 허용 전류

도체	공칭단면적[mm^2]	0.75	1.25	2.0	3.5	5.5	금실 코드
	소선수/지름[mm]	30/0.18	50/0.18	37/0.26	40/0.32	70/0.32	
허용 전류[A]		7	12	17	23	35	0.5

(3) 전류감소 계수

절연 전선을 목재 몰드, 합성수지 몰드, 합성수지관, 금속몰드, 금속관 또는 가요 전선관 등에 넣어 사용할 경우에는 아래 표의 전류 감소 계수를 곱한 것을 그 전선의 허용 전류로 한다.

[전류감소 계수]

동일 관내의 전선 수	합성수지관	금속관	동일 관내의 전선 수	합성수지관	금속관
3본 이하	0.60	0.70	5~6	0.46	0.56
4본	0.53	0.63	7~10	0.39	0.49

(4) 전선의 선정 조건 : 허용전류, 기계적 강도, 전압강하

연습문제

01 고압에서 직류는 750 [V] 이하, 교류는 600 [V]를 넘고 몇 [V] 이하인가?

㉮ 6000 [V] 이하　　㉯ 7000 [V] 이하
㉰ 8000 [V] 이하　　㉱ 9000 [V] 이하

◆ 풀이　• 저압 : 직류 750 [V] 이하
교류 6000 [V] 이하
• 고압 : 직류 750 [V] 초과 7000 [V] 이하
교류 600 [V] 초과 7000 [V] 이하
• 특 고압 : 7000 [V] 초과

답 ㉯

02 전선 재료로서 구비할 조건이 아닌 것은 어느 것인가?

㉮ 접속이 쉬운 것　　㉯ 다량으로 값싸게 얻을 수 있는 것
㉰ 인장 강도가 작을 것　　㉱ 가요성이 풍부할 것

◆ 풀이　① 비중이 적을 것, ② 기계적 강도가 클 것, ③ 가요성이 있을 것,
④ 고유저항이 적을 것, ⑤ 내구성이 있을 것

답 ㉰

03 표준 연동의 고유 저항값 $[\Omega \cdot mm^2/m]$은 얼마인가?

㉮ $\frac{1}{55}$　　㉯ $\frac{1}{56}$　　㉰ $\frac{1}{57}$　　㉱ $\frac{1}{58}$

◆ 풀이　• 연동선 : $\frac{1}{58}[\Omega \cdot mm^2/m]$

• 경동선 : $\frac{1}{55}[\Omega \cdot mm^2/m]$

• 알루미늄선(Al선) : $\frac{1}{35}[\Omega \cdot mm^2/m]$

답 ㉱

04 절연전선중 옥외용 비닐 전연전선은 약하여 무슨 전선으로 호칭 하는가?

㉮ RB선 ㉯ IV선 ㉰ OW선 ㉱ DV선

◆ 풀이 RB : 고무 절연전선, IV : 비닐절연전선, OW : 옥외용 비닐 절연전선, DV : 인입용 비닐 절연전선

답 ㉰

05 다음 전선 중 15 [kV] N-RV 전선의 명칭은 어느 것인가?

㉮ 15 [kV] 고무 비닐 네온 전선 ㉯ 15 [kV] 고무 클로로프렌 네온 전선
㉰ 15 [kV] 폴리에틸렌 비닐 네온 전선 ㉱ 15 [kV] 비닐 네온 전선

◆ 풀이 N : 네온 전선, V : 비닐, R : 고무

답 ㉮

06 전선의 색 구별에 있어서 중성선 또는 접지선은 어떤 색을 쓰고 있는가?

㉮ 흰색 ㉯ 검은색 ㉰ 노란색 ㉱ 보라색

◆ 풀이 접지선으로는 녹색을 가장 많이 사용
중성선 또는 접지선으로 백색을 사용

답 ㉮

07 4심 코오드 심선의 색은 흑, 녹, 백, 적이다. (KSC3303)접지선에 사용하는 선의 색은?

㉮ 흑 ㉯ 녹 ㉰ 백 ㉱ 적

답 ㉯

08 HIV 전선은 무슨 전선인가?

㉮ 전열기용 캡타이어 케이블 ㉯ 전열기용 고무 절연 전선
㉰ 전열기용 평형 절연 전선 ㉱ 전열용 비닐 절연 전선

◆ 풀이 내연용 비닐절연전선으로서 허용온도가 75℃이다.

답 ㉱

09 내열성이 우수하며 기계적 가도가 크고 흡수성이 없으며, 화학적으로 안정되어 있으며, 사용전압이 600 [V] 이하이고 테플론으로 절연 피복된 전선은?

㉮ 폴리에티렌 절연전선　　㉯ 플루오르수지 절연전선
㉰ 비닐 절연전선　　㉱ 형광등 전선

◆ 풀이　600 [V] 이하에 사용하고 테플론 합성수지 절연체로 피복되어 있다.　**답** ㉯

10 IC 전선 이라하고도 하며 내수성, 내유성 및 내약품성이 매우 좋으며 여러해가 지나도 절연성이 그대로 유지되는 전선은?

㉮ 비닐절연전선　　㉯ 폴리에틸렌 절연전선
㉰ 플루오르수지 절연전선　　㉱ 인입용비닐 절연전선

◆ 풀이　600 [V] 이하의 내약품성을 요구하는 곳에 사용　**답** ㉯

11 전기 특성이 우수하고 저압에서 특별 고압에 이르기까지 널리 사용되고 내약품성이 우수하며 폴리에틸렌 절연 비닐 외장 케이블의 약호는?

㉮ EV 케이블　㉯ BN 케이블　㉰ RN 케이블　㉱ VV 케이블

◆ 풀이　C : 가교폴리에틸렌, V : 비닐, E : 폴리에틸렌, R : 고무　**답** ㉮
B : 부틸고무, N : 클로로프렌

12 소선수 19가닥, 소선의 지름 2.6 [mm] 연선의 공칭 단면적은 얼마인가?

㉮ 50 [mm^2]　㉯ 60 [mm^2]　㉰ 80 [mm^2]　㉱ 100 [mm^2]

◆ 풀이　$A = \frac{\pi}{4} d^2 N = \frac{3.14}{4} \times 2.6^2 \times 19 = 100.82 \quad \therefore 100[mm^2]$　**답** ㉱

A : 단면적, d : 소선의 지름 N : 가닥수

13 연선의 층수를 n이라 할 때 총 소선수 N은?

㉮ $N = 3n(n+1)+1$　　㉯ $N = 3n(n+2)+1$
㉰ $N = 3n(n+1)$　　㉱ $N = 3n(n+2)$

◆ 풀이 $N = 3n(n+1)+1$, 여기서 N : 소선수, n : 층수　　답 ㉮

14 지름 1 [mm], 소선 7본의 연선의 공칭단면적 [mm^2]은 약 얼마인가?

㉮ 6　　㉯ 8　　㉰ 14　　㉱ 22

◆ 풀이 $A = \frac{\pi}{4}d^2N[mm^2]$이므로 $A = \frac{\pi}{4} \times 1^2 \times 7 = 5.497[mm^2] \fallingdotseq 6[mm^2]$　　답 ㉮

15 공칭 단면적이 8 [mm^2]인 연선의 구성은?

㉮ $\frac{7}{1.2}$　　㉯ $\frac{7}{1.6}$　　㉰ $\frac{19}{1.0}$　　㉱ $\frac{19}{1.2}$

◆ 풀이 $\frac{7}{1.0}$은 5.5 [m^2]이고, $\frac{7}{1.2}$은 8 [mm^2], $\frac{7}{1.6}$은 14 [mm^2]　　답 ㉮
$\frac{7}{2.0}$은 22 [m^2]이고, $\frac{7}{2.3}$은 30 [mm^2], $\frac{7}{2.6}$은 38 [mm^2]

16 $\frac{19}{2.0}$ [mm]인 연선의 바깥 지름은 몇 [mm]인가?

㉮ 13.0　　㉯ 11.5　　㉰ 10.0　　㉱ 9.0

◆ 풀이 $D = (2n+1)d = (2\times2+1)\times2 = 10[mm]$　　답 ㉰
n : 층수 1층→7가닥, 2층→19가닥, 3층→37가닥, 4층→61가닥, 5층→91가닥

17 연선 결정에 있어서 중심 소선을 뺀 층수가 4층이다. 전체 소선수는 얼마인가?

㉮ 7　　㉯ 19　　㉰ 37　　㉱ 61

답 ㉱

18 다음 중 연선의 종류인 것은?

㉮ 최소 0.1 [m], 최대 12 [mm]로 42종

㉯ 최소 0.9 [mm^2], 최대 1,000 [mm^2]로 26종

㉰ 최소 0.1 [mm^2], 최대 12 [mm]로 26종

㉱ 소선수는 7, 18, 35, 60, …… 가닥이다.

◆ 풀이 연선의 종류는 최소 0.9~1000 [m^2]까지 총 26종이 있고,
단선의 종류는 최소 0.1~12 [mm]까지 총 42종이 있다.

답 ㉯

19 다음 그림은 무슨 연선인가? (단, 1층 1가닥, 2층 6가닥, 3층 12가닥임.)

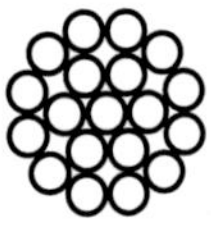

㉮ 동심 연선

㉯ 중공 연선

㉰ Al 연선

㉱ 연선

답 ㉮

20 단면적 5.5 [mm^2] 600 [V] 비닐 절연 전선의 소선 구성은?

㉮ $\frac{7}{1.0}$ ㉯ $\frac{7}{1.2}$ ㉰ $\frac{9}{1.0}$ ㉱ $\frac{9}{1.2}$

◆ 풀이 $A = \frac{\pi}{4}d^2N$ $5.5 = \frac{\pi}{4} \times 1^2 \times 7 = 5.495$ $\therefore 5.5\,[\text{mm}^2]$

답 ㉮

21 $\frac{37}{3.2}$ [mm]인 경동연선의 바깥지름은 몇 [mm]인가?

㉮ 12.4 ㉯ 14.4 ㉰ 22.4 ㉱ 24.4

◆ 풀이 $D = (2n+1)d$ $D = (2\times 3+1)\times 3.2 = 22.4\,[\text{mm}]$

답 ㉰

22 저압 옥내 배선용으로만 사용되는 케이블은?

㉮ 클로로프렌 외장 케이블　　㉯ 플랙시블 외장 케이블
㉰ 강대 외장 연피 케이블　　㉱ 비닐 외장 케이블

답 ㉯

23 다음 각 선의 기호를 위에서부터 순차로 표시하면?

[보기]
㉠ 인입용 비닐 절연 전선　　㉡ 옥외용 비닐 절연 전선
㉢ 600 [V] 비닐 절연 전선　　㉣ 비닐 네온 절연 전선
㉤ 비닐 외장 케이블(인입구 배선용)

㉮ ㉠ DV, ㉡ OW, ㉢ IV, ㉣ SV, ㉤ NV
㉯ ㉠ IV, ㉡ OW, ㉢ SV, ㉣ NV, ㉤ DV
㉰ ㉠ DV, ㉡ OW, ㉢ IV, ㉣ NV, ㉤ SV
㉱ ㉠ OW, ㉡ DV, ㉢ IV, ㉣ NV, ㉤ SV

답 ㉰

24 전기기계 기구의 접속에 사용하는 평각 구리선으로서 연질이고, 에지 와이어로 구부려 쓰는 것은?

㉮ 1호　　㉯ 2호　　㉰ 3호　　㉱ 4호

◆ 풀이　1호 : 경질, 2호 : 반경질, 3호 : 연질, 4호 : 에지 와이어로 구부려 사용　　답 ㉰

25 0.75 [mm^2] 코드의 소선 구성은 다음 중 어느 것인가?

㉮ $\frac{30}{0.16}$　　㉯ $\frac{50}{0.16}$　　㉰ $\frac{30}{0.18}$　　㉱ $\frac{50}{0.18}$

◆ 풀이

공칭 단면적[mm^2]	0.75	1.25	2.0	3.5
소선수/지름[본/mm]	30/0.18	50/0.18	37/0.26	45/0.32
허용전류[A]	7	12	17	23

답 ①

26 옥내 저압 이동전선으로 사용하는 캡타이어 케이블의 단면적의 최소값은 얼마인가?

㉮ 0.75 [mm^2]　　㉯ 2 [mm^2]　　㉰ 5.5 [mm^2]　　㉱ 8 [mm^2]

◆ 풀이 규격 0.75 [mm^2]~최대 100 [mm^2]

답 ㉮

27 주우트권 연피 케이블의 주우트에 바르는 도료는?

㉮ 백색페인트　　㉯ 백아　　㉰ 마이카분　　㉱ 와니스

답 ㉯

28 특고압 지중 전선로에서 직접 매설식에 사용하는 것은?

㉮ 연피 케이블　　㉯ 고무 외장 케이블
㉰ 클로로프렌 외장 케이블　　㉱ 비닐 외장 케이블

답 ㉮

29 직접 매설식의 지중선로에 가장 많이 사용하는 케이블은?

㉮ 연피 케이블　　㉯ 주우트권 연피 케이블
㉰ 강대 개장 연피 케이블　　㉱ 용접용 케이블

◆ 풀이 직접 매설식의 지중선로에 가장 많이 사용하고,
고전압의 인입선, 옥내 고압배선, 구내 지중선로에 사용

답 ㉰

30 캡타이어 케이블은 몇 심까지 있는가?

㉮ 3심 ㉯ 2심 ㉰ 4심 ㉱ 5심

◆ 풀이 캡타이어 케이블의 심선의 색상(흑・백・적・녹・황) 답 ㉱

31 연피가 없는 케이블은?

㉮ NM 케이블 ㉯ 강대 외장 케이블 ㉰ 주트권 케이블 ㉱ 연피 케이블

◆ 풀이 연피란 보호와 차폐의 목적으로 연으로 외장한 케이블을 말한다. 답 ㉮
연피가 있는 것(강대외장 케이블, 주트권 연피 케이블)
연피가 없는 것(캡타이어 케이블, 비닐외장 케이블, 고무외장 케이블)

32 고무 절연 전선 및 비닐 절연 전선에서 몇 [℃]를 넘으면 절연물이 변질되고, 전선을 손상할 뿐만 아니라 화재의 원인도 되는가?

㉮ 100 [℃] ㉯ 90 [℃] ㉰ 75 [℃] ㉱ 60 [℃]

◆ 풀이 허용온도 60 [℃] 답 ㉱

33 A.C.S.R은 다음 어느 것인가?

㉮ 경동 연선 ㉯ 중동 연선 ㉰ 알루미늄선 ㉱ 강심 알루미늄 연선

◆ 풀이 강심 알루미늄 전선을 말한다. 답 ㉱

34 600 [V] 이하인 전압 회로에 사용하고 비닐 절연 비닐 외장 케이블의 약호는?

㉮ RV 케이블 ㉯ BN 케이블 ㉰ RN 케이블 ㉱ VV 케이블

◆ 풀이 RV : 고무 절연 비닐 외장 케이블 답 ㉱
BN : 부틸 고무 절연 클로로프렌 외장 케이블
RN : 고무 절연 클로로프렌 외장 케이블

35 다음 중 구리선 위에 염화비닐 수지를 규정된 두께로 피복한 전선은 어느 것인가?

㉮ 고무 절연 전선　　㉯ 비닐 절연 전선
㉰ 폴리에틸렌 절연 전선　　㉱ 플루오르 수지 절연 전선

◆ 풀이　비닐 절연 전선은 600 [V] 이하에 사용하고 전선의 색으로는 (흑·백·적·녹·황·청) 6가지의 색이 있다.　답 ㉯

36 캡타이어 케이블에서 캡타이어의 고무 피복 중간에 면포를 넣어서 강도를 보강한 것은?

㉮ 제 1 종　　㉯ 제 2 종　　㉰ 제 3 종　　㉱ 제 4 종

◆ 풀이
- 제 1 종 : 전기 공사에는 사용×
- 제 2 종 : 1종에 비해 고무질이 좋다.
- 제 3 종 : 면포 삽입
- 제 4 종 : 심선 사이에 고무를 삽입

답 ㉰

37 순 고무 30 [%] 이상을 함유한 고무 혼합물로 피복하고 내유, 내산, 내알칼리, 내수성을 갖게 만든 케이블은 어느 것인가?

㉮ 연피 케이블　　㉯ 캡타이어 케이블
㉰ 비닐 외장 케이블　　㉱ 플렉시블 외장 케이블

◆ 풀이　캡타이어 케이블의 규격은 0.75 [mm^2]~최대 100 [mm^2]까지 있다.　답 ㉯

38 소기구용으로 전류는 보통 0.5 [A]이고 전기 이발기, 전기 면도기, 헤어 드라이기 등에 이용되는 코드는?

㉮ 고무 코드　　㉯ 금실 코드　　㉰ 극장용 코드　　㉱ 3심 원형 코드

◆ 풀이　마구 구부리는 소형기구, 가볍고 건조한 곳에 사용한다.　답 ㉯

39 4심 캡타이어 케이블 심선의 색은?

㉮ 흑, 백, 적, 청 ㉯ 흑, 적, 녹, 청
㉰ 흑, 백, 적, 녹 ㉱ 흑, 녹, 적, 청

답 ㉰

40 홀더용 제 1 종 용접용 케이블의 기호는?

㉮ WCT ㉯ WNCT ㉰ WRCT ㉱ WRNCT

◆ 풀이
- WCT : 리드 1종
- WNCT : 리드 2종
- WRCT : 홀더용 1종
- WRNCT : 홀더용 2종

답 ㉰

41 플렉시블 외장 케이블에서 습기, 물기 또는 기름이 있는 곳에서는 어떤 식을 쓰는가?

㉮ AC ㉯ ACT ㉰ ACV ㉱ ACL

◆ 풀이

형식	구 조	주요 용도
AC	심선에 고무 절연선을 사용한 것	건조한 곳의 노출 및 은폐 배선용
ACT	심선에 비닐 절연 전선을 사용한 것	
ACV	주트를 감고 절연 콤파운드를 먹인 것	공장용, 상점용
ACL	외자 밑에 연피가 있는 것	습기, 물기, 또는 기름이 있는 곳

답 ①

42 전선 굵기의 결정에서 다음과 같은 요소를 만족하는 굵기를 사용해야 한다. 가장 잘 표현된 것은?

㉮ 기계적 강도, 전선의 허용전류를 만족하는 굵기
㉯ 기계적 강도, 전선이 전력손실을 만족하는 굵기
㉰ 기계적 강도, 전압강하, 허용전류를 만족하는 굵기
㉱ 기계적 강도, 전압강하를 만족하는 굵기

답 ㉰

CHAPTER

02 배선기구 및 측정계기

CHAPTER 02
배선기구 및 측정계기

2.1 개폐기 및 점멸기

(1) 나이프 스위치

일반용에는 사용할 수 없고, 전기실과 같이 취급자만 출입하는 장소의 배전반이나 분전반에 사용된다.

(2) 커버 나이프 스위치

전등, 전열 및 동력용의 인입 개폐기 또는 분기 개폐가로 사용되며, 2P, 3P를 각각 단투형과 쌍투형으로 만들고 있다.

① 단극 단투형(SPST), 2극 단투형(DPST), 3극 단투형(TPST)

② 단극 쌍투형(SPDT), 2극 쌍투형(DPDT), 3극 쌍투형(TPDT)

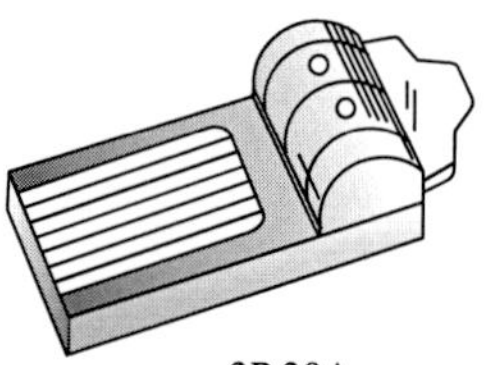

3P 30A

커버 나이프 스위치

(3) 텀블러 스위치

텀블러 스위치(tumbler switch)는 노브(knob)를 위아래로 움직여 점멸하는 것으로, 현재 가장 많이 사영하고 있으며, 노출형과 매입형이 있다.

(4) 누름단추 스위치

누름단추 스위치(push-button switch)는 단추 스위치라고도 한다. 이것은 전등용에 쓰일 경우, 그림과 같이 2개의 단추가 있어서 위의 것을 누르면 점등과 동시에 밑에 있는 빨간 단추가 튀어 나오는 연동장치(interlocking device)로 되어 있다.

(5) 3로 스위치와 4로 스위치

3로 스위치(3-way switch)와 4로 스위치(4-way switch)는 전환 스위치의 한 종류로 둘 이상의 곳에서 전등을 자유롭게 점멸할 수 있는 스위치이다.

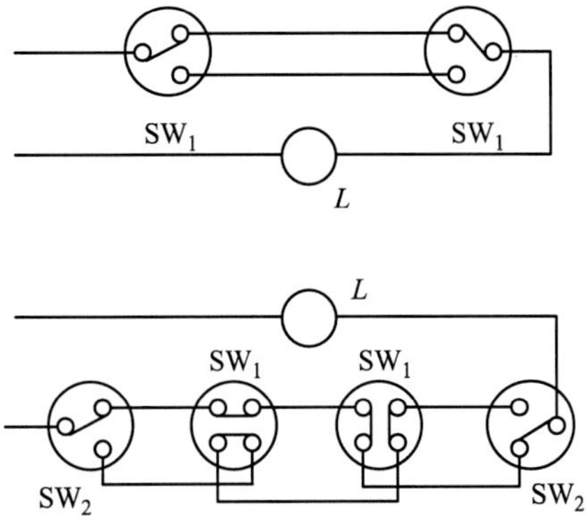

3로 및 4로 스위치

(6) 팬던트 스위치

팬던트 스위치(pendat switch)는 전등을 하나씩 따로 점멸하는 곳에 사용하고 코드의 끝에 붙여 버튼식으로 점멸하게 되어 있다. 이 스위치는 그림과 같이 빨간 단추를 누르면 개로가 되고, 하얀 단추가 반대로 튀어나와서 점멸의 표시가 되도록 만들어져 있다.

(7) 캐너피 스위치

캐너피 스위치(canopy switch)는 풀 스위치의 한 종류이다. 그림과 같이 조명 기구의 캐너피(플랜지라고도 함)안에 스위치가 시설되어 있는 것으로, 벽 또는 기둥에 붙이면 편리하다.

(8) 플로트 스위치

수조나 물탱크의 수위 조절하는 스위치이다.

(9) 마그네트 스위치(전자 개폐기)

전동기의 자동 조작 및 원방조작용 등에 사용된다.

(10) 코드 스위치

코드 스위치(cord switch)는 전기 기구의 코드 도중에 넣어 회로를 개폐하는 것으로 중간 스위치(throughtout switch)라고 한다.

(11) 히터 스위치

히터 스위치(heater switch)는 로터리 스위치의 일종이며, 2개의 열선을 직렬이나 병렬로 접속 변경을 하는 것으로, 3단 스위치라고 한다.

(12) 도어 스위치

도어 스위치(door switch)는 문의 개폐로 전등을 점멸하는 스위치인데 화장실, 냉장고 등에 사용된다. 문에 달거나 문기둥에 매입하여 문을 열고 닫음에 따라 자동적으로 회로를 개폐하는 것이다.

(13) 로터리 스위치

로터리 스위치(rotary switch)는 회전 스위치라고 하며, 벽이나 기둥에 붙여 전등의 점멸용에 주로 사용되나, 때로는 전기 기계 기구에 부속되어 조작 개폐기로 이용된다. 즉. 저항선, 전구 등을 직렬이나 병렬로 접속 변경하여 발열량을 조절하거나, 또는 광도를 강하게 하고 약하게 하는 것이다.

터블러 스위치

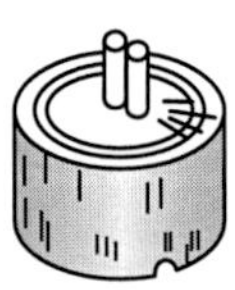
로터리 스위치

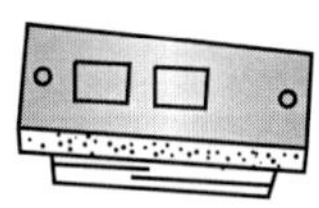
누름단추 스위치

플스 스위치

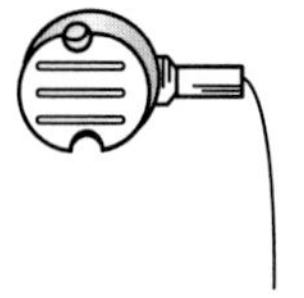
캐너피

코드 스위치

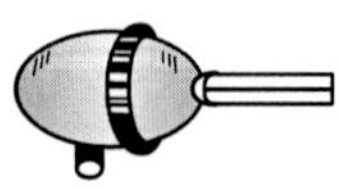
팬던트 스위치

일광 스위치

타임 스위치

2.2 소켓과 접속기

(1) 콘센트

벽 또는 기둥의 표면에 붙여 시설하는 노출형 콘센트와 벽이나 기둥에 매입하여 시설하는 매입형 콘센트가 있다. 용도에 따라 다음과 같은 종류가 있다.

① 방수용 콘센트

가옥의 외부 등에 시설하는 것으로, 사용하지 않을 때에는 물이 들어가지 않도록 마개로 덮어 둘 수 있는 구조로 되어 있다.

② 시계용 콘센트(clock outlet)

콘센트 위에 시계를 거는 갈고리가 달려 있다.

③ 선풍기용 콘센트(fan outlet)

무거운 선풍기를 지지할 수 있는 볼트가 달려 있어서 이것에 선풍기를 고정시킨다.

④ 플로어 콘센트

플로어 덕트 공사 등에 사용한다.

⑤ 턴 로크 콘센트

트위스트 콘센트라고 하며, 콘센트가 끼운 플러그가 빠지는 것을 방지하기 위하여, 플러그를 끼우고 약 90°쯤 돌려 두면 빠지지 않도록 되어 있다.

(2) 코드 접속기(커드 커넥터)

코드와 코드의 접속 또는 사용기구의 이동접속에 사용하는 것으로 삽입플러그와 커넥터 보디로 구성되어 있다.

(3) 멀티 탭(multi tap)

하나의 콘센트에 둘 또는 세 가지의 기구를 사용할 때 끼우는 것이다.

(4) 테이블 탭(table tap)

코드의 길이가 짧을 때 연장하여 사용하는 것으로 익스텐션 코드(extension cord)라 하고, 동시에 많은 소용량의 전기 기구를 사용할 경우에 사용되는 것이다.

(5) 아이언 플러그

아이언 플러그(iron plug)는 전기다리미, 온탕기 등에 사용하는 것으로, 코드의 한쪽은 꽂임 플러그로 되어 있어서 전원 콘센트에 연결하고, 한쪽은 아이언 플러그가 달려서 전기 기구용 콘센트에 끼운다.

(6) 로젯(rosette)

천장에서 코드를 달아 내리기 위해 사용하는 기구이다.

(7) 리셉터클

조영제에 직접 고정시켜서 사용하는 전등용 수구이다. 보통 노출형이고, 베이스식 나사식이 일반적이다.

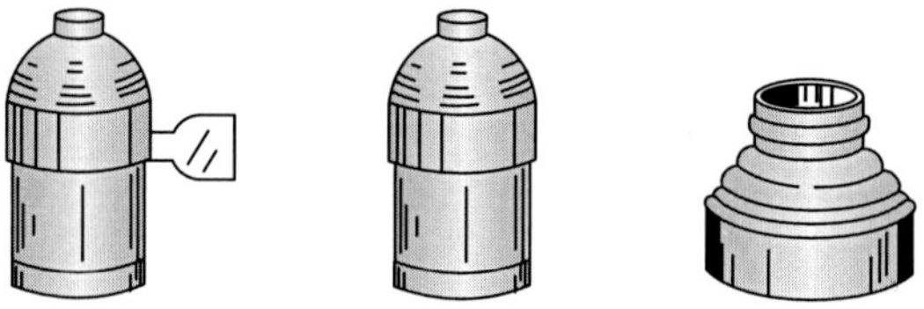

키소켓　　키리스 소켓　　리셉터클

[소켓의 종류]

2.3 공구 및 측정 계기

(1) 게이지

① 마이크로미터(micromiter)

전선의 굵기, 철판, 구리판 등의 두께를 측정하는 것으로, 그림과 같이 원형눈금(circular scale)과 축 눈금(shaft scale)을 합하여 읽는다.

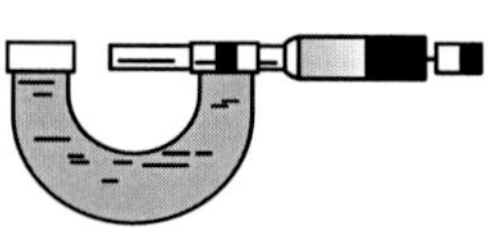

마이크로미터

② 와이어 게이지(wire gauge)

전선의 굵기를 측정하는 공구이다. 측정할 전선을 홈에 끼워 맞는 곳의 홈의 숫자가 전선의 굵기를 나타낸다.

③ 캘리퍼스

전선관 등의 관 안지름, 바깥지름, 두께를 측정하는 공구이다.

(2) 공구

① 펜치

펜치(cutting plier)는 전선의 절단, 전선접속, 전선 바인드 등에 사영하는 것으로, 전기 공사에는 절대적으로 필요한 것이다. 펜치의 크기는 150, 175, 200[mm]의 세 가지가 있는데, 150[mm]는 소기구의 전선 접속, 175[mm]는 옥내 일반 공사, 200[mm]는 옥외 공사에 적합하다.

② 나이프

나이트(jack knife)는 전선의 피복 절연을 벗길 때에 사용한다.

③ 와아어 스트리퍼

와이어 스트리퍼(wire striper)는 절연 전선의 피복 절연물을 벗기는 자동 공구로서, 도체의 손상 없이 정확한 길이의 피복 절연물을 쉽게 처리할 수 있다.

④ 토치 램프

토치 램프(torch lamp)는 전선 접속의 납땜과 합성수지관의 가공에 열을 가할 때 사용하는 것

⑤ 드라이브이트 툴

드라이브이트 툴(driveit tool)은 드라이브 핀을 콘크리트에 경제적으로 박는 공구인데, 이것은 화약의 폭발력을 이용한 것이므로 취급자는 보안상 훈련을 받아야 한다.

⑥ 클리퍼

클리퍼(cliper 또는 cable cutter)는 굵은 전선을 절단할 때 사용하는 가위이다.

⑦ 스패너

스패너(spanner)는 너트를 죄는데 사용하는 것으로, 너트의 크기에 적용되는 여러 가지 수치가 있다.

⑧ 프레셔 툴

프레셔 툴(pressure tool)은 솔더리스(solderless) 커넥터 또는 솔더리스 터미널을 압착하는 것

⑨ 파이프 바이스

파이프 바이스(pipe vise)는 금속관을 절단할 때에나 금속관에 나사를 낼 때파이프를 고정시키는 것이다.

⑩ 오스터

오스터(oster)는 금속관 끝에 나사를 내는 파이프 나사절삭기로서, 손잡이가 달린 래칫(ratchet)과 나사 날의 다이스(dies)로 구성된다.

⑪ 녹 아웃 펀치

녹 아웃 펀치(knock out pinch)는 배전반, 분전밥 등의 배관을 변경하거나, 이미 설치되어 있는 캐비닛에 구멍을 뚫을 때 필요한 공구이다.

⑫ 파이프 렌치

파이프 렌치(pipe wrench)는 금속관을 커플링으로 접속할 때 금속관과 커플링을 묶고 죄는 것이다.

⑬ 리머

리머(reamer)는 금속관을 쇠톱이나 커터로 끊은 다음 관 안에 날카로운 것을 다듬는 것

⑭ 벤더

금속관을 구부리는 공구이다. 히키라고도 한다.

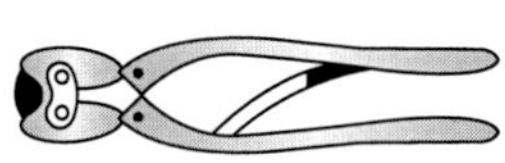

프레셔 툴

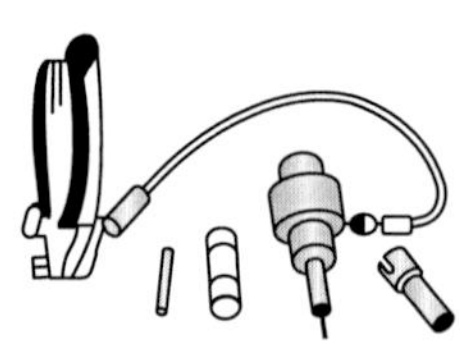

녹 아웃 펀치

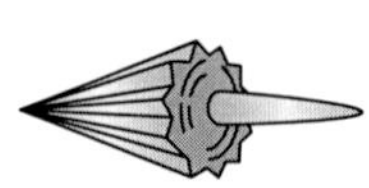

리이머

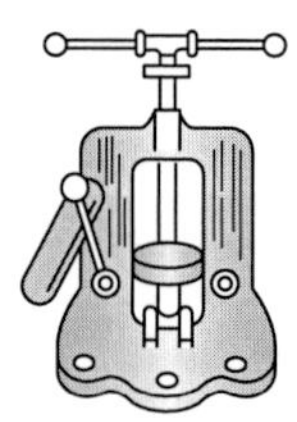

파이프바이스

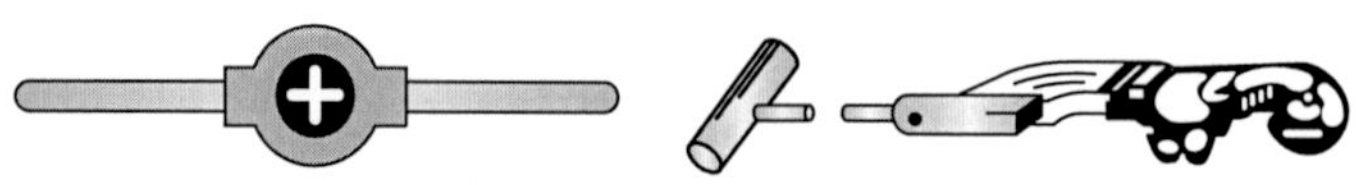

(3) 측정계기

① 전압 및 회로 점검 : 테스터

② 절연 저항 측정 : 메거(megger), 전압은 500[V]급 머게를 사용한다.

③ 접지 저항 측정 : 어스 테스터(earth tester)나 콜라우슈 브리지(Kohlarausch bridge) 를 사용한다.

④ 충전유무조사 : 네온 검전기를 사용한다. 전압이나 전류의 크기는 측정할 수 없다

⑤ 도통시험이 가능한 계기 : 테스터, 마그넷벨, 메거

2.4 과전류 보호 장치(over current protection)

과전류로부터 전선 및 전기기계기구를 보호하는 것으로 일반적으로 퓨즈와 배선용 차단기가 있다. 그 외에 열동계전기(thermal relay)라 하는 전동기 보호용이 있고, 전기의 정액 수용가가 계약 용량을 초과하여 사용하면 자동적으로 회로가 차단되어 경보를 하는 전류 제한기(current limiter)가 있다.

(1) 퓨즈의 종류

- 비포장 퓨즈 : 실 퓨즈, 훅(판형) 퓨즈
- 포장 퓨즈 : 통형 퓨즈, 플러그 퓨즈
- 특수 퓨즈 : 텅스텐 퓨즈, 관형 퓨즈, 온도퓨즈, 전동기용 퓨즈

① 실 퓨즈

실 퓨즈(wire fuse)는 납 또는 납과 주석의 합금으로 되어 있는 퓨즈로서, 5[A] 이하의 것은 로젯, 리셉터클, 점멸용 스위치 내에 사용할 수 있다.

② 훅 퓨즈

훅 퓨즈(hook fuse 또는 link fuse)는 납 도는 주석의 합금선인 판상의 가용체를 구리제의 단자편에 납땜한 것으로서, 고리퓨즈라고 한다.

③ 통형 퓨즈

통형 퓨즈(cartridge fuse)는 내부에 가용체를 넣은 통의 양 끝에 통형 단자, 또는 나

이프 단자를 퓨즈 홀더에 꽂아서 사용하는 것을 말한다.

④ 플러그 퓨즈

플러그 퓨즈(plug fuse)는 에디슨 베이스(Edison base)의 내부에 가용체르 넣고 퓨즈 홀더에 끼워서 사용하는 구조의 것이다. 정격은 125[V]용에 15, 20, 30[A]의 3종류가 있다.

⑤ 관형 류즈

관형 퓨즈는 유리통 내부에 퓨즈를 봉입한 것으로서, 정격 전압은 125[V] 또는 250[V], 정격전류는 0.1~10[A]까지 있다. 관형 퓨즈의 용도는 전자기판 회로등 소용량의 회로에 사용된다.

⑥ 텅스텐 퓨즈

텅스텐 퓨즈는 유리관 내에 가용체 텅스텐을 봉입한 것으로, 정격 전류 0.2~2 [A]의 것이 있다. 텅스텐 퓨즈는 작은 전류에 민감하게 용단되므로, 전압계, 전류계 등의 소손 방지용으로 계기 내에 장치하고 봉입하는 것이다.

⑦ 온도 퓨즈

㉠ 온도 퓨즈는 퓨즈에 흐르는 과전류에 의하여 용단되는 것이 아니고, 주위 온도에 의하여 용단되는 것이다. 전기담요와 같은 보온용의 전열기에는 자동적으로 온도를 조절하는 서머스탯(thermostat)을 시설하고, 이것이 고장으로 인해 동작하지 않을 때를 생각하여 온도 퓨즈를 시설한다.

㉡ 온도 퓨즈에는 100, 110, 120[℃]의 각 용단 온도의 것이 있다.

⑧ 방출형 퓨즈

㉠ 방출형 퓨즈(expulsion fuse)는 고압 회로에 쓰이는 퓨즈로서, 퓨즈가 용단될 때 아크 열에 의하여 공기가 팽창하고 용단된 퓨즈는 통 밖으로 추출되며, 동시에 아크를 소멸시키는 것이다.

㉡ 방출형 퓨즈의 종류는 최대 100[A]정도이고, 현재 주상 변압기의 1차측 컷아웃의 퓨즈가 동작하면 파이버제 빨간 통이 밑으로 약 2[cm]정도 나오게 되어 있어서 동작된 것을 바로 알 수 있게 만들어져 있다.

⑨ 전동기용 퓨즈

기동전류과 같이 단시간의 과전류에 동작하지 않고 사용중 과전류에 의하여 회로를 차단하는 특성을 가진 퓨즈이다.

(2) 퓨즈의 특성

① 고압용 퓨즈

고압 전로에 사용하는 비포장 퓨즈는 1.25배에 견디고 2배의 전류에 2분 안에 용단되어야 하고, 포장 퓨즈는 정격 전류의 1.3배의 전류에 견디고, 또한 2배 전류로 120분 이내에 용단되어야 하는 것이어야 한다.

② 저압용 퓨즈

과전류 차단기로 시설하는 퓨즈 중 저압 전로에 사용하는 퓨즈는 수평으로 붙인 경우, 정격 전류의 110[%]를 통하였을 때 이에 견디고 200[%] 전류가 흘렀을 경우에 있어서는 아래 표의 시간 이내에 용단되어야 한다.

[퓨즈의 용단 시간]

정격 전류시[A]	정격 전류의 200[%]의 용단 시간 [분]
1~30	2
31~60	4
61~100	6
101~200	8
201~400	10
401~600	12

(3) 배선용 차단기

① 노퓨즈 브레이커(no-fuse breaker, NFB)라고 하며, 분기 회로용으로 사용하면 개폐기 및 자동 차단기의 두 가지 역할을 된다.(NFB=MCB=MCCB)

② 배선용 차단기(circuit breaker)는 평상시에는 수동으로 개폐하고, 단락이나 과부하가 되었을 때에는 자동적으로 과전류를 차단할 수 있는 것으로, 바이메탈의 만곡을 이용한 열동형이다.

③ 정격 전류를 장시간 흘려도 끊어지는 이이 없도록 하고, 30[A]이하의 것은 125[%]에 있어서는 60분 이내, 200[%]의 전류에서는 2분 이내에 끊어지게 되어있다.

④ 일반적으로 쓰이고 있는 배선용 차단기의 정격 전류의 표준은 15, 20, 30, 50, 100, 125, 175, 200[A]등이며 원칙적으로 보호하려는 회로 중 가장 가는 전선의 허용전류치 이하의 것을 사용한다.

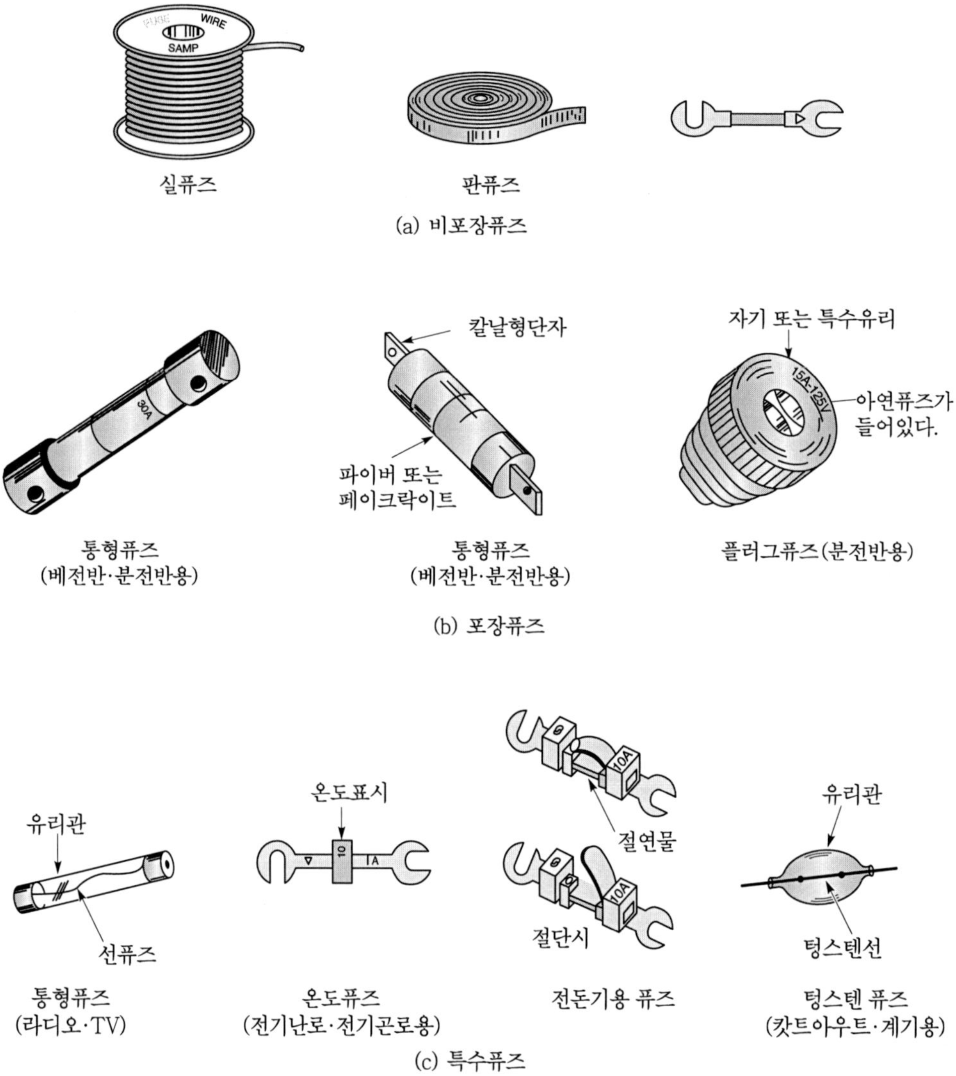
WIRE
SAMP
실퓨즈
판퓨즈
(a) 비포장퓨즈
30A
통형퓨즈
(베전반·분전반용)
칼날형단자
파이버 또는
페이크락이트
통형퓨즈
(베전반·분전반용)
자기 또는 특수유리
15A-125V
아연퓨즈가
들어있다.
플러그퓨즈(분전반용)
(b) 포장퓨즈
유리관
선퓨즈
통형퓨즈
(라디오·TV)
온도표시
10
A
온도퓨즈
(전기난로·전기곤로용)
10A
절연물
절단시
전돈기용 퓨즈
유리관
텅스텐선
텅스텐 퓨즈
(캇트아우트·계기용)
(c) 특수퓨즈

[퓨즈의 종류]

연습문제

01 가정용 전등 점멸 스위치는 반드시 무슨 측 전선에 접속해야 하는가?

㉮ 전압측 ㉯ 접지측 ㉰ 중성선 ㉱ 제 2 종 접지선

답 ㉮

02 접지측 전선을 접속하여 사용하여야 하는 것은?

㉮ 캐치 홀더 ㉯ 점멸 스위치
㉰ 단극 개폐기 ㉱ 리셉터클의 베이스 단자

답 ㉱

03 먼지가 많은 장소에 사용하는 소켓은 어느 것인가?

㉮ 키 소켓 ㉯ 풀 소켓 ㉰ 분기 소켓 ㉱ 키리스 소켓

◆ 풀이
- 키 소켓 : 점멸 장치가 있는 소켓
- 키리스 소켓 : 점멸 장치가 없는 소켓

답 ㉱

04 하나의 콘센트에 둘 또는 세 가지의 기구를 사용할 때 끼우는 플러그는?

㉮ 코드 접속기 ㉯ 멀티 탭 ㉰ 테이블 탭 ㉱ 아이언 플러그

답 ㉯

05 다음 중 천장에 코드를 매달기 위하여 사용하는 소켓은 어느 것인가?

㉮ 리셉터클 ㉯ 로제트 ㉰ 키 소켓 ㉱ 키리스 소켓

답 ㉯

06 배선 기구 중에서 벽에 매입형으로 가장 많이 사용되는 점멸기는?

㉮ 로터리 스위치　　㉯ 풀 스위치
㉰ 나이프 스위치　　㉱ 텀블러 스위치

◆ 풀이　노출형과 매입형 두 가지가 있다.　　답 ㉱

07 코드 길이가 짧을 때 연장하여 사용하는 것으로, 익스텐션 코드(extension cord)라고도 부르는 것은?

㉮ 아이언 플러그(iron plug)　　㉯ 작업등(extension light)
㉰ 테이블 탭(table tap)　　㉱ 멀티 탭(multi tap)

답 ㉰

08 매입형에만 사용되는 스위치는 다음 중 어느 것인가?

㉮ 텀블러 스위치　　㉯ 로터리 스위치
㉰ 누름 단추 스위치　　㉱ 풀 스위치

답 ㉰

09 단상 3선식 전원(100/200 [V])에 100 [V]의 전구와 콘센트 및 200 [V]의 모타를 시설하고자 한다. 전원 분배가 옳게 결선된 회로는?

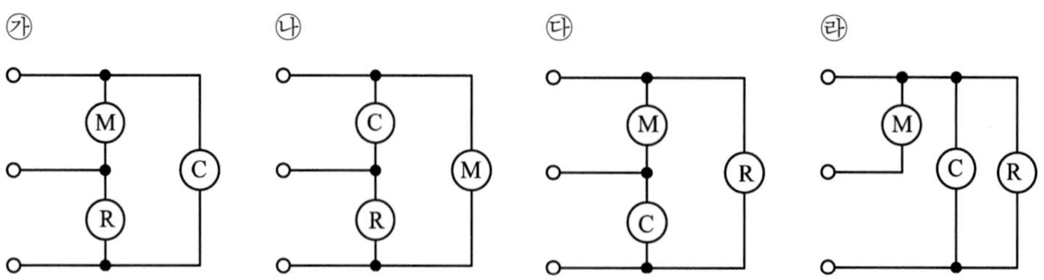

◆ 풀이　C : 콘센트, R : 전구, M : 전동기　　답 ㉯

10 과전류차단기를 시설하여야 할 곳은?

㉮ 접지공사의 접지선 ㉯ 다단식 전로의 중심선
㉰ 인입선 ㉱ 저압 가공 전로의 접지측전선

◆ 풀이 과전류 차단기 시설제한 장소
→중성선, 접지선, 저압가공 전선로의 접지측 전선

답 ㉰

11 220 [V] 전선로에 사용하는 퓨즈가 견디어야 할 전류는 정격전류의 몇 배인가?

㉮ 1.5 ㉯ 1.25 ㉰ 1.2 ㉱ 1.1

답 ㉱

12 옥내 배선의 분기 회로를 보호하기 위한 개폐기 및 과전류차단기에 있어서 어느 측 전선에 개폐기 및 과전류차단기를 생략할 수 있는가?

㉮ 접지측 ㉯ 변압기 1차측 ㉰ 인입구축 ㉱ 분기 회로측

답 ㉮

13 15 [A]의 저압용 훅 퓨즈에 30 [A]의 전류가 흘렀을 때 몇 분 이내에 녹아 떨어지는가?

㉮ 2 ㉯ 3 ㉰ 4 ㉱ 5

◆ 풀이 30 [A]의 경우 1.6배에서 60분 이내, 2배에서 2분 이내에 용단되어야 한다. 답 ㉮

14 저압 회로용 퓨즈는 정격 전류의 몇 배의 전류가 흐를 때 몇 분 이내에 끊어져야 하는가?

㉮ 1 ㉯ 2 ㉰ 3 ㉱ 4

◆ 풀이 정격 1.1배에 견디고, 30 [A]의 경우
2배의 전류에서는 2분 이내에 용단되어야 한다.

답 ㉯

15 배선용 차단기(NFB)의 동작 시간은?

㉮ 30 [A] 이하는 125 [%]에서 60분 이내 200 [%]에서 2분 이내
㉯ 20 [A] 이하는 125 [%]에서 60분 이내 200 [%]에서 2분 이내
㉰ 30 [A] 이하는 150 [%]에서 60분 이내 200 [%]에서 4분 이내
㉱ 15 [A] 이하는 125 [%]에서 20분 이내 200 [%]에서 1분 이내

답 ㉮

16 고압용 비포장 퓨즈는 정격 전류의 몇 배에 견디어야 하는가?

㉮ 1.3 ㉯ 1.25 ㉰ 2.0 ㉱ 2.5

◆ 풀이 포장용 → 1.3배에 견디고 2배의 전류에서 120분 내에 용단
비포장용 → 1.25배에 견디고 2배의 전류에서 2분 내에 용단

답 ㉯

17 과전류 차단기로 시설하는 퓨즈 중 고압 전로에서 사용하는 비포장 퓨즈는 정격 전류 2배의 전류로 몇 분 안에 용단되는 것이어야 하는가?

㉮ 1분 ㉯ 2분 ㉰ 120분 ㉱ 180분

답 ㉯

18 과전류 차단기로 시설하는 퓨즈 중 고압 전로에 사용하는 포장 퓨즈는 정격 전류 1.3배에 견디고 또한 2배의 전류로 몇 분 이내에 용단되는 것이어야 하는가?

㉮ 10분 ㉯ 30분 ㉰ 60분 ㉱ 120분

답 ㉱

19 과전류 차단기로 시설하는 퓨즈 등 고압전로에 사용하는 포장 퓨즈는 정격전류의 몇 배의 전류에 견디어야 하는가?

㉮ 3배 ㉯ 1.3배 ㉰ 1.25배 ㉱ 2배

답 ㉯

20 저압 단상 3선식 회로의 중성선에는?

㉮ 다른선의 퓨즈와 같은 용량의 퓨즈를 넣는다.
㉯ 다른선의 퓨즈와 2배 용량의 퓨즈를 넣는다.
㉰ 다른선의 퓨즈와 1/2배 용량의 퓨즈를 넣는다.
㉱ 퓨즈를 넣지 않고 직결한다.

답 ㉱

21 전동기 퓨즈의 주된 사용 목적은?

㉮ 역전의 경우 기동 전류 차단
㉯ 누전 전류를 차단
㉰ 기동 전류에 지장 없고 과전류에 보호
㉱ 과전류 차단

답 ㉰

22 작은 전류에 민감하게 용단되므로 전압계, 전류계 등의 소손 방지용으로 계기 내에 방치하고 봉입하는 퓨즈는?

㉮ 플러그 퓨즈 ㉯ 통형 퓨즈 ㉰ 텅스텐 퓨즈 ㉱ 온도 퓨즈

답 ㉰

23 다음 과전류 차단기 중에서 전동기의 과부하 보호 역할을 하지 못하는 것은?

㉮ 온도 퓨즈 ㉯ 마그넷 스위치 ㉰ 통형 퓨즈 ㉱ 타임러그 퓨즈

◆ 풀이 종류 → 100, 110, 120 [℃]

답 ㉮

24 커버 나이프 스위치의 정격은 어떻게 규정되어 있는가?

㉮ 교류 200 [V] 이하, 정격 전류 300 [A] 이하
㉯ 교류 200 [V] 이하, 정격 전류 500 [A] 이하
㉰ 교류 300 [V] 이하, 정격 전류 100 [A] 이하
㉱ 교류 300 [V] 이하, 정격 전류 300 [A] 이하

◆ 풀이 교류 300 [V] 이하(10, 20, 30, 60, 100 [A])

답 ㉰

25 나이프 스위치는 교류 몇 [V] 이하의 전로에서 정격 전류 및 [A] 이하의 간선 또는 분기용에 사용하는가?

㉮ 교류 250 [V] 이하, 정격 전류 300 [A] 이하
㉯ 교류 300 [V] 이하, 정격 전류 300 [A] 이하
㉰ 교류 250 [V] 이하, 정격 전류 600 [A] 이하
㉱ 교류 300 [V] 이하, 정격 전류 600 [A] 이하

◆ 풀이 교류 300 [V] 이하(15, 30, 60, 100, 200, 300, 40, 600 [A])

답 ㉱

26 저압 옥내 배선 검사에서 순서에 맞게 보기에서 골라 바르게 나열한 것은?

[보기]	
㉠ 점 검	㉡ 접지 저항 측정
㉢ 통전 시험	㉣ 절연 저항 측정

㉮ ㉡-㉠-㉣-㉢ ㉯ ㉠-㉡-㉢-㉣
㉰ ㉠-㉣-㉡-㉢ ㉱ ㉣-㉠-㉢-㉡

답 ㉰

27 옥내에 전등 및 콘센트를 시설할 때 옳지 못한 회로는?

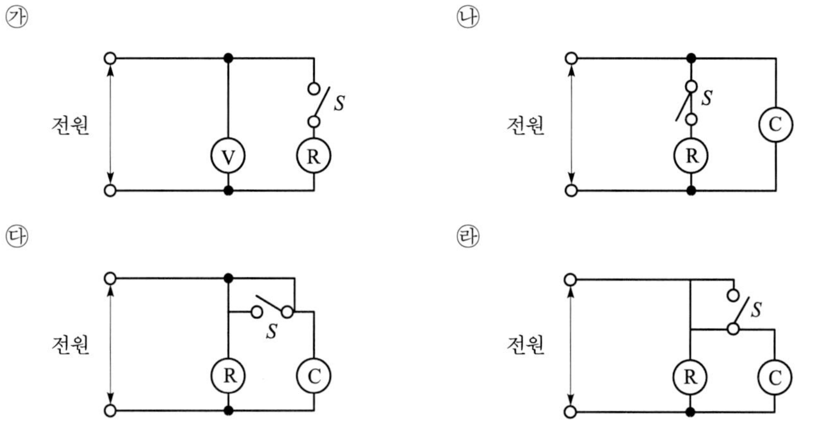

◆ 풀이 콘센트는 점멸기를 사용하지 않는다.

답 ㉱

28 단로기의 기능으로 가장 적합한 것은 다음 중 어느 것인가?

㉮ 무부하 회로의 개폐
㉯ 부하 전류의 개폐
㉰ 고장 전류의 차단
㉱ 3상 동시 개폐

답 ㉮

29 옥내용 소형 스위치의 개폐 상태 표시가 폐로를 표시한 것은 어느 것인가?

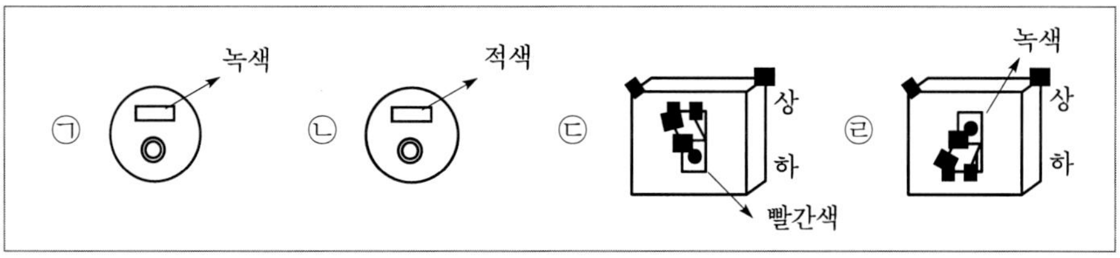

㉮ ㉠, ㉡
㉯ ㉠, ㉣
㉰ ㉡, ㉢
㉱ ㉡, ㉣

답 ㉰

30 그림에서 3로 스위치 2개로 2곳의 등을 동시에 점멸할 경우 A부분의 전선 수는 몇 줄인가?

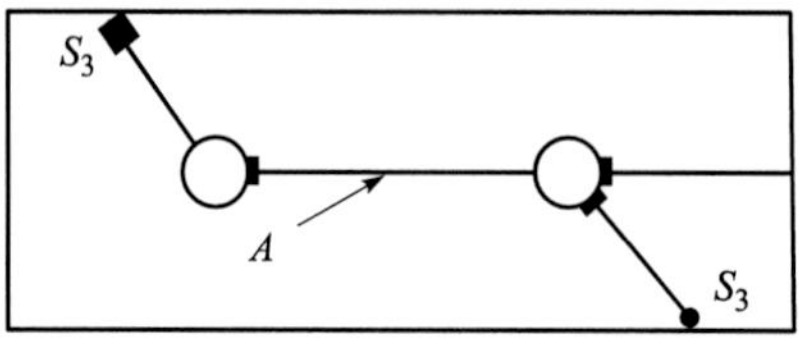

㉮ 2줄
㉯ 3줄
㉰ 4줄
㉱ 5줄

◆ 풀이

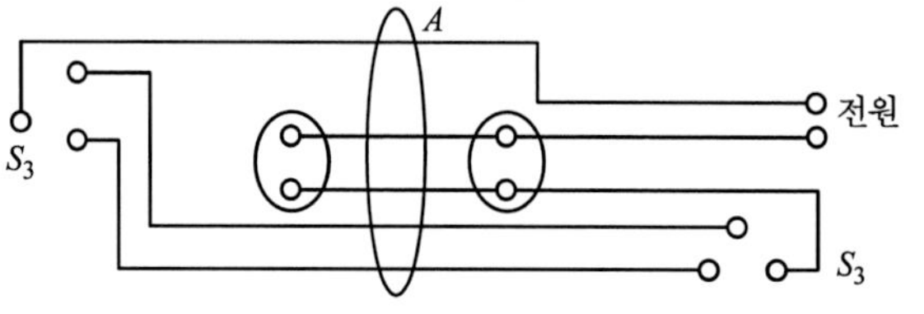

답 ㉱

31 다음의 그림은 무슨 전환 방식인가?

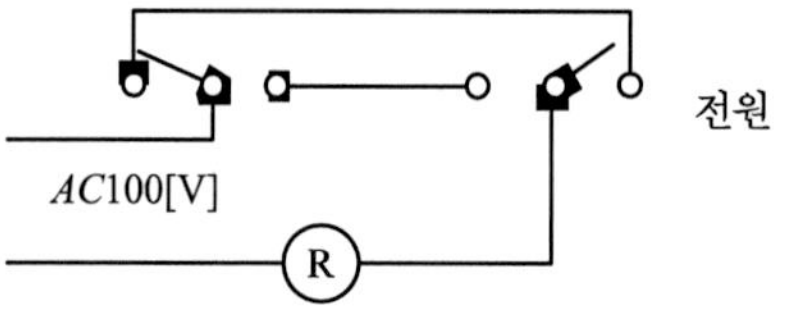

㉮ 쌍극 전환방식
㉯ 동극 전환방식
㉰ 3극 절환방식
㉱ 3로 스위치 전환방식

답 ㉱

32 2개의 등을 두 곳에서 단극스위치 2개로 각각 켜고 끌 때의 배선도가 바르게 표시된 것은?

㉮

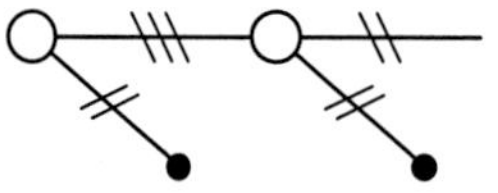

㉯

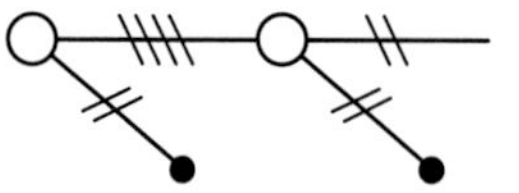

㉰

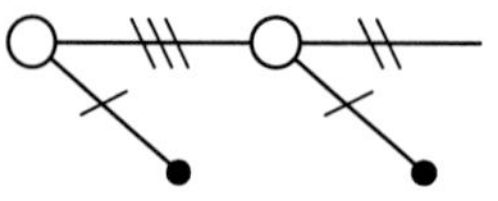

㉱

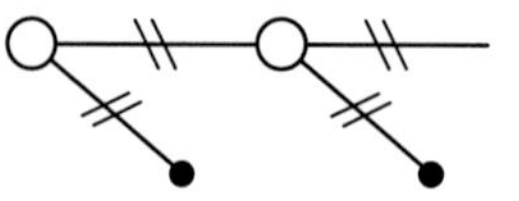

◆ 풀이

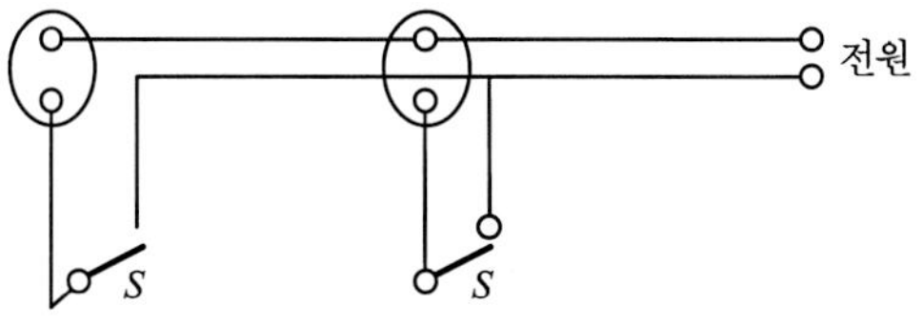

답 ㉱

33 그림에서 한 개의 전등을 두 곳에서 점멸할 수 있는 것은?

㉮

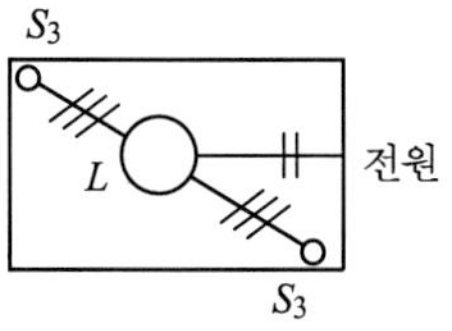

㉯

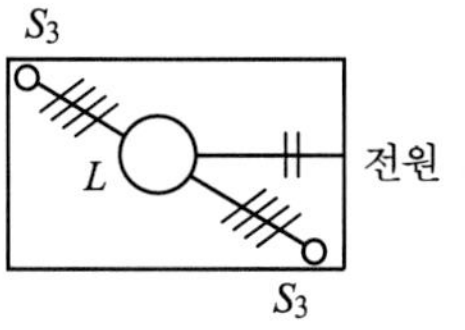

㉰

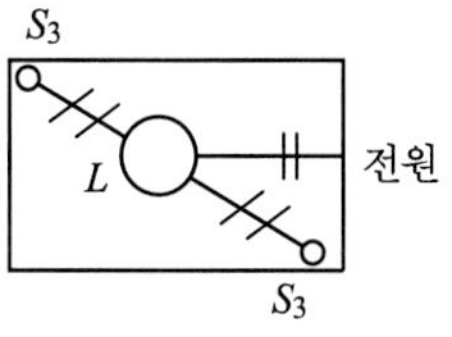

㉱

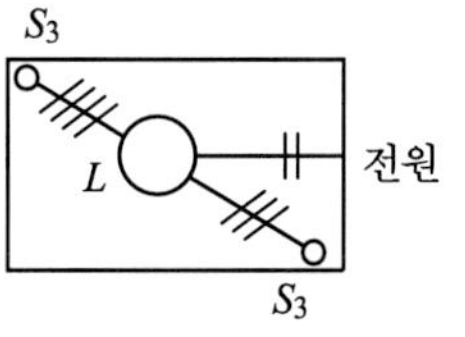

답 ㉮

34 소형 전기 기구의 코드 중간에 쓰는 개폐기는?

㉮ 컷 아웃 스위치 ㉯ 플로트 스위치 ㉰ 코드 스위치 ㉱ 캐노피 스위치

답 ㉰

35 소형 스위치의 정격에서 펜던트 스위치 정격 전류가 아닌 것은?

㉮ 1 [A] ㉯ 2 [A] ㉰ 3 [A] ㉱ 6 [A]

◆ 풀이 정격전류(1, 2, 3 [A])

답 ㉱

36 코드 펜던트에 갓을 씌우는 이유는?

㉮ 보기 좋게 하기 위하여
㉯ 아래쪽을 밝게 하려고
㉰ 설비 기준에 정해져 있음
㉱ 코드가 열을 받는 것을 방지

답 ㉯

37 4개소에서 한 등을 자유롭게 점등 점멸할 수 있도록 하기 위해 배선하고자 할 때 필요한 스위치의 수는? (단, SW3는 3로 스위치, SW4는 4로 스위치이다.)

㉮ SW3 4개
㉯ SW3 1개, SW4 3개
㉰ SW3 2개, SW4 2개
㉱ SW3 4개

답 ㉰

38 계단의 전등을 계단의 아래와 위의 두 곳에서 자유로이 점멸하도록 하기 위해 사용하는 스위치는?

㉮ 단극 스위치 ㉯ 코드 스위치 ㉰ 3로 스위치 ㉱ 점멸 스위치

답 ㉰

39 캐노피 스위치는?

㉮ 코드 끝에 붙이는 점멸기
㉯ 코드 중간에 붙이는 점멸기
㉰ 전등 기구의 플랜지에 붙이는 점멸기
㉱ 벽에 매입시킨 스위치

◆ 풀이 ㉮ — 펜던트 스위치, ㉯ — 코드 스위치, ㉱ — 텀블러 스위치

답 ㉰

40 다음 개폐기 중 DPST는 어느 것인가?

㉮ ㉯ ㉰ ㉱

◆ 풀이 ㉮ : 단극쌍투(SPDT), ㉯ : 2극 쌍투(DPDT), ㉰ : 단극단투(SPST)

답 ㉱

41 다음은 나이프 스위치를 표시한 것이다. 3극 쌍투형을 나타내는 것은?

㉮ SPDT ㉯ SPST ㉰ TPST ㉱ TPDT

◆ 풀이 ㉮ — 단극 쌍투, ㉯ — 단극 단투, ㉰ — 3극 단투, ㉱ — 3극 쌍투

답 ㉱

42 접지 저항 측정 방법으로서 적당하지 못한 것은?

㉮ 코울라시 브리지를 사용한다.
㉯ 교류의 전압계와 전류계를 사용한다.
㉰ 어어스 테스터를 사용한다.
㉱ 테스터를 사용한다.

답 ㉱

43 저압 옥내 배선의 회로 점검을 하는 경우 필요로 하지 않는 것은?

㉮ 어어스 테스터 ㉯ 슬라이 닥스 ㉰ 서키스 테스터 ㉱ 메거

답 ㉯

44 배선의 도통시 시험용으로 사용될 수 없는 것은?

㉮ 코올라시 브리지 ㉯ 메가 ㉰ 테스터 ㉱ 마그넷 벨

답 ㉮

45 접지저항이나 전해액저항 측정에 쓰이는 것은?

㉮ 휘이트스트온 브릿지 ㉯ 전위차계
㉰ 코올라우시 브릿지 ㉱ 메거

답 ㉰

46 접지저항의 측정에 쓰이는 측정기는?

㉮ 회로시험기 ㉯ 검류계 ㉰ 변류기 ㉱ 어어스테스터

답 ㉱

47 두께, 깊이, 안지름 및 바깥지름 측정율에 사용하는 공사용 공구는?

㉮ 캘리퍼스 및 버어니어 캘리퍼스 ㉯ 마이크로 미터
㉰ 와이어 게이지 ㉱ 잉글리스 스패너

답 ㉮

48 다음의 검사방법 중 옳은 것은 어느 것인가?

㉮ 어어스테스터로서 절연저항을 측정한다.
㉯ 검전기로서 전압을 측정한다.
㉰ 메가로서 회로의 저항을 측정한다.
㉱ 코올라시 브리지로 접지저항을 측정한다.

답 ㉱

49 단상 교류 부하의 역률을 측정하는데 필요한 계기 설치는?

㉮ 전압계, 전류계, 전력계 ㉯ 주파수계, 전압계, 전력계
㉰ 전압계, 전류계, 회로계 ㉱ 전압계, 전류계, 절연 저항계

답 ㉮

50 접지 저항 시험에서 시험하려는 접지극 및 보조 접지극 서로간 거리는 최소 몇[m] 인가? (단, 모래, 암반의 경우는 제외)

㉮ 5 ㉯ 10 ㉰ 15 ㉱ 20

답 ㉯

51 시험용 기기 중 검사 방법으로서 바르지 못한 것은?

㉮ 마그넷 벨과 테스터에 의한 도통 시험
㉯ 메거에 의한 접지 저항 시험
㉰ 테스터에 의한 회로저항의 측정
㉱ 전류계, 전압계, 전력계에 의한 역률 측정

◆ 풀이 메거 → 절연저항 측정 답 ㉯

52 다음 중 펜치의 크기[mm]가 아닌 것은?

㉮ 175 ㉯ 150 ㉰ 200 ㉱ 250

◆ 풀이 150 [mm] : 소기구의 전선접속, 175 [mm] : 옥내일반 공사, 200 [mm] : 옥외공사 답 ㉱

53 전선에 압착단자를 접속시키는 공구는?

㉮ 와이어 스트리퍼 ㉯ 프레셔 투울
㉰ 볼트클리퍼 ㉱ 드라이브이트

◆ 풀이 ㉮ — 전선의 피복을 벗기는 공구(자동), ㉱ — 콘크리트에 구멍을 뚫는 공구 답 ㉯

54 경질비닐관(P.V.C)를 구부릴 때 사용 공구는?

㉮ 토치램프 ㉯ 파이프 카터 ㉰ 리이머 ㉱ 나사절삭기

◆ 풀이 ㉯ — 금속관을 절단, ㉰ — 관안의 날카로운 것은 다듬는 공구 답 ㉮

55 절단한 전선관을 매끄럽게 하는데 사용하는 것은?

㉮ 터어미널 캡　㉯ 리이머　㉰ 록너트　㉱ 엔트런스 캡

답 ㉯

56 금속관의 배관을 변경하거나 캐비닛의 구멍을 넓히기 위한 공구는 어느 것인가?

㉮ 체인 파이프 렌치　㉯ 녹아웃 펀치
㉰ 프레셔 툴　㉱ 잉글리시 스패너

답 ㉯

57 절연 전선의 피복 절연물을 벗기는 자동 공구 명칭은?

㉮ 와이어 스트리퍼(wire stripper)　㉯ 나이프(jack knife)
㉰ 파이어 포트(fire pot)　㉱ 클리퍼(cliper)

답 ㉮

58 굵은 전선이나 볼트 등을 절단할 때 주로 쓰이는 공구의 이름은 무엇인가?

㉮ 파이프커터　㉯ 토오치 램프　㉰ 노크아웃트펀치　㉱ 클리퍼

답 ㉱

59 금속관 나사를 내는 공구는?

㉮ 리머(reamer)　㉯ 파이프 렌치(pipe wrench)
㉰ 벤더(bender)　㉱ 오스터(oster)

◆ 풀이　㉮ — 관을 다듬는 공구, ㉯ — 금속관을 커플링으로 접속할 때
㉰ — 금속관 구부리는 공구, ㉱ — 금속관 끝에 나사내는 공구

답 ㉱

60 금속관을 절단하고 나사 작업을 완료하기 위하여 필요한 공구를 조합하는 데 가장 적당한 것은?

㉮ 파이프 바이스, 오스터, 쇠줄, 펜치
㉯ 파이프 커터, 오스터, 프라이어, 리머, 쇠줄
㉰ 쇠줄, 파이프 바이스, 리머, 파이프 커터, 오스터
㉱ 오스터, 파이프 바이스, 리머, 파이프 벤더

답 ㉰

61 금속관 매입 공사에서 시공 순서가 바른 것은?

㉮ 배관 – 줄긋기 – 관내 청소 – 통선 – 전선의 접속 및 기구류의 취부 – 시험
㉯ 줄긋기 – 배관 – 관내 청소 – 전선의 접속 및 기구류의 취부 – 통선 – 시험
㉰ 줄긋기 – 배관 – 관내 청소 – 통선 – 전선의 접속 및 기구류의 취부 – 시험
㉱ 배관 – 통선 – 관내 청소 – 줄긋기 – 전선의 접속 및 기구류의 취부 – 시험

답 ㉰

62 녹아웃용 펀치와 같은 용도의 것은?

㉮ 리머 ㉯ 오일 벤더 ㉰ 클리퍼 ㉱ 홀소

◆ 풀이 이미 설치된 캐비닛에 구멍을 뚫을 때 크기(15, 19, 25 [mm])

답 ㉱

63 금속관 서로를 접속할 때 관 또는 커플링을 직접 돌리지 않고 조이는 공구는 무엇인가?

㉮ 파이프 바이스 ㉯ 파이프 커터 ㉰ 파이프 벤더 ㉱ 파이프 렌치

◆ 풀이 ㉮ — 파이프를 고정, ㉯ — 금속관을 절단,
㉰ — 금속관을 구부리는 공구, ㉱ — 금속관을 커플링으로 접속

답 ㉱

64 다음 중 펜치로 절단하기 힘든 굵은 전선을 절단할 때 사용하는 공구는?

㉮ 펜치 ㉯ 파이프 커터 ㉰ 프레셔 툴 ㉱ 클리퍼

답 ㉱

65 다음 중 펜치로 절단하기 힘든 굵은 전선을 절단할 때 사용하는 공구는?

㉮ 펜치 ㉯ 파이프 커터 ㉰ 프레셔 툴 ㉱ 클리퍼

답 ㉱

66 전선의 굵기, 철판, 구리판 등의 두께를 측정하는 것은?

㉮ 와이어 게이지 ㉯ 파이어 포트 ㉰ 스패너 ㉱ 프레셔 툴

답 ㉮

67 전기공사의 작업과 사용 공구와의 조합이 부적당한 것은?

㉮ 금속관 절단 — 쇠톱
㉯ 콘크리트 벽에 못을 박는다 — 드라이브이트
㉰ 금속관의 단구 — 리이머
㉱ 금속관의 나사내기 — 파이프 벤다.

답 ㉰

CHAPTER

03 전선의 접속

CHAPTER 03

전선의 접속

3.1 전선 벗기기

절연 전선의 피복을 벗길 때는 칼 또는 와이어 스트리퍼를 사용하여야 하고, 피복 벗기기는 연필 모양으로 벗겨야 하고 심선에 상처가 나지 않아야 한다.

3.2 전선의 접속 조건

(1) 전선 접속점의 인장강도(전선의 세기)는 80[%]이상 유지되어야 한다.
(20[%] 이상 감소시키지 말 것)

(2) 전선의 전기 저항을 증가시키지 말아야 한다.
(특수 접속 방법 외에는 접속부에 필히 납땜을 할 것)

(3) 접속부는 절연테이프를 감아서 원래 전선 그대로와 같게 절연이 되도록 해야 한다.

3.3 전선의 접속

전선 접속의 종류에는
① 납땜 접속, ② 슬리브접속(sleeve joint), ③ 커넥터접속(connector joint)의
세 가지가 있다.

(1) 단선의 직선 접속

① 단선의 직선 접속

㉠ 트위스트 접속 : 2.6[mm]이하의 가는 단선 접속하는 방법이다.

㉡ 브리타니아 접속 : 3.2[mm] 이상 굵은 단선 직선 접속하는 방법으로서 접선선(joint wire)을 사용한다, 접속은 1.0[mm] 또는 1.2[mm] 연동나선이다.

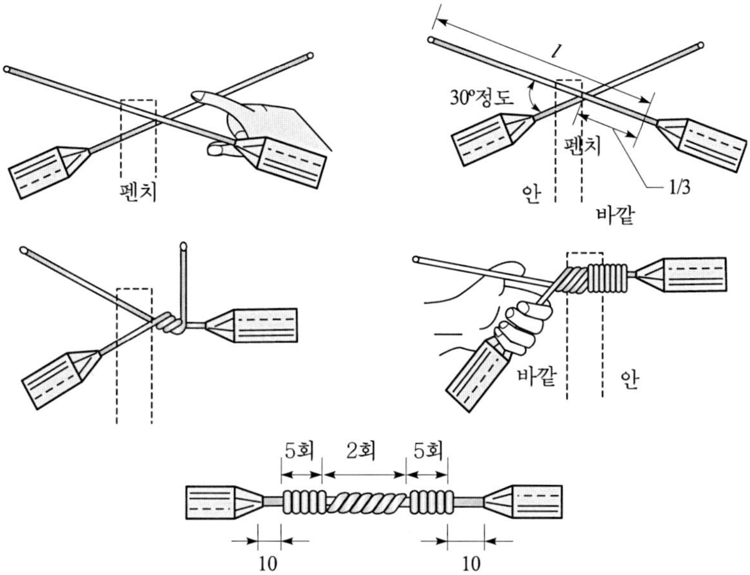

[트위스트 접속]

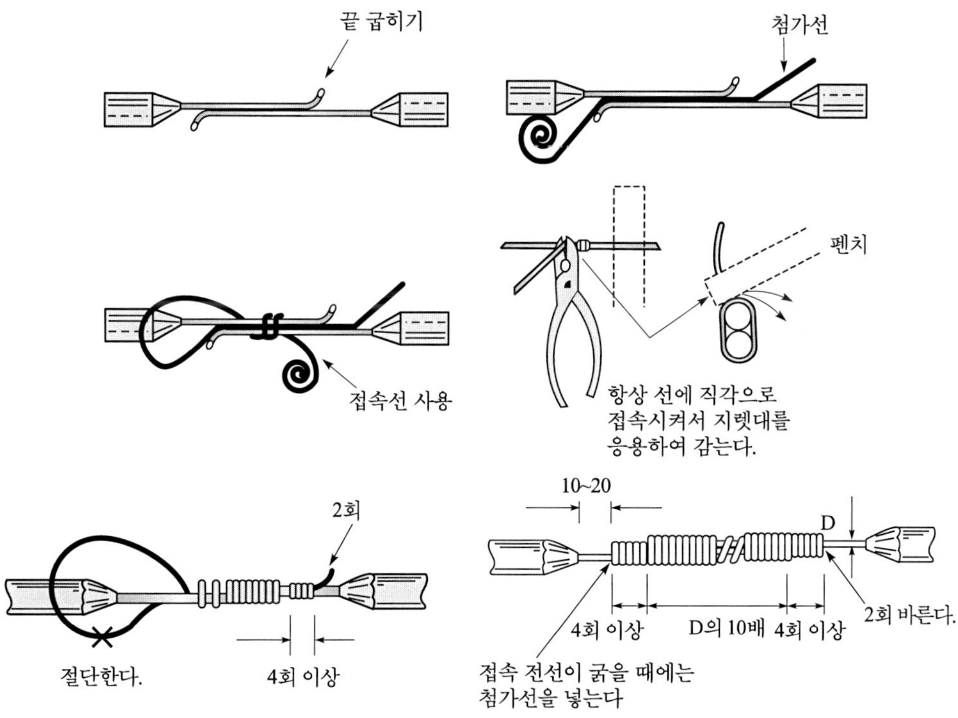

[브리타니아 접속]

② 연선의 직선 접속

㉠ 브리타니아 접속 : 연선의 소선을 엇갈리게 하고, 접속선을 이용하는 접속하는 방법이다.

㉡ 단권 접속 : 우산형 접속이라고도 한다. 접속선을 사용하지 않고 소선을 엇갈리게 하고 소선 자체를 하나씩 차례로 감아서 접속하는 방법이다.

㉢ 복권 접속 : 단권접속과 비슷하지만 소선을 하나씩 감지 않고 한꺼번에 감아서 접속을 한다.

[연선의 직선 복권접속]

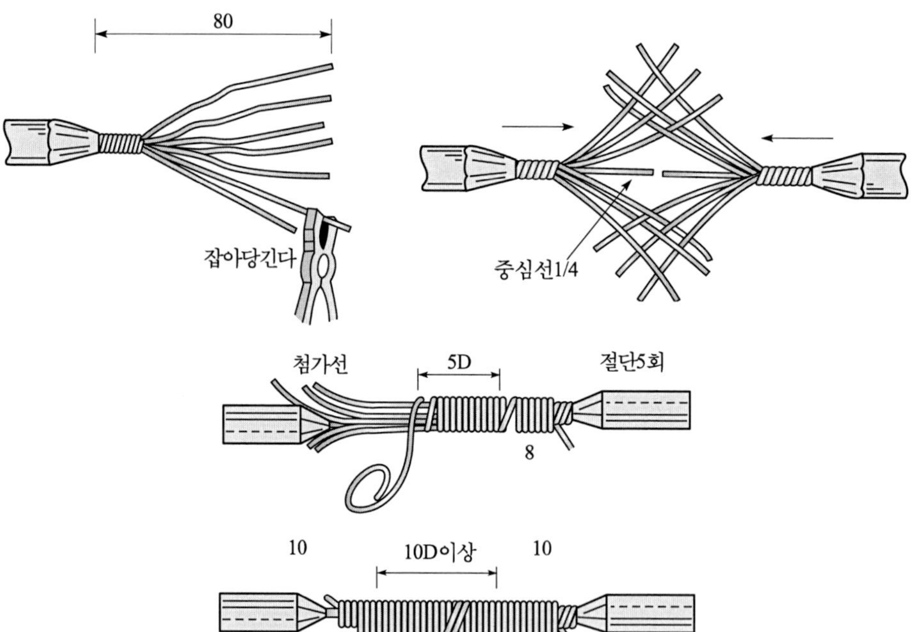

[굵은 연선의 직선 접속]

(2) 분기 접속

① 단선의 분기 접속

㉠ 트위스트 접속 : 단선의 분기 접속에 있어서 분기선의 굵기가 2.6[mm]이하의 가는 전선을 접속하는 방법이다.

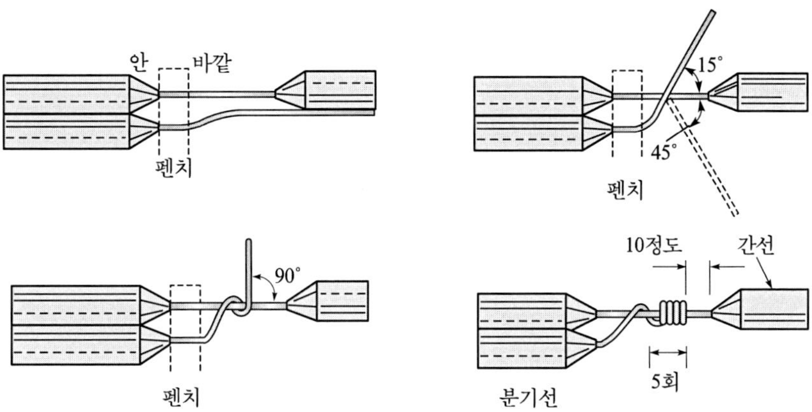

[가는 단선의 분기접속]

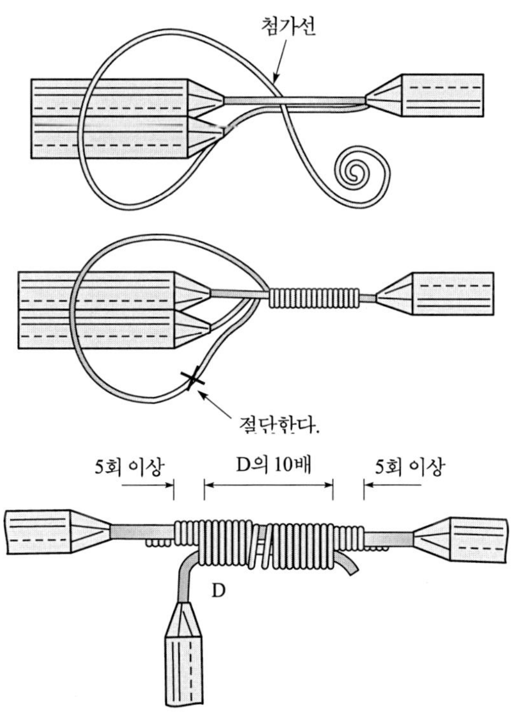

[굵은 단선의 분기접속]

㉡ 브리타니어 분기 접속 : 접속을 이용하여 3.2[mm]이상의 굵은 단선의 분기 접속하는 방법이다.

② 연선의 분기 접속

㉠ 브리타니어 접속 : 연선 분기선의 소선을 둘로 나누어 붙이고, 접속선을 감아서 접속하는 방법이다.

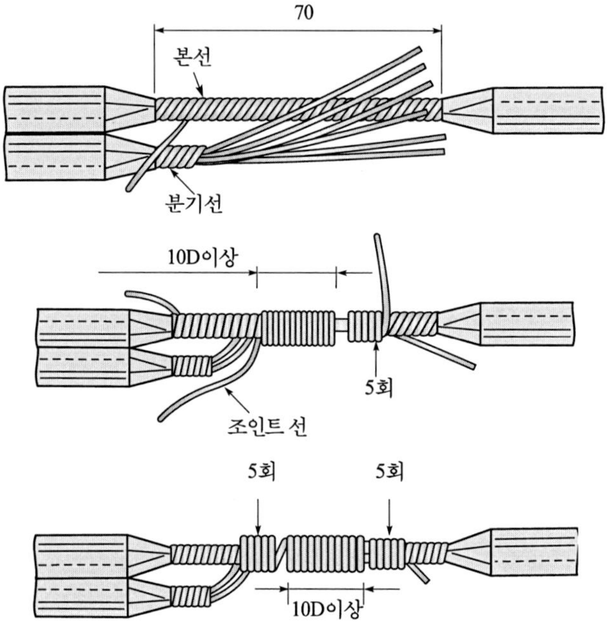

[굵은 연선의 분기접속]

㉡ 단권 분기 접속 : 분기선의 소선 자체를 이용하여 소선을 절반씩 양쪽으로 나누어 붙이고, 소선 하나씩을 감아 잇는 것이다.

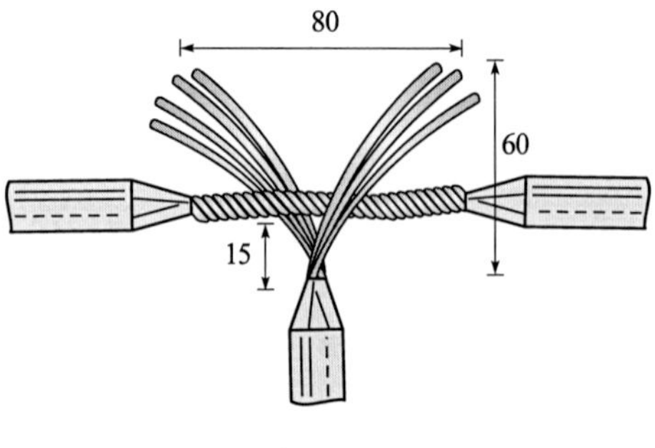

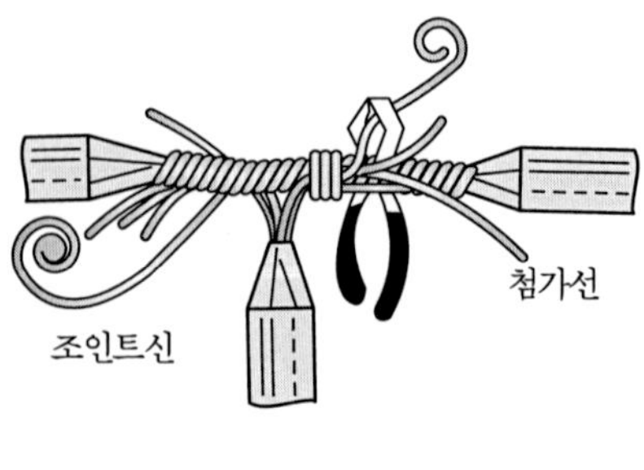

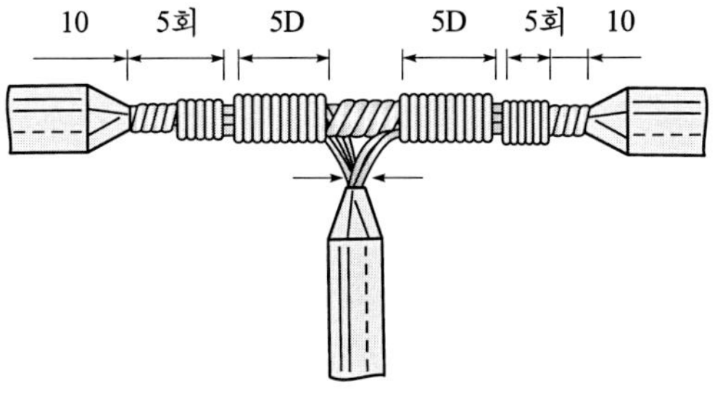

[연선의 분할 분기접속]

㉢ 복권 분기 접속 : 소선 자체를 이용하는 것으로, 분기선의 소선을 둘로 나누어, 여러 소선을 한꺼번에 감아서 잇는 방법이다.

(3) 쥐꼬리 접속

① 박스 안에서 가는 전선을 접속하는 방법이다.

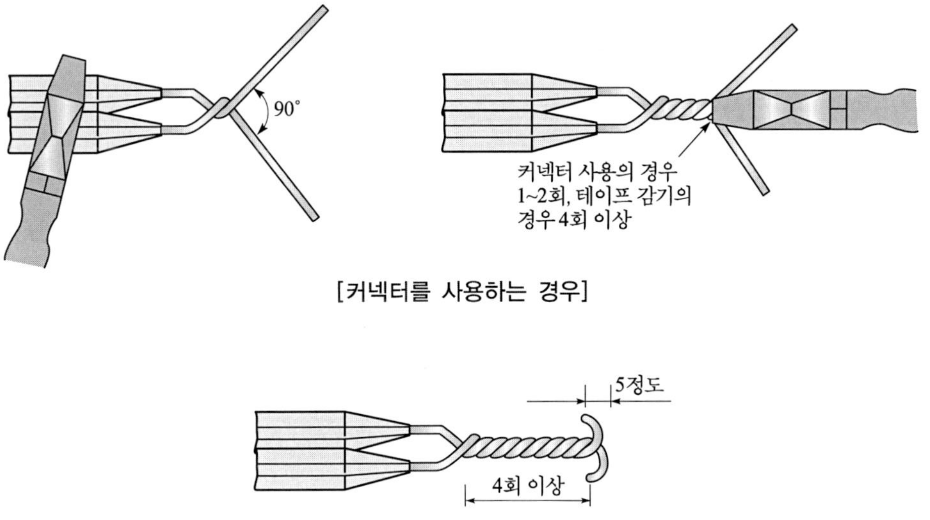

[커넥터를 사용하는 경우]

[테이프로 감는 경우]

② 박스 또는 플랜지 안에서 배선과 조명 기구의 심선(리드선)을 접속할 때에는 배선에 심선을 5회 이상 감고, 굵은 선의 끝을 접어 붙이고 그 위에 심선을 다시 감는다.

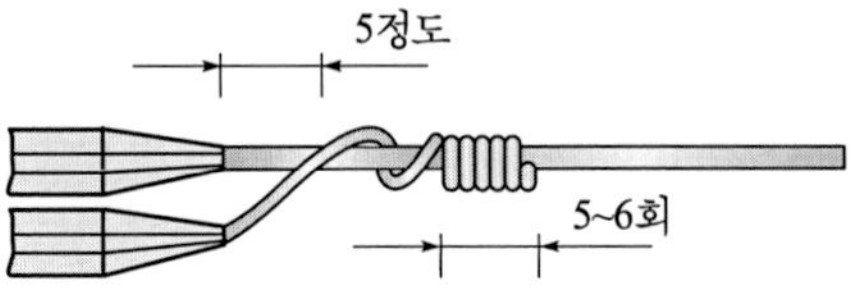

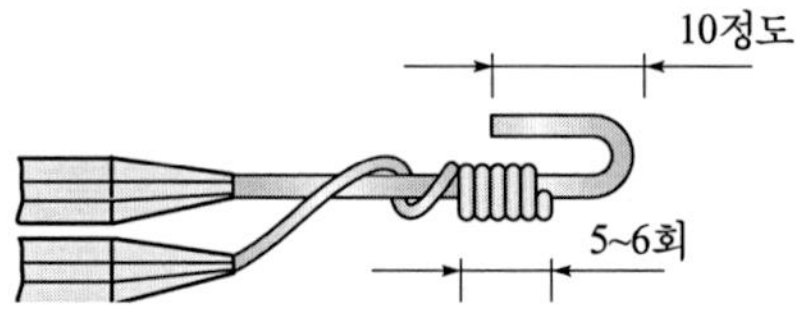

(4) 와이어 커넥터 접속

① 심선을 꼬아서 절연 커넥터를 끼우는 방법이다.

② 이 접속방법은 납땜과 테이프가 필요 없이 접속을 할 수 있기 때문에 공사가 간편하다.

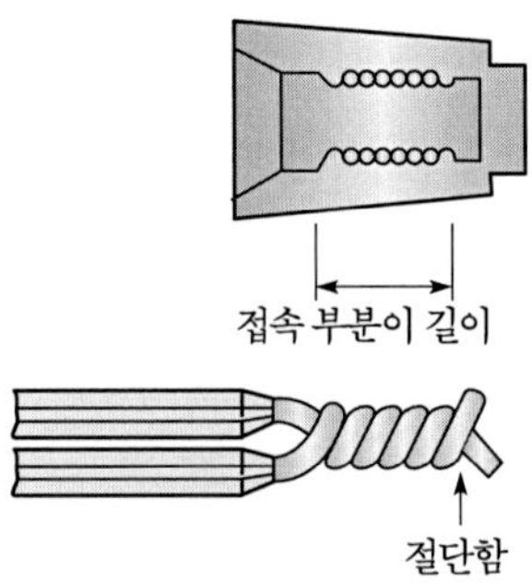

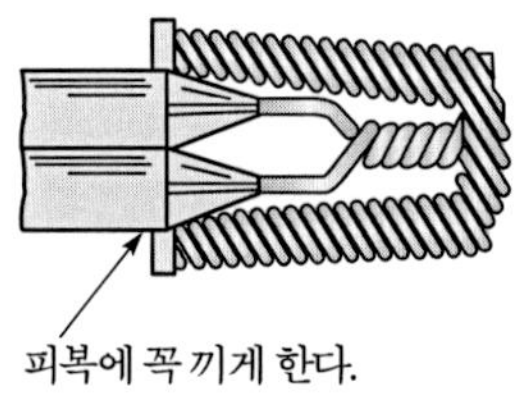

(5) 슬리브 접속

전선 접속용 슬리브에는 S형과 관형이 있으며, 분기 접속은 S형 슬리브를 사용한다.

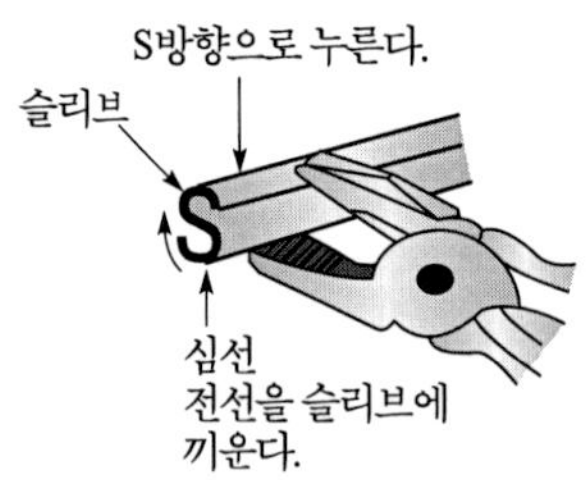

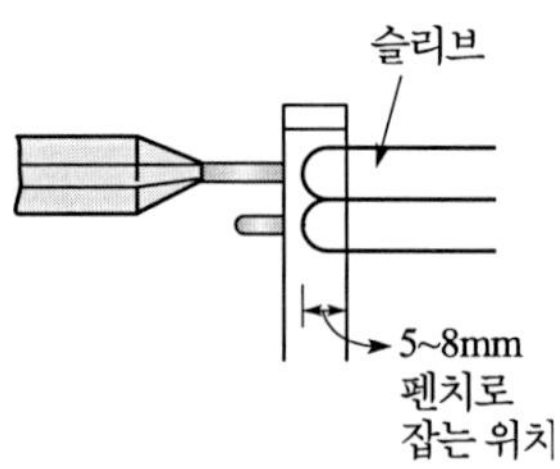

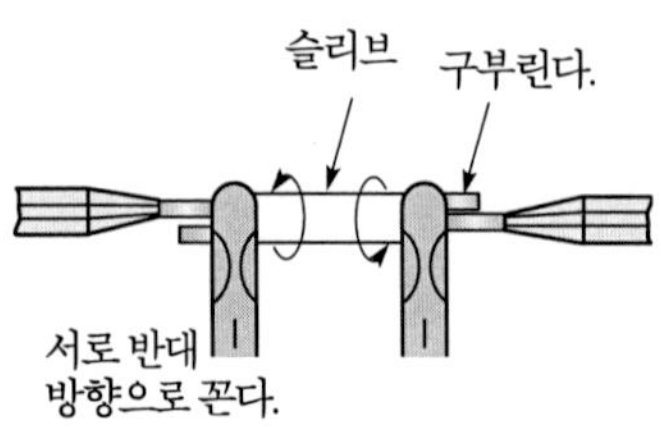

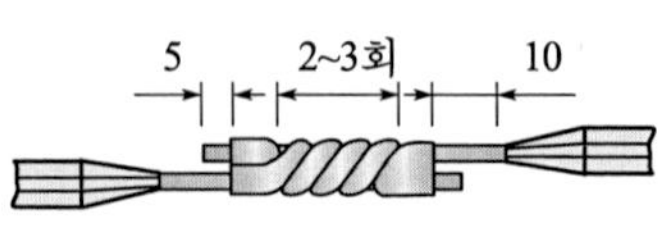

(6) 전선과 기구 단자의 접속

① 전선의 굵기가 단선에서 3.2[mm], 연선에서 5.5[mm^2]이하의 것은 기구의 단자에 전선을 직접 접소가고 그 이상의 것은 압착잔지를 이용해서 접속한다.

② 진동이 있는 기계기구의 접속할 때에는 2중 너트 또는 스프링 와셔를 사용한다.

3.4 테이프

전선의 접속부를 절연하여 접촉사고나 누전사고를 방지하기 위하여 절연테이프를 감아야 한다. 감는 방법은 테이프 폭을 1/2씩 겹쳐서 탄탄하고 매끈하게 감아야 한다.

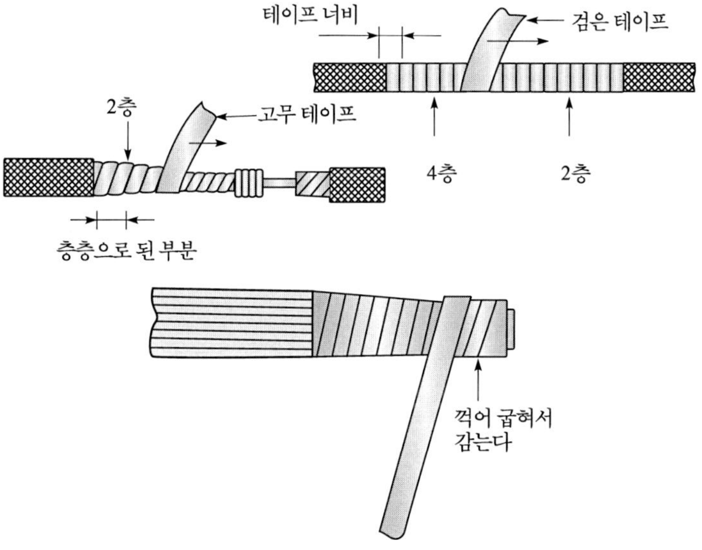

[테이프를 감는 방법]

(1) 고무 테이프

고무 테이프(rubber tape)는 절연성 혼합물을 압연하여 이를 가황한 다음, 그 표면에 고무풀을 칠한 것으로 규격은 두께 0.9[mm], 나비 19[mm], 한 타래의 길이는 8[m] 이상으로 되어 있다.

(2) 비닐 테이프

① 염화비닐 컴파운드로 만든 것

② 규격

㉠ 두께 0.15, 0.20, 0.25[[mm]의 세 가지

㉡ 나비 19[mm]

㉢ 한 타래 길이 10[m], 20[m]

③ 테이프의 색 : 검은색, 흰색, 회색, 파랑, 녹색, 노랑, 갈색, 주황 및 빨강의 9종류

(3) 리노 테이프

① 리노 테이프는 점착성은 없으나 절연성, 내온성 및 내유성이 있으므로 연피케이블의 접속에 사용된다.

② 엇갈리게 짠 건조한 목면, 즉 바이어스 테이프(bias tape)에 절연성 니스를 몇 차례 바르고 다시 건조시킨 것으로 노란색 반투명의 것과 검은색의 것이 있다. 규격을 두께 0.18 또는 0.25[mm], 나비는 13, 19 및 25[mm]이고, 한 타래의 길이는 6[m]이상으로 되어 있다.

③ 노란색의 리노 테이프는 배전반, 분전밥, 변압기, 전동기 단자 부근에서 절연선 또는 나선에 감아서 절연의 강화, 또는 피복의 보호용으로 사용한다.

(4) 자기 융착 테이프

① 자기 융착 테이프는 약 2배로 늘이고 감으면 서로 융착되어 벗겨지는 일이 없다.

② 규격은 두께 0.5~1.0[mm], 나비 19[mm], 길이 5~10[m]이상으로 되어 있다.

③ 자기 융착 테이프는 내오존성, 내수성, 내약품성, 내온성이 우수해서 오래도록 열화되지 않기 때문에 비닐 외장 케이블 및 클로로프렌 외장 케이블의 접속에 사용된다.

연습문제

01 전선의 접속점에 있어서 전선의 세기를 감소시켜도 좋은 한계[%]는?

㉮ 10 ㉯ 20 ㉰ 25 ㉱ 30

◆ 풀이 • 전선의 세기를 20 [%] 이상 감소시키지 말것.(80 [%] 이상 유지) 답 ㉯
• 전기적 저항을 증가시키지 말 것.
• 접속부의 절연을 전선 그대로와 같게 절연할 것.

02 전선의 접속 방법으로서 직접 접속해서는 안 되는 것은?

㉮ 코드와 절연 전선과의 접속
㉯ 8 [mm^2] 이상의 캡타이어 케이블 상호의 접속
㉰ 비닐 코드 상호의 접속
㉱ 비닐 외장 케이블 상호의 접속

◆ 풀이 직접 접속 하여서는 안 되는 부분 답 ㉰
• 코오드 상호간, • 캡타이어 케이블 상호간(단, 8 [mm^2] 이상 제외)

03 전선의 접속부분은 그 전선의 세기가 몇 [%] 이하 감소되지 않도록 하여야 하는가?

㉮ 20 ㉯ 30 ㉰ 15 ㉱ 80

답 ㉱

04 전선 2.6 [mm] 이하의 가는 단선을 직선 접속할 때 어느 접속 방법으로 하여야 하는가?

㉮ 브리타니어 접속 ㉯ 트위스트 접속 ㉰ 슬리브 접속 ㉱ 우산형 접속

◆ 풀이 • 2.6 [mm] 이하 → 트위스트 접속 답 ㉯
• 3.2 [mm] 이상 → 브리타니어 접속
접속선(조인트선) → 1.0 또는 1.2 [mm] 연동나선

05 전선의 접속에 대한 바른 설명은?

㉮ 박스 내에서 전선과 기구의 코드를 접속하는 데 코드의 심선을 6회 전선에 감고서 그 위에 정규의 테이프로 감았다.
㉯ 저압 가공 전선 상호를 규정의 방법으로 접속했으나 납땜은 하지 않고 테이프를 감았다.
㉰ 나전선과 600 [V] 절연 전선을 접속해서 전선의 인장 하중을 조사했더니 70 [%] 감소됐다.
㉱ 코드와 코드를 서로 꼬아서 납땜하고 정규의 테이프를 사용하였다.

답 ㉯

06 3.2 [mm] 이상의 굵은 단선의 분기 접속은 어떤 분기 접속으로 하는가?

㉮ 브리타니어 분기 접속
㉯ 단권 분기 접속
㉰ 복권 분기 접속
㉱ 트위스트 분기 접속

답 ㉮

07 다음 설명 중 옳지 못한 것은?

㉮ 전선의 접속법에는 트위스트 접속, 슬리브 접속, 커넥터 접속 등이 있다.
㉯ 전선의 피복을 벗기는 길이는 지름이 1.6 [mm] 전선인 경우에는 약 80 [mm] 정도로 한다.
㉰ 전선의 피복을 벗기는 길이는 지름이 2.0 [mm] 전선인 경우에는 약 100 [mm] 정도로 한다.
㉱ 단선의 직선 접속과 분기 접속에서 단선의 지름이 1.6 [mm] 이하인 것은 트위스트 접속, 3.2 [mm] 이상되는 것은 커넷터 접속으로 한다.

◆ 풀이 단선 2.6 [mm] 이하는 트위스트 접속으로 하고,
3.2 [mm] 이상은 브리타니어 접속으로 한다.

답 ㉱

08 다음 전선의 접속 중 해당하지 않는 것은?

㉮ 납땜 접속 ㉯ 슬리이브 접속 ㉰ 커넥터 접속 ㉱ 직접 접속

답 ㉱

09 굵기가 같은 두단선의 쥐꼬리 접속에서 와이어 커넥터를 사용하는 경우에는 심선을 몇 회정도 꼰다음 끝을 잘라내야 하는가?

㉮ 2～3회 ㉯ 4～5회 ㉰ 6～7회 ㉱ 8～9회

◆ 풀이 • 와이어 커넥터 사용시 → 2～3회, • 테이프를 감을 때 → 4～5회

답 ㉮

10 전선을 접속하는 재료로서 납땜을 하는 것은?

㉮ 박스형 커넥터 ㉯ S형 슬리브 ㉰ 와이어 커넥터 ㉱ 동관 단자

답 ㉱

11 박스 내에서 절연 전선을 쥐꼬리 접속후 접속과 절연을 완전하게 하고 작업 시간을 빠르게 하는데 쓰이는 것은?

㉮ 평형 슬리브 ㉯ S형 슬리브 ㉰ 와이어 커넥터 ㉱ 터미널 러그

답 ㉰

12 땜납의 성분은?

㉮ 납 ㉯ 납과 아연 ㉰ 주석 ㉱ 주석과 납

◆ 풀이 주석과 납이 각각 50 [%]이다.

답 ㉱

13 금속관 공사의 박스 내에서 전선을 접속할 때 가장 좋은 것은?

㉮ 코드 커넥터 ㉯ 와이어 커넥터 ㉰ S슬리브 ㉱ 컬 플러그

◆ 풀이 ㉮ — 코드 상호를 접속, ㉰ — 애자 사용 공사에서 전선의 접속
㉱ — 콘크리트의 조영재에 배선기구 등을 부착

답 ㉯

14 비닐 테이프의 폭 [mm]은?

㉮ 10 ㉯ 15 ㉰ 19 ㉱ 18

◆ 풀이 두께는 0.15, 0.20, 0.25 [mm]이고 폭은 19 [mm]로 한다.

답 ㉰

15 비닐테이프에서 일반적으로 쓰이는 두께 [mm]의 규격이 아닌 것은?

㉮ 0.15 ㉯ 0.20 ㉰ 0.22 ㉱ 0.25

◆ 풀이 비닐 테이프의 두께 (0.15, 0.20, 0.25 [mm])가 있다.

답 ㉰

16 전선의 접속 방법에서 납땜과 테이프 감기가 다같이 필요 없는 것은?

㉮ 트위스트 접속 ㉯ 브리타니어 접속
㉰ 와이어 커넥터 접속 ㉱ 슬리이브 접속

답 ㉰

17 점착성은 없으나 절연성, 내온성 및 내유성이 있으므로 연피 케이블의 접속에 반드시 사용해야 하는 테이프는 어떤 것인가?

㉮ 면테이프 ㉯ 고무테이프 ㉰ 비닐테이프 ㉱ 리노테이프

◆ 풀이 리노 테이프의 두께 → 0.18, 0.25 [mm]
리노 테이프의 폭 → 13, 19, 25 [mm]
리노 테이프의 길이 → 6 [m]

답 ㉱

18 합성수지와 합성고무를 주성분으로 만든 판상의 것을 압연하여 적당한 격리물과 함께 감아서 만든 테이프로 셀루폰 테이프라고도 불리우는 것은?

㉮ 비닐테이프 ㉯ 고무테이프 ㉰ 리노테이프 ㉱ 자기융착테이프

답 ㉱

19 테이프를 감을 때 약 1.2배 늘려서 감을 필요가 있는 것은?

㉮ 블랙테이프 ㉯ 리노테이프 ㉰ 자기융착테이프 ㉱ 비닐테이프

답 ㉰

CHAPTER

04 옥내 배선 공사

CHAPTER 04

옥내 배선 공사

4.1 공사의 분류

(1) 저압 옥내 배선은 합성수지관 공사, 금속관 공사, 가요전선관 공사 및 케이블 공사에 의하여 시설하거나, 시설 장소 및 사용 전압의 구분에 따른 공사의 어느 것에 의하여 시설하여야 한다.

(2) 사용전압과 시설 장소에 의한 옥내 배선 공사의 종류는 다음과 같다.

시설장소 \ 사용전압		400[V] 미만인 것	400[V] 이상인 것
전개된 장소	건조한 곳	애자 사용 공사, 합성수지 몰드 공사, 금속 몰드 공사, 금속 덕트 공사, 버스 덕트 공사, 합성 수지관 공사, 금속관 공사, 가요 전선관공사, 케이블 공사	애자 사용 공사, 금속 덕트 공사, 버스 덕트 공사, 합성 수지 관공사, 금속관 공사, 가요 전선관 공사, 케이블 공사
	기타의 곳	애자 사용 공사, 합성 수지관 공사, 금속관 공사, 가요 전선관 공사, 케이블 공사	애자 사용 공사, 합성 수지관 공사, 금속관 공사, 가요 전선관 공사, 케이블 공사
점검할 수 있는 은폐 장소	건조한 곳	애자 사용 공사, 합성 수지몰드 공사, 금속 덕트 공사, 버스 덕트 공사, 합성 수지관 공사, 금속관 공사, 가요 전선관 공사, 케이블 공사	애자 사용 공사, 금속 덕트공사, 버스 덕트 공사, 합성 수지관 공사, 금속관 공사, 가요 전선관 공사, 케이블공사
	기타의 곳	애자 사용 공사, 합성 수지관 공사, 금속관 공사, 가요 전선관 공사, 케이블 공사	애자 사용 공사, 합성 수지관 공사, 금속관 공사, 가요 전선관 공사, 케이블 공사
점검할 수 없는 은폐 장소	건조한 곳	애자 사용 공사, 플로어 덕트공사, 합성 수지관 공사, 금속관 공사, 가요 전선관 공사케이블 공사	합성 수지관 공사, 금속관 공사, 가요 전선관 공사, 케이블 공사

4.2 애자 사용 공사

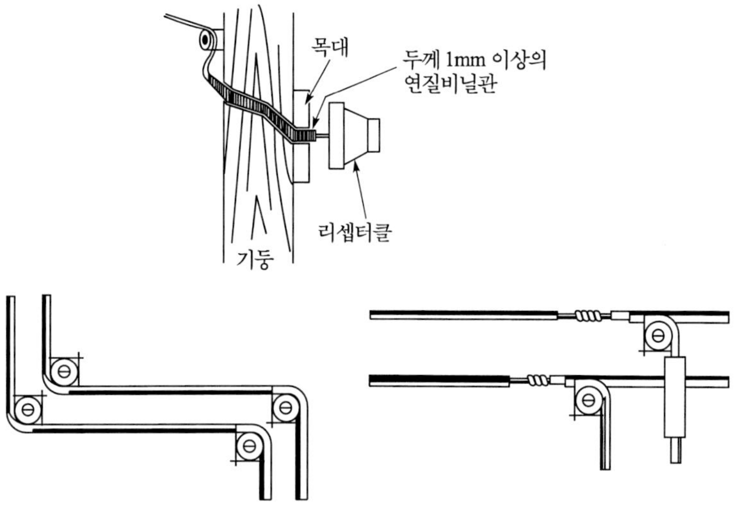

(a) 구부러지는 곳

(b) 분기 접속

[눕 애자 사용공사]

(1) 애자 사용 공사는 일반적인 장소에 시설이 가능하나 점검할 수 없는 은폐 장소에는 시설이 불가능하다. 시설하는 방법은 전선을 지지하여 전선이 조영재에 접촉할 우려가 없도록 배선해야 한다. 재질은 절연성, 난연성, 내수성이 있어야 한다.

(2) 사용전선

옥내용 절연전선, 즉 600[V]영 비닐 절연 전선, 폴리에틸렌 절연전선, 플루오르 수지 절연전선, 고무절연전선 또는 고압 절연전선을 사용한다.

(3) 전선 상호 및 전선과 조영재와의 이격 거리

※ 저압 옥내 배선이 약전류 전선, 수관, 가스관 및 다른 옥내 배선 등과의 이격거리는 10[cm]이며, 나선일 경우에는 30[cm] 이상이다.

(4) 전선 지지점간의 거리

조영재 위, 옆면에 따라 붙이는 경우 지지점은 2[m]이하로 한다.

(5) 전선을 묶는 방법

① 노브 애자에 전선을 묶는 방법은 3.2[mm] 또는 [mm^2]이하의 전선은 일자바인드법으로 하고, 4.0[mm] 또는 14[mm^2]이상의 전선은 십자 바인드법으로 묶는다. 또, 전선의 인류점에 있어서는 인류 바인드법으로 묶는다.

② 전선의 굵기와 바인드선

사용 전선의 굵기	바인드선 굵기
14[mm^2] 이하	0.9[mm]
50[mm^2] 이하	1.2[mm] (또는 0.9[mm]×2)
50[mm^2]를 넘는 것	1.6[mm] (또는 1.2[mm]×2)

4.3 합성 수지관 공사

(1) 특징

합성수지관은 염화비닐 수지로 만든 것으로, 금속관에 비하여 가볍고 부식이 되지 않는 장점이 있고, 절연성 또한 우수하다. 그러나 기계적 충격이나 압력열에 약하다는 단점을 가지고 있다. 전선관은 콘듀이트(conduit, 관로)라고 하며, 합성 수지관, 금속관, 가요 전선관 등의 총칭이다.

(2) 관의 규격

합성 수지관은 안지름의 크기에 가까운 짝수의[mm]로서 호칭하고, 길이는 4[m]로 만들며, 규격은 표와 같다.

[합성 수지관]

호칭	바깥지름[mm]	근사 안지름[mm]	두께[mm]
8	11.0±0.3	8.6	1.2±02.
13	14.0±0.3	11.6	1.2±0.2
14	18.0±0.4	14.0	2.0±0.2
16	22.0±0.5	18.0	2.0±0.2
22	26.0±0.6	22.0	2.0±0.2
28	34.0±0.8	28.0	3.0±0.3
36	42.0±1.0	35.0	3.5±0.3
42	48.0±1.2	41.0	3.5±0.4
54	60.0±1.5	52.0	4.0±0.4
70	76.0±1.9	67.0	4.5±0.5
82	89.0±2.2	78.0	5.5±0.6

※ 합성수지제 가요전선관(CD관) 규격:14, 16, 22, 28, 36, 42, 54, 70, 82 등이 있다.

(3) 사용 전선

합성 수지관 공사에는 고무 절연선 또는 비닐 절연선을 사용하고, 관 안에서는 전선의 접속점이 없어야 한다. 관이 짧은 것과 절연선 3.2[mm]이하를 제외하고는 연선을 사용해야 한다.

(4) 지지점의 간격

관 서로의 접속점의 양쪽과 박스 또는 캐비닛에 접속되는 곳은 새들(saddle)로 고정시키고, 다른 부분에 있어서는 1.5[m]이하마다 새들로 지지한다.

또, 관을 구부린 곳은 양쪽에서 새들로 고정시켜야 한다. 옥내배선의 사용전압 600[V] 이하 공사에 적용된다.

(5) 관의 구부리기

합성수지관을 90°구부리기를 할 때는 토치 램프를 사용하고. 구부리기 곡률 반경은 관 안지름의 6배 이상으로 구부려야 한다.

4.4 덕트 공사

강철재 전선관으로 일반적으로 후강전선관과 박강전선관이 사용되고, 시설 장소에 따라 아주 두꺼운 특수후강전선과 아주 얇은 E.M.T(Electrical Metalic Tube) 전선관이 사용되기도 한다.

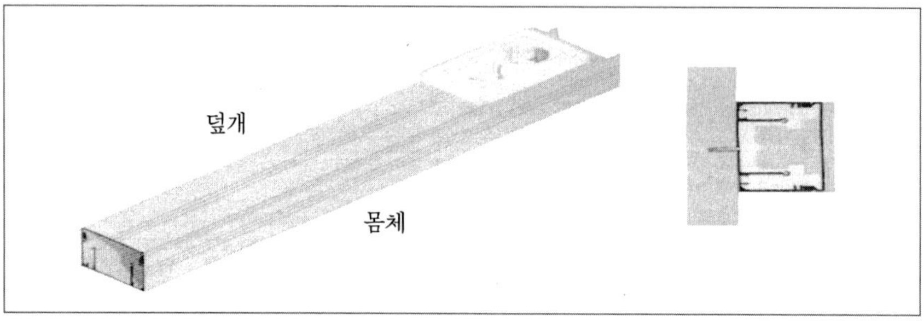

(1) 특징

① 금속관 공사(steel conduit wiring)는 전개된 장소, 은폐장소, 어느 곳에서나 시설할 수 있고, 또 습기, 물기 있는 곳, 먼지 있는 곳 등에 시설한다.

② 금속관 공사의 서설 방법

㉠ 매입 배관 공사 : 콘크리트 또는 흙벽 속에 시설

㉡ 노출 배관 공사 : 조영재에 따라 시설

③ 금속관 공사의 특징

㉠ 전선이 기계적으로 완전히 보호된다.

㉡ 단락, 접지 사고에 화재의 우려가 적다.

㉢ 접지 공사를 완전히 하면 감전의 우려가 없다.

㉣ 방습 장치를 할 수 있으므로, 전선을 내수적으로 시설할 수 있다.

㉤ 건축 도중에 전선피복이 손상 받을 우려가 적다.

㉥ 배선 방법을 변경할 경우에 전선의 교환이 쉽다.

(2) 전선관

- 후강 전선관 : 두꺼운 금속관
- 박강 전선관 : 얇은 금속관

① 후강 전선관

㉠ 호칭 : 안지름의 크기에 가까운 짝수

㉡ 구분 : 16[mm]에서 104[mm]까지의 10종

㉢ 두께 : 2.3[mm]

㉣ 길이 : 3.6[m]

㉤ 양끝은 나사로 되어 있다.

㉥ 산화 방지 처리로 아연 도금 또는 에나멜이 입혀져 있다.

② 박강 전선관

㉠ 호칭 : 바깥지름의 크기에 가까운 홀수

㉡ 구분 : 15[mm]이상 75[mm]까지 8종류

㉢ 두께 : 1.2[mm] 이상

㉣ 길이 : 3.6[m]

(3) 전선관의 굵기 선정

① 전선의 피복을 포함한 절단 면적의 총합을 관의 안 단면적의 40[%] 이하가 되는 관의 크기로 선정한다. 단, 금속관 안에 굵기가 다른 전선을 넣을 때의 금속관의 굵기는 절연선의 피복을 포함한 총 단면적이 금속관 안의 단면적의 32[%] 이하가 되도록 선정하고, 굴곡이 심하지 않고 8[mm^2] 이하인 경우에는48[%]까지 가능하다.

② 전선은 절연전선(OW선 제외)을 사용하고 짧고 가는 금속관에 넣을 경우 또는 지름 3.2[mm]이하인 경우를 제외하고는 연선을 사용해야 한다.

③ 전선을 2가닥 이상 병렬로 시설할 경우에는 전자적 평형이 되도록 왕복선을 같은 관 안에 넣어야 한다. 즉, 자력선을 상쇄시켜 와전류에 의한 금속관 가열을 방지해야 한다. 금속제가 아닌 전선관은 영향이 없다.

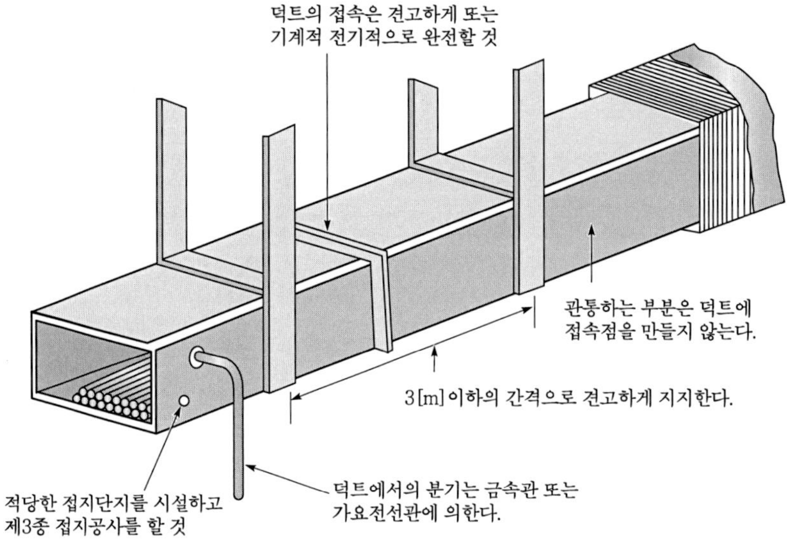

(4) 금속관의 굽힘 작업

① 구부러진 금속관의 안쪽 반지름은 금속관 안지름의 6배 이상으로 하여야 하지만 일반적으로 28[mm] 이하의 금속관은 300[mm] 이상, 70[mm] 이하의 금속관은 450[mm] 이상의 반지름으로 구부린다. 구부러지는 곳이 360° 이상이 되면 중간에 풀 박스(pull box) 또는 정크션 박스(junctionbox)를 시설한다.

② 금속관의 나사 내기는 다이스나 오스터로 한다. 나사를 낸 부분은 와이어브러시로 청소한다. (전선관 나사산의 각도는 80°)

(5) 금속관 접속

① 금속관을 박스 또는 캐비닛에 접속하려면 로크너트(lock nut) 2개를 박스나 캐비닛 양쪽에 대소 부싱을 관에 끼움으로써 전기적, 기계적으로 완전히 접속한다. 박스 또는 캐비닛의 녹아웃의 구멍이 로크 너트보다 클 때에는 링 리듀서(ning reducer)를 써서 접속한다.

② 금속관 상호의 접속은 커플링을 사용하고, 커플링에 들어가는 관의 길이는 관 바깥지름의 1.2배 이상이 되어야 한다.

(6) 금속관 전선 넣기

① 관로가 짧고 구부러진 곳이 적을 때에는 전선을 직접 밀어 넣지만, 일반적으로 그림에 있는 피쉬 테이프(fish tape)를 넣어 그 끝에 전선을 매달고 반대편에서 끌어당긴다.

② 피시 테이프는 나비 3.2~6.4[mm], 두께 0.8~1.5[mm]의 평강철선이다.

③ 피시 테이프가 없으면 2.0~2.6[mm]의 철선을 사용한다.

(7) 매입 배관 공사

① 기술 기준령에서 관의 두께가 1.2[mm] 이상 되어야 콘크리트에 매입할 수 있다. 기타의 장소에는 1.0[mm] 이상으로 한다.

② 이음매가 없고 4[m] 이하인 것을 건조하고 전개된 곳에 시설하는 경우에는 0.5[mm]까지 가능하다. 직각으로 매입 배관할 때에는 노멀 밴드를 사용한다.

(8) 노출 배관 공사

① 굵은 금속관을 다수 배관할 때, 구부러지는 곳에는 풀 박스(pull box)를 사용하면 배관도 편하고 전선 넣기도 간편하다. 조영재에 따라 거리 2[m] 이하마다 새들을 써서 고정시킨다.

② 콘크리트가 끝난 다음에는 콘크리트에 구멍을 뚫어서 행거 또는 볼트를 사용하여 새들을 고정시킨다.

③ 여러 개의 굵은 금속관을 천정에 매달 때에는 그 지지점간의 간격을 2~3[m]로 하는 것이 적당하다.

(9) 전선 접속

① 금속관 공사에 있어서 전선 접속은 반드시 박스 안에서나 캐비닛 안에서 하여야 하고, 금속관 속에 전선의 접속이 있어서는 안 된다.

② 박스 안의 전선 접속은 커넥터를 써서 접속하면 접지사고의 우려가 감소된다. 금속관에 전선을 넣을 때 박스 안의 부싱 있는 곳에서부터 전선을 15[m]이상 여유를 두어서 전선 접속시에 편리도록 한다.

(10) 습기, 물기 있는 장소의 배관

금속관을 지중 또는 건물의 최하층 바닥 등에 매설하는 것은 가급적 피해야 한다. 습기가 많은 곳, 물기가 있는 곳, 또는 비에 젖는 곳에 시설하는 금속관은 다음과 같이 한다.

① 박스, 기타 부속품의 접속은 나사식으로 하고, 배실, 가죽 등으로 패킹(packing)을 하거나 나사 박은 곳에 페인트를 칠할 것

② 물이 빠질 길이 없는 U자형 배관은 가급적 하지 말고, U자형 배관이 꼭 필요하면 최저부에 배수구를 만들 것.

③ 수평 배관은 배수되는 쪽으로 기울여 둘 것.

④ 배수구는 수증기가 발생하는 곳에 시설하지 말 것.

⑤ 배수구는 뚜껑 있는 엘보 또는 박스를 사용하고, 이것을 적당히 열어 두어 그곳에서 배수되도록 하는 방법 등을 사용할 것.

⑥ 건물 밖의 브래킷, 욕실, 부엌의 전등 기구의 플랜지 또는 이와 접하는 박스 안에서 전선을 접속하지 말 것

⑦ 물기, 습기가 없는 곳에서부터 전선의 접속점이 없이 이것들의 소켓 단자끼리 끌고 갈 수 있도록 배선할 것

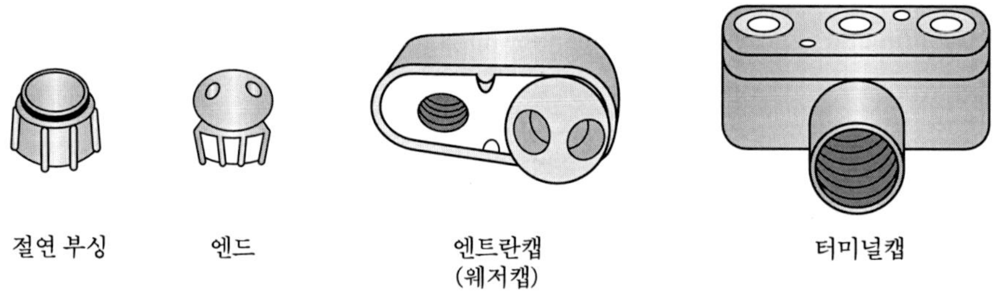

[금속관의 단구에 사용하는 재료]

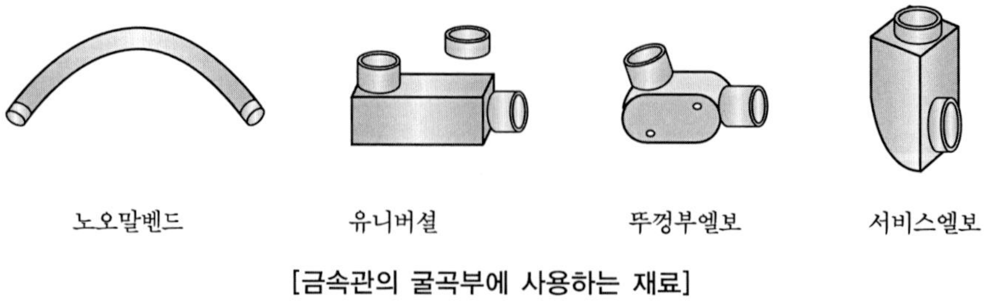

[금속관의 굴곡부에 사용하는 재료]

(11) 금속관 접지

① 금속관은 철제이기 때문에 금속관 및 그 부속품은 제 3종 접지공사에 의하여 접지해야 하고 사용전압이 400[V]이상인 경우에는 특별 제 3종 접지 공사를 해야 한다. (단, 사람이 접촉할 우려가 없는 곳에 시설할 경우에는 제 3종 접지 공사로 할 수 있다.) 그러나 금속관의 길이 4[m] 이하의 것을 건조한 장소에 시설할 때와 사용 전압 직류 300[V] 이하, 교류 대지 전압 150[V]이하의 경우에 그 전선을 넣는 금속관의 길이가 8[m]이하의 것을 사람이 접촉될 우려가 없는 곳에 시설할 때에는 접지를 하지 않아도 무방하다.

② 접지선의 굵기는 1.6[mm] 이상의 연동선이나, 이것보다 도전율이 큰 것으로 쉽게 부식되지 않는 금속선을 쓴다.

③ 금속관 접지선의 굵기

과전류 보호장치의 용량(A)	금속관 전지선의 최소 굵기
50 이하	2.0[mm]
100 이하	2.6[mm]
200 이하	14[mm^2]
400 이하	22[mm^2]
500 이하	38[mm^2]

④ 제 3종 접지선과 피뢰침, 피뢰기 등의 접지선을 공동으로 하면 안 되고, 이것들과 적어도 2[m] 이상 떨어져 있어야 한다.

⑤ 배관의 관 상호의 접속은 전기적으로 완전히 접속하고, 접지선에서 배관 끝까지의 전기 저항은 2[Ω] 이하로 하는 것이 좋다.

⑥ 금속관의 제 3종 접지 저항값은 100[Ω] 이하로 하게 되었으나, 이 저항 값이 가급적 작아야 하고, 가능하면 금속제의 수도관에 접클램프를 써서 접속하는 것이 좋으며, 이 경우의 접지 저항값은 보통 3[Ω] 이하가 된다.

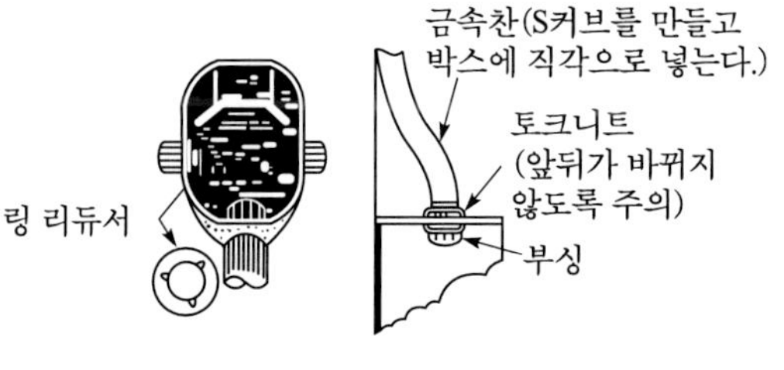

[금속관의 접속]

4.5 가요 전선관 공사(1종 금속제=플렉시블 콘딧)

(1) 가요 전선관(flexible conduit)은 두께 0.8[mm]이상의 아연 도금한 연강대를 약 반 폰씩 겹쳐서 나선 모양으로 만들어 자유로이 구부리게 된 전선관이다.

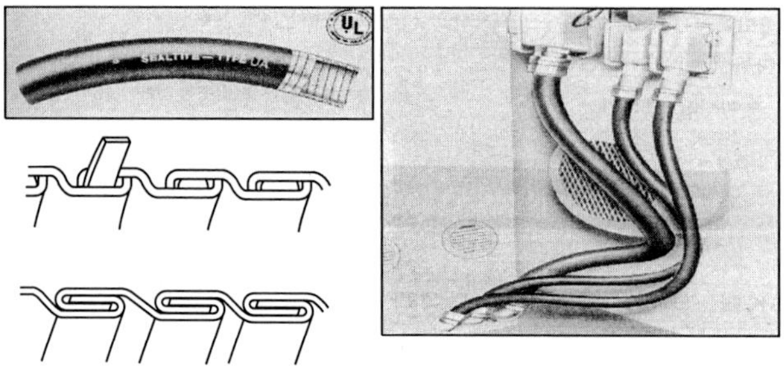

플렉시블 콘딧

(2) 가요 전선관의 크기는 안지름에 가까운 홀수로 말하는데 13,15,19,25,25,31[mm] 등 9종이 있으며, 길이는 10,15,30[m]로 만들고 있다.

(3) 가요 전선관은 조영재에 1[m]이하마다, 박스와의 지지간격은 30[cm]이하로 새들을 써서 고정시킨다. 굽힘 작업을 할 때는 구부러지는 쪽의 안쪽 반지름은 가요 전선관 안지름의 6배 이상으로 하고 굴곡 시작점과 끝나는 점 10[cm] 이내 양쪽에 새들을 고정시켜야 한다.

(4) 가요 전선관 공사는 굴곡이 많은 공사나 작은 증설공사, 안전함과 전동기 사이의 공사, 엘리베이터의 공사, 기차, 전차 안의 배선 등의 시설에 적당하다.

(5) 박스와 가요 전선관의 접속은 스틀렛 박스 커넥터 또는 앵글 박스 커넥터를 사용하고 가요 전선관 상호의 접속은 플렉시블 커플링, 스플릿 커플링을 사용하고 가요 전선관과 금속관의 접속은 컴비네이션 커플링을 사용한다.

4.6 덕트 공사

덕트(duct)공사의 종류에는 금속 덕트 공사, 버스 덕트 공사, 플로어 덕트 공사 및 라이팅 덕트 공사가 있다.

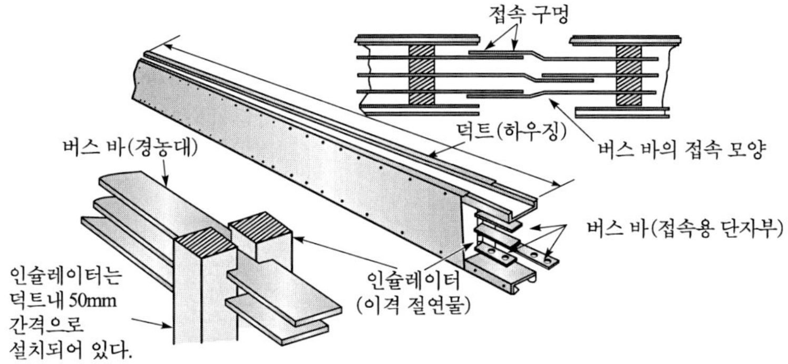

피더 버스 덕트

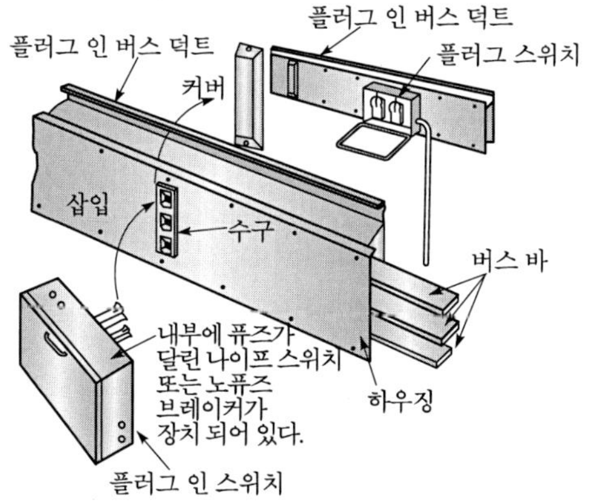

플러그 인 버스 덕트

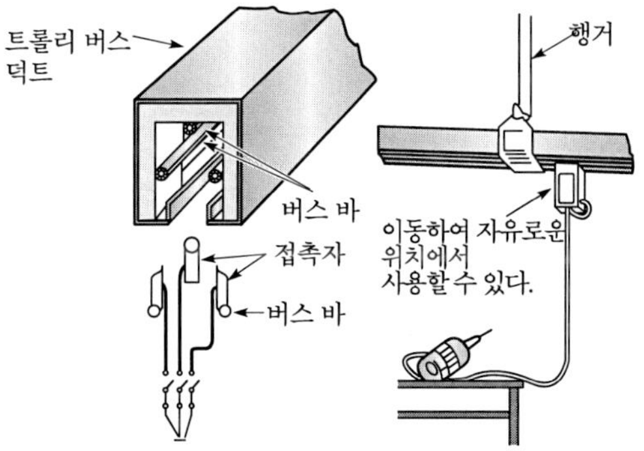

트롤리 버스 덕트

[버스 덕트의 종류]

(1) 금속 덕트 공사

① 금속 덕트 공사(wire-way wiring)는 주로 공장, 빌딩 등에서 간선 등 다수의 전선을 수용하는 부분에 시설한다. 또한 조명기구를 다수 배열 취부하고 전선의 보호와 부하기기의 지지물을 겸하도록 시설하는 라인덕트(line duct)나 레이스웨이(raceway)도 금속 덕트의 일종이다.

② 금속 덕트는 폭 5[cm]가 넘고, 두께 1.2[mm]이상의 철판으로 직사각형 형태로 견고하게 제작해서 사용한다.

③ 금속 덕트는 천장 또는 벽에 3[m] 이하마다 튼튼하게 지지한다.

④ 금속 덕트 안에 넣은 전선은 DV선 또는 IV선 이상의 절연 효력이 있는 전선을 사용해야 하며, 수용할 수 있는 전선의 양은 그 피복을 포함한 총 단면적이 덕트 내 단면적의 20[%] 이내로 하여야 한다.(부하전류가 적은 제어회로용 배선만 넣는 경우에는 50[%]까지 가능하다)

⑤ 금속 덕트는 그 길이와 시설 장소에 관계없이 400[V]미만은 반드시 제 3종 접지 공사를 하고 400[V] 이상은 특별 제3종 접지공사를 해야 한다.

⑥ 덕트 내부에 먼지가 침입하지 않도록 하고, 종단부는 폐쇄해야 한다.

⑦ 덕트 내부에는 접속점이 없도록 해야 하지만 부득이한 경우엔 가능하다.

⑧ 금속 덕트 공사는 건조하고 전개된 장소, 점검할 수 있는 은폐장소에만 시설할 수 있다.

(2) 버스 덕트 공사

① 버스 덕트(bus duct)는 빌딩, 공장 등의 저압 대용량의 배선설비로서 또는 이동부하에 전원을 공급하는 수단으로서 사용된다. 전류 용량이 800[A] 이상이면 금속관 또는 케이블 공사보다 경제적이다.

② 철판제의 덕트 안에 구리 또는 알루미늄으로 된 나도체를 자기체 절연물로 간격 50[cm] 이내로 지지하여 만든 것이다. 덕트의 지지점 간격은 3[m]이하이다.

③ 버스의 종류로는 도중에 부하를 접속하지 않은 것을 피더 버스 덕트 중에 부하접속용 꽂음 플러그가 있는 것을 플러그인 버스 덕트, 도중에 이동 부하를 접속할 수 있도록 트롤리 접촉시 구조로 만든 것을 트롤리 버스 덕트라고 한다.

④ 일반적인 시설규정은 금속 덕트와 같다.

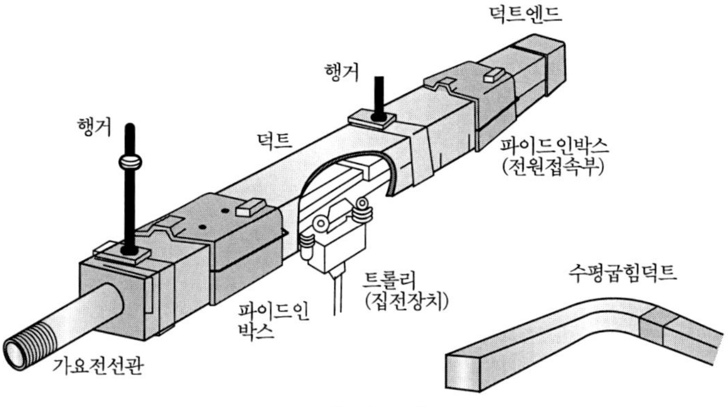

트롤리 버스 덕트

(3) 플로어 덕트 공사

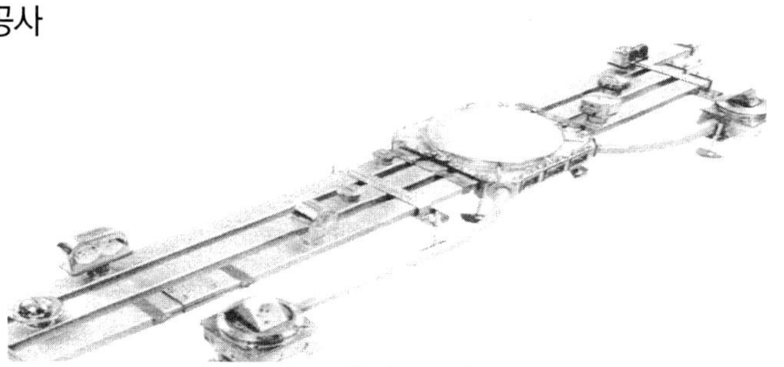

플로어 덕트 공사

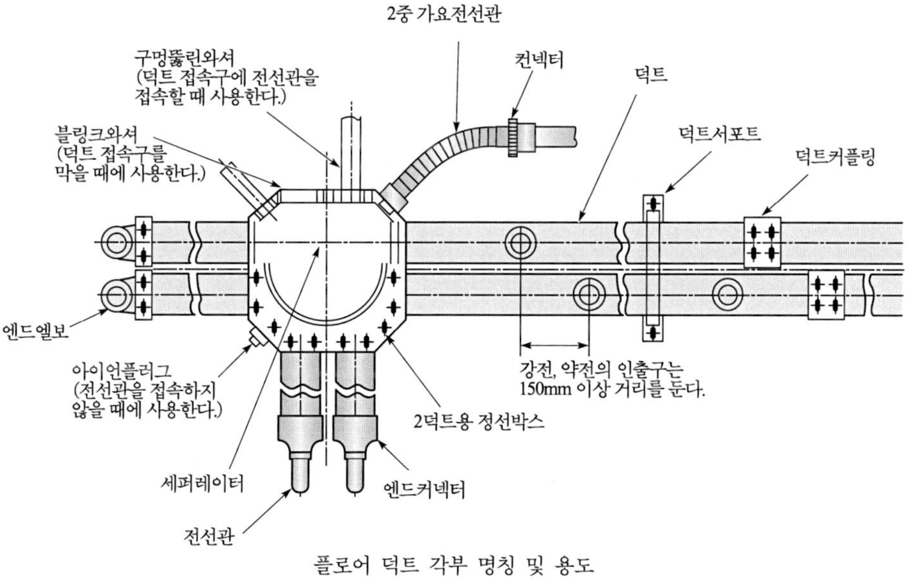

플로어 덕트 각부 명칭 및 용도

① 플로어 덕트 공사는 사무용 빌딩에서 전화 등 통신선의 아우트렛 박스 시설이나 사무용 기계용 아우트렛 박스 시설을 위해 사용되는데, 강철제 덕트를 콘크리트 바닥의 매입해서 부설하고, 필요에 따라 하이텐션 아우트렛(high-tension outlet)을 취부한다.

② 사용전압은 400[V] 미만이고, 사용전선은 DV선 또는 IV전선 이상의 절연 효력이 있는 전선을 사용한다.

③ 전선의 접속은 접속함 내에서 해야 하며 플로어 덕트 내에서는 접속할 수 없다.④ 전선의 수용량은 전선 피복을 포함한 단면적이 덕트 내 단면적의 40[%] 이하이다.

⑤ 정단부는 폐쇄하여 둔다.

⑥ 접지공사는 금속관 공사에 준하여 시설한다.

(4) 라이팅 덕트 공사

① 조명기구 또는 소형 전기기계 기구의 급전용으로 시설한다.

② 사용전압은 400[V] 미만이고, 종단부는 폐쇄한다.

③ 덕트 지지점 간격은 2[m]이하이다.

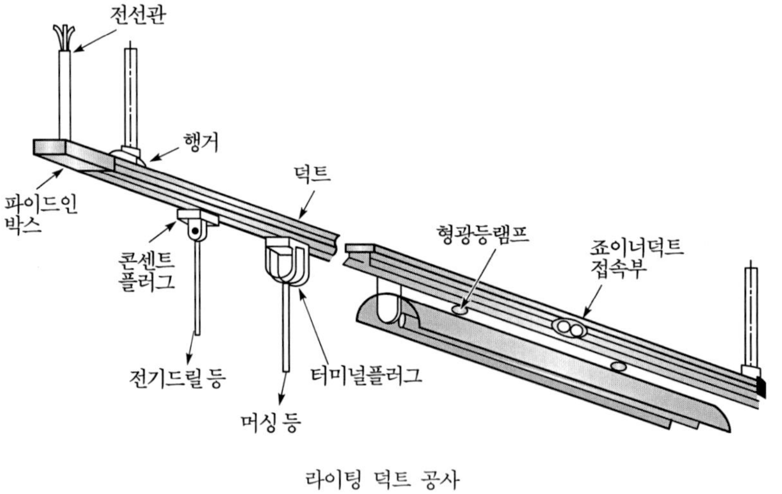

라이팅 덕트 공사

4.7 몰드 공사

(1) 종류

몰드 공사는 건조하고 전개된 장소나 점검할 수 있는 은폐 장소에서 사용전압은 400[V] 미만에서 시설 가능하다. 종류로는 목재 몰드 공사, 합성 수지 몰드 공사, 금속 몰드 공사(metal molding wiring)가 있다.

(2) 목재 몰드 공사

목재 몰드 공사는 고무 절연선 이상의 절연효력이 있는 것을 사용하고, 몰드 안에서는 절대로 전선의 접속점을 만들어서는 안 된다. 또 전선 상호간의 간격은 12[mm]이상, 전선과 조영재와의 이격거리는 6[mm]이상으로 하고, 전선과 몰드를 박는 나사못과의 거리는 6[mm]이상으로 시설하여야 한다.

(3) 합성 수지 몰드 공사

① 합성 수지 몰드는 염화비닐 수지로 만든 베이스와 뚜껑으로 구성된다.

② 사용 전선은 옥내용 절연전선을 사용하고, 몰드 안에는 전선의 접속점을 만들지 않아야 한다.

(4) 금속 몰드 공사

① 금속 몰드는 황동이나 동으로 만든 연강판으로서 베이스와 뚜껑으로 구성된다. 몰드의 폭은 5[cm]이하이고 두께는 0.5[mm]이상이어야 한다.

② 교류 회로의 왕복선은 반드시 같은 몰드 안에 넣어 전자적 평형이 이뤄지도록 해야 하며, 접지 공사는 박스 베이스의 접지 단자를 이용해서 제 3종 접지를 해야 한다.

4.8 케이블 공사

(1) 연피 케이블 공사

① 강대 외장 연피케이블, 주트권 연피케이블, 연피케이블 등이 있다.

② 연피 케이블은 강대외장 연피케이블을 제외하고는 직접 매설하지 않고 케이블 바깥지름의 1.5배 이상의 금속관에 넣어 시설해야 한다.

③ 연피 케이블이 구부러지는 곳은 케이블 바깥지름의 10배 이상의 반지름으로 굽힌다. (금속관에 넣어 시설하는 경우는 15배 이상의 반지름으로 굽힌다)

④ 접속하는 방법으로는 접속함을 이용한 접속법, 연공접속과 접속함을 이용한 접속법, 고무테이프와 거즈 테이프만 감아서 접속하는 테이프만을 이용한 접속법 등이 있다.

⑤ 케이블과 절연전선과의 접속은 케이블 헤드를 사용해서 접속한다.

⑥ 케이블의 연피나 부속품은 접속을 완전히 하고 제 3종 접 접지공사를 한다.

(2) 연피가 없는 케이블 공사

① 캡타이어 케이블, 고무 외장 케이블, 비닐 외장 케이블, 클로로프렌 외장케이블 등이 있다.

② 케이블이 구부러지는 곳은 케이블 바깥지름의 5배 이상은 반지름으로 굽힌다.

③ 케이블 상호간의 접속 및 케이블과 절연선의 접속은 분전반이나 접속함에서 실시한다. 단, 습기나 물기가 많고 접속 박스가 없는 경우 애자를 사용하여야 한다.

4.9 옥내의 전기 시설

(1) 옥내 전로의 대지전압의 제한

백열전등 또는 방전등에 전기를 공급하는 전압은 대지전압 300[V]이하이어야 하고 아래와 같이 시설한다. 단, 대지 전압 150[V]이하인 경우는 관계없다.

① 전선은 사람이 접촉할 우려가 없도록 시설한다.

② 백열전등의 전구 소켓은 키나 기타 점멸기구가 없는 것을 사용한다.

(2) 저압옥내배선의 사용전선

저압옥내배선은 지름 1.6[mm] 이상의 연동선 이거나 1.2[mm^2] 이상의 MI케이블 (미네랄 인슐레이션)이어야 한다.

(3) 옥내배선의 접지측 배선

① 소켓이나 리셉터클 등에 전선을 접속할 때에는 접압측 전선을 중심접촉면에 접지측 전선은 베이스 단잔에 연결하여야 한다.

② 전선의 색깔은 2선식이나 다선식에서 접지측 전선, 중앙선의 색깔은 백색 또는 회색을 사용한다.

③ 접지선의 색깔은 녹색을 사용한다.

연습문제

01 중성점 접지식 옥내전로의 대지전압의 최대값은?

㉮ 100 [V]　　㉯ 150 [V]　　㉰ 300 [V]　　㉱ 600 [V]

답 ㉯

02 전개된 장소의 애자 사용 200 [V] 옥내 배선이 수도관과 접근할 때의 이격 거리의 최소값 [cm]은?

㉮ 4　　㉯ 6　　㉰ 12　　㉱ 25

답 ㉯

03 애자 사용 은폐 공사에서 전선이 벽을 통과하는 부분의 공사로서 바른 것은?

㉮ 전선마다 별개의 합성 수지관에 넣는다.
㉯ 전선마다 별개의 고무관에 넣는다.
㉰ 전선마다 별개의 금속관에 넣는다.
㉱ 전선 두 가닥을 함께 충분한 길이의 애관에 넣는다.

답 ㉮

04 클리트는 몇 종류인가?

㉮ 8　　㉯ 2　　㉰ 3　　㉱ 4

답 ㉱

05 건조한 장소의 저압 옥내 배선(400 [V] 이하)에 600 [V] 비닐 절연 전선을 사용하여 애자 사용 노출 공사를 할 경우 최소의 전선 상호 간격과 전선과 조영재와의 이격 거리는?

㉮ 3 [cm], 6 [cm]　　㉯ 3 [cm], 2.5 [cm]
㉰ 4.6 [cm], 5 [cm]　　㉱ 6 [cm], 2.5 [cm]

◆ 풀이 애자 사용 공사에서 전선상호간은 6 [cm]이고 400 [V] 미만일 때의 전선과 조영재의 이격거리는 2.5 [cm], 400 [V] 이상 점검할 수 없는 장소라면 4.5 [cm]가 된다. 답 ㉱

06 사용 전압 100 [V]의 애자 사용 은폐 공사로 마루 밑에 시설한 경우 전선 상호의 간격과 전선의 지지점 간 거리의 최소값은?

㉮ 3 [cm], 1.5 [cm]　　㉯ 6 [cm], 2 [cm]
㉰ 6 [cm], 3 [cm]　　㉱ 10 [cm], 4 [cm]

◆ 풀이 애자 사용 공사에서 전선 상호간의 간격은 6 [cm]로 하고 지지점간의 거리는 2 [m] 이하로 한다. 답 ㉯

07 연피가 없는 케이블은 습기나 접속 박스가 없는 경우 케이블의 상호 접속은 어떻게 하는가?

㉮ 클리이트를 써서 접속한다.　　㉯ 납땜 접속을 한다.
㉰ 애자를 써서 접속한다.　　㉱ 접속함에 접속한다.

답 ㉱

08 일반적으로 애자가 구비하여야 할 조건에 해당되는 것은?

㉮ 습기를 잘 흡수할 것
㉯ 누설 전류가 클 것
㉰ 충분한 절연 내력을 가질 것
㉱ 하중에 대한 기계적 강도가 적을 것

◆ 풀이 애자가 구비하여야 할 조건 절연성, 난연성, 내수성이 있다. 답 ㉰

09 저압 옥내 애자 사용 공사를 점검할 수 없는 건조한 은폐장소에 시공할 때 사용해서는 안되는 것은?

㉮ 노브 애자　　㉯ 특캡 애자　　㉰ 클리이트　　㉱ 저압 핀 애자

◆ 풀이　클리이트　**답** ㉰
→ 건조한 장소의 노출공사에 한하여 시설할 수 있다(1선용, 2선용, 3선용).
→ 재질은 자기 또는 염화비닐 수지로 한다.

10 저압 핀 애자의 종류는

㉮ 2　　㉯ 3　　㉰ 4　　㉱ 5

◆ 풀이　저압 핀 애자의 종류로는 (소, 중, 대) 3가지가 있다.　**답** ㉯

11 노브는 몇 종류인가?

㉮ 5　　㉯ 6　　㉰ 4　　㉱ 7

◆ 풀이　노브의 종류로는 6가지가 있다.　**답** ㉯
(특대노브, 특소노브, 대노브, 중노브, 소노브, 깊은 구멍 소노브)

12 습기가 있고 점검할 수 있는 점검할 수 있는 은폐 장소에 애자 사용 공사를 할 때 사용 전압이 400 [V]를 넘는 경우, 전선과 조영재와의 이격거리는 몇 [cm] 이상이어야 하는가?

㉮ 1　　㉯ 2.5　　㉰ 4.5　　㉱ 6

◆ 풀이　400 [V]를 넘는 경우(전개된 장소 및 점검할 수 있는 은폐장소)　**답** ㉯
- 전선 상호간 간격 6 [cm] 이상
- 전선과 조영재와의 거리 2.5 [cm] 이상

13 방전관등 회로의 배선을 애자 사용 노출 공사로 할 때 전선 서로의 허용된 최소 간격은 몇 [cm]인가?

㉮ 2.5 ㉯ 3 ㉰ 6 ㉱ 10

답 ㉰

14 접착제를 사용하여 합성 수지관을 삽입해 접속할 경우, 관의 삽입하는 깊이는 관 바깥지름의 최소 몇 배인가?

㉮ 0.8배 ㉯ 1배 ㉰ 1.2배 ㉱ 1.5배

◆ 풀이 합성수지관 공사에서 관의 삽입깊이는 관 바깥지름일 때, 1.2배 이상 접착제 사용시 0.8배 이상으로 한다.

답 ㉮

15 합성 수지관 공사에 대한 설명 중 옳지 않은 것은?

㉮ 전선은 인입용 비닐 절연 전선을 사용한다.

㉯ 관 상호의 접속에 접착제를 사용하였기 때문에 관의 삽입 길이는 관 바깥지름의 0.6배로 한다.

㉰ 관의 지지점 간의 거리는 1.5 [m] 이하로 한다.

㉱ 단구를 윤활하게 한다.

◆ 풀이 합성 수지관 공사에서 관의 지지점간의 거리는 1.5 [m] 이하로 한다.

답 ㉯

16 6600 [V] 고압 옥내 배선용 절연 전선의 최소 굵기는?

㉮ 2.0 [mm] ㉯ 2.6 [mm] ㉰ 3.2 [mm] ㉱ 4.0 [mm]

답 ㉯

17 먼지가 많은 장소의 로우젯에는?

㉮ 퓨즈를 넣지 않는다.
㉯ 반드시 퓨즈를 넣는다.
㉰ 자기 제에 한하여 퓨즈를 넣는다.
㉱ 뚜껑이 흔들리지 않는 구조의 것에 한하여 퓨즈 사용

답 ㉮

18 케이블 공사에 의한 저압 옥내 배선에서 전선에 캡 타이어 케이블을 사용하고 그것을 조영재의 측면에 묶이는 경우의 전선 지지점간의 최대 거리는?

㉮ 60 [cm] ㉯ 1 [m] ㉰ 1.5 [m] ㉱ 2 [m]

답 ㉯

19 다음 중 지중전선로의 장점이 아닌 것은?

㉮ 기상의 영향을 적게 받는다.
㉯ 송배전의 신뢰도가 높다.
㉰ 약전류전선에 유도 장해가 적다.
㉱ 건설비가 많이 든다.

답 ㉱

20 합성 수지관 규격품의 길이 [m]는?

㉮ 3 ㉯ 3.6 ㉰ 4 ㉱ 4.5

◆ 풀이 합성 수지관 공사에서 1분의 길이는 4 [m]로 한다.

답 ㉰

21 합성 수지관의 특성은?

㉮ 내열성 ㉯ 내부식성 ㉰ 내한성 ㉱ 내충격성

답 ㉯

22 지중 전선로를 직접 매설식에 의하여 시설하는 경우 차량이 통행하는 장소의 최소 깊이는 몇 [m]는?

㉮ 0.6　　㉯ 1　　㉰ 1.2　　㉱ 1.5

◆ 풀이 지중 전선로에서 직접매설식의 공사방법 　**답** ㉰

최소깊이
- 차량의 통행이 없을 때 : 0.6 [m]
- 차량의 통행이 있을 때 : 1.2 [m]

23 차량 기타 중량물의 압력을 받을 우려가 없는 장소에 지중 전선을 직접 매설식에 의하여 매설할 경우 지하 몇 [m]에 시설하여야 하는가?

㉮ 0.3　　㉯ 0.6　　㉰ 1.2　　㉱ 1.5

답 ㉯

24 변압기 1차측 인하선으로 사용하는 전선은?

㉮ 클로로프렌 외장케이블　　㉯ 옥외용 비닐 절연전선
㉰ 비닐 외장 케이블　　㉱ 고무절연전선

답 ㉮

25 노크아우트 구멍이 로크너트보다 클 때에는 무엇을 사용하여 접속하는가?

㉮ 링리듀서　　㉯ 드릴　　㉰ 잉글리쉬 스패너　　㉱ 풀링 그립

답 ㉮

26 후강 전선관은 그 크기가 몇 종으로 구분 되는가?

㉮ 10　　㉯ 15　　㉰ 20　　㉱ 24

◆ 풀이 후강 전선관은 안지름의 짝수로서 10종류가 있다. 　**답** ㉮
(16, 22, 28, 36, 42, 54, 70, 82, 92, 104 [mm])

27 금속관을 박스에 접속할 때 노크아웃트(knock-out)의 구멍이 로크너트(locknut)보다 클 때에 사용되는 배선재료는?

㉮ 부싱 ㉯ 링듀우셔 ㉰ 엘보우 ㉱ 커플링

답 ㉯

28 아우틀렛 박스등의 녹아웃의 지름이 관의 지름보다 클때에 관을 박스에 고정시키기 위해 쓰는 재료의 명칭은?

㉮ 터미널캡 ㉯ 링리듀서 ㉰ 엔트랜스캡 ㉱ 유니버셜

답 ㉯

29 금속관 공사에 사용할 수 없는 전선은?

㉮ HIV ㉯ IV ㉰ OW ㉱ RB

◆ 풀이 금속관 공사에서 옥외용 비닐절연전선 [OW]는 사용할 수 없다. 답 ㉰

30 금속관 공사에서 끝 부분의 빗물 침입을 방지하는데 적당한 것은?

㉮ 엔드 ㉯ 엔트런스캡 ㉰ 부싱 ㉱ 관니플

◆ 풀이 엔트런스 캡은 저압가공 인입선의 인입구에 사용 답 ㉯

31 엔트런스 캡의 용도는?

㉮ 금속관이 고정되어 회전시킬 수 있을 때 사용
㉯ 인입선공사에 사용
㉰ 배관의직각의 굴곡부분에 사용
㉱ 조명기구가 무거울 때 조명기구 부착용으로 사용

답 ㉯

32 금속관 공사에 의한 저압 옥내배선에서 옳은 것은?

㉮ 전선은 옥외용 비닐절연전선 일 것
㉯ 금속관 안에는 전선에 접속점이 없도록 할 것
㉰ 콘크리트에 매설하는 것은 1.0 [mm] 이하 일 것
㉱ 저압옥내배선의 사용전압이 400 [V] 이상일 경우 제 3 종 접지공사

◆ 풀이 ㉮ — 옥외용 비닐 절연전선은 사용 할 수 없다.
㉰ — 콘크리트에 매입시에는 1.2 [mm]
㉱ — 400 [V] 이상 일 경우 특면 제 3 종 접지공사

답 ㉯

33 교류 전등 공사에서 금속관에 전선을 넣어 연결한 방법 중 옳은 것은?

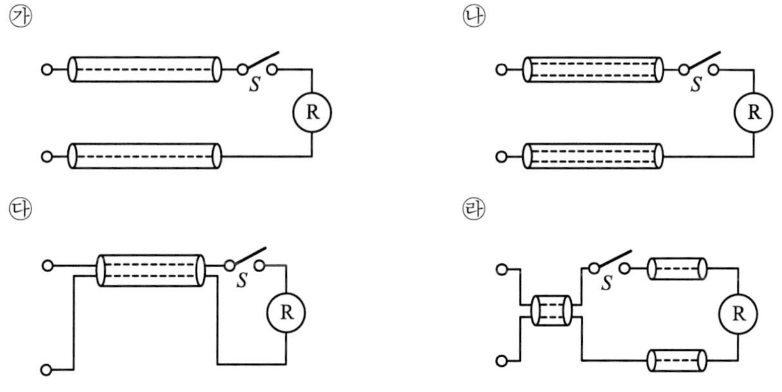

답 ㉰

34 가정용 집을 건축할 콘크리트 벽내에 금속관 공사에 의해서 스위치 배선을 하려할 때 관의 두께의 최소는 몇 [mm]인가?

㉮ 1.3 ㉯ 1.2 ㉰ 1.1 ㉱ 1.0

◆ 풀이 금속관 공사에서 두께
- 매입시 : 1.2 [mm] 이상
- 노출시 : 1.0 [mm] 이상

답 ㉯

35 배관 공사중 2개소의 관을 서로 이을 경우에 사용하는 접속 기구는?

㉮ 이경 니플 ㉯ 유니온 커프링 ㉰ 슬리이브 커플링 ㉱ 링 리듀우서

답 ㉯

36 전선관의 두께는 설비기준에서?

㉮ 콘크리트에 매입하는 것은 3 [mm] 이상일 것
㉯ 노출 공사에서 사용되는 것은 1 [mm] 이상이면 된다.
㉰ 알코올 공장의 배관에 사용되는 것은 2 [mm] 이상일 것
㉱ 커프링이 없는 길이 4 [m] 이하의 것을 시설할 때는 0.5 [mm]

답 ㉯

37 콘크리트 벽이나 기구에 구멍을 뚫어 전선관이나 기타 배선 기구를 고정하기 위한 배선재료가 아닌 것은?

㉮ 스크루우 앵커 ㉯ 익스팬선 보올트
㉰ 토클 보올트 ㉱ 비트 익스팬선

답 ㉱

38 새들 등을 고정시키기 위해 콘크리트벽에 화약의 폭발력을 이용하여 구멍을 뚫는 공구는?

㉮ 드라이브잇 투울 ㉯ 카아바이드 드릴
㉰ 스트루우 앵커 ㉱ 파이프 커터

답 ㉮

39 화약의 폭발력을 이용하여 콘크리트에 구멍을 뚫는 공구는?

㉮ 햄머 드릴 ㉯ 드라이브이트 ㉰ 카바이드 드릴 ㉱ 통형 단자

답 ㉯

40 금속관에 여러 가닥의 전선을 넣을 때 매우 편리하게 넣을 수 있는 방법으로 쓰이는 것은?

㉮ 철선 ㉯ 피시 테이프 ㉰ 철망 그리프 ㉱ 터미널 붓싱

◆ 풀이 피시 테이프→관내에 전선을 한가닥 넣을 때
철망 그리프→관내에 여러 가닥을 한번에 넣을 때

답 ㉰

41 금속 몰드 공사로서 틀린 것은?

㉮ 건조하고 점검할 수 있는 은폐 장소에 시공할 수 있다.
㉯ 동으로 견고하게 제작된 것
㉰ 금속 몰드 내에서 공사상 부득이한 경우에는 전선의 접속점을 만들어도 좋다.
㉱ 금속 몰드 4 [m] 초과된 것에는 제 3 종 접지 공사를 한다.

◆ 풀이 몰드 공사에서 몰드내에는 전선의 접속점이 없어야 한다.

답 ㉰

42 그림과 같이 금속관을 구부렸을 경우, B는 A의 약 몇 배 이상이 적당한가?

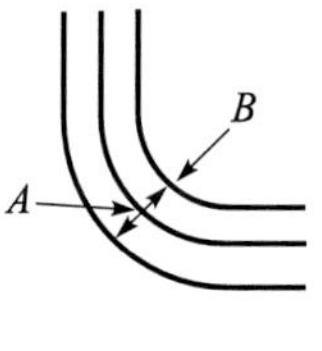

㉮ 1.5
㉯ 2
㉰ 4
㉱ 6

◆ 풀이 금속관 공사에서 금속관을 구부릴 때 관 안지름의 6배 이상으로 구부린다.

답 ㉱

43 합성수지관 공사 시공시 새들과 새들 사이의 지지 간격은?

㉮ 1.0 [m] ㉯ 1.3 [m] ㉰ 1.5 [m] ㉱ 2.0 [m]

◆ 풀이 새들로 관을 고정시킨다.(간격 1.5 [m] 이하) 답 ㉰

44 경질 비닐관 공사에서 다음 중 옳지 않은 것은?

㉮ 경질비닐관을 구부릴 때는 더운물을 사용할 수 있다.
㉯ 박스와 기구를 이루어지는 한 관로의 구부러지는 곳은 직각을 네곳 이내로 제한한다.
㉰ 경질비닐관의 호칭은 홀수의 [mm]로서 호칭한다.
㉱ 경질비닐관을 구부릴 때는 안지름의 6배 이상의 바깥지름으로 구부린다.

◆ 풀이 경질 비닐관 공사의 호치은 안지름의 크기에 가까운 짝수로 한다. 답 ㉰

45 220 [V] 옥내 배선을 합성수지관 공사에 의하여 실시할 때 허용할 수 있는 단선의 최대 굵기는 몇 [mm]인가?

㉮ 1.6 [mm] ㉯ 2.6 [mm] ㉰ 3.2 [mm] ㉱ 4 [mm]

답 ㉰

46 커플링에 들어가는 관의 길이는 관 바깥 지름의 몇 배 이상으로 하는가?

㉮ 1.2배 ㉯ 1.6배 ㉰ 3.2배 ㉱ 4배

답 ㉮

47 규격품의 전선관 1본의 길이 [m]는?

㉮ 3.4 ㉯ 3.56 ㉰ 3.66 ㉱ 4.0

◆ 풀이 금속관 공사에서 1본의 길이는 3.66 [m]로 한다. 답 ㉰

48 금속관 공사의 인입구의 관 끝에 사용되는 것은?

㉮ 우에사 캡 ㉯ 강제 부싱 ㉰ 서비스 엘보 ㉱ 링 리듀서

◆ 풀이 ㉮ — 우수의 침입방지, 인입구 관단에 사용
㉰ — 관의 90°구부러진 개소
㉱ — 노크아웃의 지름이 관의 지름보다 클 때

답 ㉮

49 링 리듀서의 용도는?

㉮ 복스 내의 전선 접속에 사용
㉯ 녹아웃 직경이 접속하는 금속관보다 큰 경우에 사용
㉰ 녹아웃 구멍을 막는 데 사용
㉱ 로크 너트를 고정하는 데 사용

◆ 풀이 ㉮ — 와이어 커넥터

답 ㉯

50 콘크리트에 묻어 버리는 금속관 공사에서 직각으로 배관할 때 사용되는 것은?

㉮ 뚜껑이 있는 엘보 ㉯ 노멀 벤드 ㉰ 서비스 엘보 ㉱ 유니버설

◆ 풀이 금속관 공사에서 직각으로 배관시 노멀밴드를 사용한다.

답 ㉯

51 합성수지관 공사에서 접착제를 사용하여 관과 관의 커플링 접속시 비닐 커플링에 들어가는 관의 최소 길이는?

㉮ 관 안지름의 1.2배 이상 ㉯ 관 바깥 지름의 1.2배 이상
㉰ 관 안지름의 0.8배 이상 ㉱ 관 바깥지름의 0.8배 이상

◆ 풀이 합성 수지관 공사에서 커플링 접속시 커플링에 들어가는 관의 길이를 바깥지름의 1.2배 이상으로 한다.(단, 접착제 사용시 0.8배 이상으로 한다.)

답 ㉱

52 100 [V]용 옥외 전등의 금속관 공사에 있어 사용할 수 있는 전선은?

㉮ IV, 4.0 [mm]　㉯ IV, 1.2 [mm]
㉰ OW, 2.0 [mm]　㉱ DV, 2.0 [mm]

◆ 풀이 금속관 공사시 사용 가능한 전선 답 ㉱
- 인입용 비닐절연전선
- 600 [V] 비닐 절연전선

옥내 배선의 기준 — 1.6 [mm] 이상

53 금속 덕트 안에 전광 표시 장치, 출퇴 표시등, 제어 회로 등의 배선만을 넣는 경우 전선의 단면적의 합계는 덕트의 내부 단면적의 몇 [%] 이하로 해야 하는가?

㉮ 10 [%]　㉯ 20 [%]　㉰ 50 [%]　㉱ 80 [%]

◆ 풀이 금속덕트 공사시 전선 피복을 포함한 총단면적 답 ㉰
— 덕트내 단면적의 20 [%] 이내(단, 제어회로나 출퇴근 표시등 배선 50 [%])

54 비닐 외장 케이블을 구부릴 경우 피복을 손상시키지 않도록 굴곡 반경은 케이블 바깥지름의 최소한 몇 배 이상으로 하는가?

㉮ 3　㉯ 4　㉰ 5　㉱ 6

답 ㉱

55 가요 전선관은 구부러지는 쪽의 안쪽 반지름을 가요 전선관 안지름의 몇 배이상으로 하여야 하는가?

㉮ 3배　㉯ 4배　㉰ 5배　㉱ 6배

답 ㉱

56 가요 전선관의 상호 접속은 어떤 것을 사용하는가?

㉮ 컴비네이션 커플링　　㉯ 스트레이트 커넥터
㉰ 스플릿 커플링　　㉱ 앵글 커넥터

◆ 풀이 ㉮ — 가요전선관+금속관
㉯ — 전선반+박스
㉰ — 가요전선관+가요전선관
㉱ — 직각으로 박스에 붙일 때

답 ㉰

57 덕트 공사 방법 중 아닌 것은?

㉮ 금속 덕트 공사　　㉯ 비닐 덕트 공사
㉰ 버스 덕트 공사　　㉱ 플로어 덕트 공사

답 ㉯

58 금속 덕트 공사에서 금속덕트는 천정 또는 벽에 몇 [m]마다 튼튼하게 지지를 해야 하는가?

㉮ 1　　㉯ 2　　㉰ 3　　㉱ 4

답 ㉰

59 플로어 덕트 공사에 대하여 다음 중 틀린 것은?

㉮ 덕트의 끝단부는 폐쇄한다.
㉯ 제 3 종 접지 공사를 시공한다.
㉰ 덕트 자체가 굴곡 개소를 만들어서는 안 되지만 도중에 커브 개소를 만드는 것은 무방하다.
㉱ 덕트 내부에 물이나 먼지가 침입하지 않도록 한다.

◆ 풀이 플로어 덕트는 강철제 덕트로 콘크리트 건물의 사무실에서
선풍기, 스탠드, 전화기 등을 시설시 사용.

답 ㉰

60 플로어 덕트의 전선 접속은 어디서 하는가?

㉮ 전선 인출구에서 한다. ㉯ 접속함 내에서 한다.
㉰ 플로어 덕트 내에서 한다. ㉱ 덕트 끝단부에서 한다.

답 ㉯

61 노브 애자에 전선을 묶는 방법에 있어서 일자 바인드법과 십자 바인드법이 맞는 것은?

㉮ 일자 바인드는 전선의 3.2 [mm] 이하, 십자 바인드는 저넌이 4.0 [mm] 이상
㉯ 일자 바인드는 전선의 3.6 [mm] 이하, 십자 바인드는 저넌이 40 [mm^2] 이상
㉰ 일자 바인드는 전선의 2.6 [mm] 이하, 십자 바인드는 저넌이 3.2 [mm] 이상
㉱ 일자 바인드는 전선의 2.6 [mm] 이하, 십자 바인드는 저넌이 32 [mm^2] 이상

◆ 풀이 전선을 애자에 묶는법 답 ㉮
- 3.2 [mm] 또는 8 [cm^2] 이하 전선 — 일자바인드
- 4.0 [mm] 또는 14 [mm^2] 이상 전선 — 십자바인드

62 저압 인입선 중 바인드선의 최소 굵기는?

㉮ 0.8 [mm] ㉯ 10 [mm] ㉰ 1.2 [mm] ㉱ 1.6 [mm]

답 ㉮

63 사용 전압이 400 [V] 이상의 애자 사용 공사에 의한 저압 옥내 배선을 점검하였더니 다음과 같은 개소가 있었다. 올바르지 못한 것은?

㉮ 600 [V] 비닐 절연 전선을 사용하였다.
㉯ 애자 공사에는 절연성, 난연성 및 내구성의 것이어야 한다.
㉰ 전개된 장소에 전선 상호간의 거리가 8 [cm]이었다.
㉱ 점검할 수 없는 은폐 장소에 전선과 조영재와 이격 거리가 2.5 [cm]이다.

◆ 풀이 애자사용 공사에서 400 [V] 이상시 전선관 조영재와의 이격거리는 4.5 [cm]로 한다. 답 ㉱

64 금속 덕트 공사는 옥내의 건조한 곳으로 노출 장소나 검사할 수 있는 은폐장소에 시설하여야 하는데 철판의 두께와 어느 정도가 되어야 시설할 수 있는가?

㉮ 철판의 두께 : 1.0 [mm] 이상 철판폭 : 4 [cm] 이상
㉯ 철판의 두께 : 1.2 [mm] 이상 철판폭 : 4 [cm] 이상
㉰ 철판의 두께 : 1.2 [mm] 이상 철판폭 : 5 [cm] 이상
㉱ 철판의 두께 : 1.6 [mm] 이상 철판폭 : 6 [cm] 이상

◆ 풀이 금속 덕트 공사의 두께는 1.2 [mm] 이상, 폭 5 [cm]로 한다. 답 ㉰

65 금속 덕트 공사의 설명 중 부적당한 것을 고르시오.

㉮ 금속 덕트 공사는 건조하고 전개된 장소에만 사용
㉯ 금속 덕트를 두께 1.2 [mm] 이상의 철판을 사용하여 만든다.
㉰ 금속 덕트는 2 [m] 이하마다 견고하게지지 하여야 한다.
㉱ 금속 덕트내에는 전선 피복을 포함한 덕트면적의 20 [%] 이내의 전선을 설치하여야 한다.

◆ 풀이 금속 덕트는 3 [m] 이하마다 견고하게 지지 답 ㉰

66 저압옥내 배선공사에서 부득이한 경우 전선 접속을 해도 되는 곳은?

㉮ 가요전선관내 ㉯ 금속관내 ㉰ 금속덕트내 ㉱ 경질비닐관내

답 ㉰

67 금속 덕트 공사에서 곰속관과의 접속부는 전기적, 기계적으로 완전히 접속하여야 하며, 그 지지점간의 거리는 몇 [m] 이하로 하여야 하는가?

㉮ 2 [m] ㉯ 3 [m] ㉰ 4 [m] ㉱ 5 [m]

답 ㉯

68 버스 덕트 공사시 유의할 점 중에서 틀린 것은?

㉮ 버스 덕트 상호간은 기계적 전기적으로 완전히 접속해야 한다.
㉯ 사용 전압이 400 [V] 이하이면 특별 제 3 종 접지공사를 한다.
㉰ 버스 덕트 공사에 사용하는 버스 덕트는 고시하는 규격에 적당한 것 이어야 한다.
㉱ 버스 덕트의 종단부는 폐쇄형으로 한다.

◆ 풀이 전압

- 400 [V] 미만 : 제 3 종 접지공사
- 400 [V] 이상 : 특별 제 3 종 접지공사

답 ㉯

68 저압옥내 배선공사에서 공사상 부득이 한 경우 전선을 쉽게 점검할 수 있는 곳에 전선접속을 할 수 있는 것은?

㉮ 가요전선관내 ㉯ 합성수지관내 ㉰ 금속관내 ㉱ 금속덕트내

답 ㉱

70 철판제의 덕트안에 평각 구리선 또는 평각 알루미늄선을 자기제 절연물로 간격 50 [cm] 이내로 지지하여 만든 것을 다음 중 무엇이라고 하는가?

㉮ 금속덕트 ㉯ 플로어 덕트 ㉰ 버스 덕트 ㉱ 덕트 서포오트

답 ㉰

71 저압 옥내 배선에서 점검할 수 없는 은폐 장소의 배선에 전압이 400 [V] 이상인 경우 어떤 공사를 하는가?

㉮ 금속관 공사 ㉯ 애자 사용 공사 ㉰ 합성 수지관 ㉱ 금속 몰드 공사

답 ㉮

72 단상 전원의 클리트 공사에서 그림의 a부분의 길이는 약 몇 [cm] 이상인가?

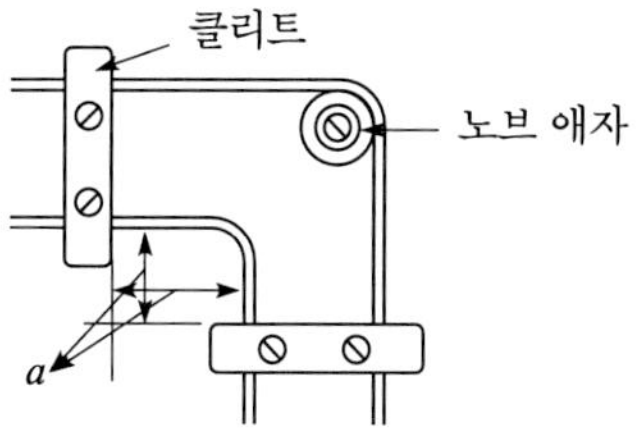

㉮ 1 [cm] 이상
㉯ 2 [cm] 이상
㉰ 3 [cm] 이상
㉱ 4 [cm] 이상

답 ㉰

73 공사 후 점검할 수 없는 곳에 있어서의 바른 공사 시공 방법은?

㉮ 600 [V] 비닐 절연 전선을 사용하고 선간 거리를 6 [cm]로 하며 천장 이면에 노브 애자로 배선한다.
㉯ 600 [V] 비닐 절연 전선을 사용하고 선간 거리를 4 [cm]로 하며 천장 이면 모서리 위에 노브 애자를 배선한다.
㉰ 면 절연 전선을 사용하고 선간 거리를 15 [cm]로 하며 2층 마루 밑 바닥에 노브 애자를 배선한다.
㉱ 면 절역 전선을 사용하고 선간 거리를 12 [cm]로 하며 대들보와 대들보 사이를 노브 애자로 배선한다.

답 ㉱

74 점검구가 없는 천장 위에 애자 사용 공사를 할 경우의 바른 것은?

㉮ 비닐 절연 전선을 사용하고 전선 상호간의 간격을 5 [cm]로 한다.
㉯ 비닐 절연 전선을 사용하여 기둥에 따라 2.5 [m] 간격으로 한다.
㉰ 비닐 절연 전선을 사용하며 전선 상호간의 간격을 3 [cm]로 한다.
㉱ 비닐 절연 전선을 사용하며 전선 상호간의 간격을 6 [cm]로 한다.

답 ㉱

75 점검할 수 없는 은폐 장소에서 440 [V]의 애자 사용 공사의 전선과 조영재와의 최소 이격거리는 몇 [cm]인가?

㉮ 2.5 ㉯ 3.5 ㉰ 4.5 ㉱ 1.25

◆ 풀이 애자사용공사에서 전선과 조영재와의 이격거리 **답** ㉰

- 400 [V] 미만 : 2.5 [cm] 이상
- 400 [V] 이상 : 4.5 [cm] 이상

76 네온 전선을 조영재에 지지하는 애자는?

㉮ 특캡 애자 ㉯ 고압 핀 애자 ㉰ 코드 서포트 ㉱ 노브 서포트

답 ㉰

77 400 [V] 미만의 저압 옥내 배선과 마루 및 가스관과 접속할 경우 전선과 가스관의 최소 이격 거리는 몇 [cm]인가?

㉮ 8 ㉯ 10 ㉰ 12 ㉱ 15

◆ 풀이 애자 사용 공사 배선과 가스관 또는 수도관과의 이격거리 **답** ㉯

- 저압 : 10 [cm]
- 고압 : 15 [cm]

78 고압 옥내 배선에서 애자 사용 공사를 할 경우 전선의 지지점 간의 거리는 몇 [m] 이하인가?

㉮ 5 ㉯ 4 ㉰ 3 ㉱ 2

◆ 풀이 애자 사용 공사에서 지지점간의 거리는 2 [m] 이하로 한다. **답** ㉱

79 후강 전선관의 호칭은 안지름의 크기에 가까운 짝수로 정의하며 16 [mm]에서 104 [mm]가지의 몇 종으로 구분되어 있는가?

㉮ 4　　㉯ 6　　㉰ 8　　㉱ 10

◆ 풀이　후강 전선관은 안지름의 짝수로써 10종류가 있다.
(16, 22, 28, 36, 42, 54, 70, 82, 92, 104 [mm])

답 ㉱

80 보통 금속관을 구부리는 데 있어서 안쪽 반지름은 금속관 안지름의 몇 배 이상으로 구부려야 하는가?

㉮ 4배　　㉯ 6배　　㉰ 8배　　㉱ 10배

답 ㉯

81 후강 전선관의 최소 굵기 [mm]는?

㉮ 12　　㉯ 15　　㉰ 16　　㉱ 18

답 ㉰

82 다음은 금속관(후강관)의 호칭 [mm]과 근사 두께 [mm]를 표시한 것이다. 옳은 것은?

㉮ 15, 1.2　　㉯ 15, 1.6　　㉰ 19, 2.3　　㉱ 22, 2.3

답 ㉱

83 전선관(박강) 굵기 가운데 공칭값 [mm]이 아닌 것은?

㉮ 15　　㉯ 16　　㉰ 25　　㉱ 39

◆ 풀이　박강 전선관은 바깥지름의 홀수로써 8종류가 있다.
(15, 19, 25, 31, 39, 51, 63, 75 [mm])

답 ㉯

84 강제 전선관의 굵기를 부르는 방법으로 적당한 것은?

㉮ 후강의 바깥지름, 박강의 안지름을 [mm]로 부른다.
㉯ 후강, 박가의 바깥지름을 [mm]로 부른다.
㉰ 후가의 안지름, 박강의 바깥지름을 [mm]로 부른다.
㉱ 후강, 박강의 안지름을 [mm]로 부른다.

답 ㉰

85 후강 안지름의 굵기 가운데 공칭값 [mm]이 아닌 것은?

㉮ 31 ㉯ 36 ㉰ 42 ㉱ 54

답 ㉮

86 후강 전선관에서 관의 호칭이 16 [mm]와 28 [mm] 사이에 해당하는 전선관은?

㉮ 27 ㉯ 22 ㉰ 18 ㉱ 17

답 ㉯

87 박강 전선관에서 관의 호칭이 잘못 표현된 것은?

㉮ 15 [mm] ㉯ 19 [mm] ㉰ 22 [mm] ㉱ 25 [mm]

답 ㉰

88 금속관에는 후강 전선관과 박강 전선관이 있다. 박강 전선관의 근사 두께는 몇 [mm] 이상인가?

㉮ 1 [mm] ㉯ 1.2 [mm] ㉰ 2.3 [mm] ㉱ 2.5 [mm]

답 ㉯

89 금속관 공사에 의한 저압 옥내 배선에 있어서 연선을 사용하지 않으면 안되는 경우 최대 굵기는 몇 [mm]인가?

㉮ 지름 1.6 [mm] ㉯ 지름 2.6 [mm]
㉰ 지름 3.2 [mm] ㉱ 지름 4.0 [mm]

답 ㉰

90 금속관 공사에 절연 부싱을 쓰는 목적은?

㉮ 관의 끝이 터지는 것을 방지
㉯ 복스 내에서 전선의 접속을 방지
㉰ 관의 단구에서 조영재의 접속을 방지
㉱ 관의 단구에서 전선 손상을 방지

답 ㉱

91 금속관 공사에 의한 저압 옥내 배선에서 잘못된 것은?

㉮ 진선은 절연 전선일 것
㉯ 금속관 안에는 전선에 접속점이 없도록 할 것
㉰ 전선은 연선일 것
㉱ 저압 옥내 배선의 사용 전압이 400 [V] 미만인 경우에는 특별 제 3 종 접지 공사를 할 것

◆ 풀이 400 [V] 미만일 때는 제 3 종 접지공사를 한다.

답 ㉱

92 금속관 공사에서 관을 박스 내에 붙일 때에 사용하는 것은?

㉮ 로크 너트 ㉯ 새들 ㉰ 커플링 ㉱ 링 리듀서

◆ 풀이 ㉮ — 박스와 금속관을 고정
㉯ — 전선관을 조영재에 고정
㉰ — 금속관 상호 접속시
㉱ — 노크아웃의 지름이 관의 지름보다 클 때

답 ㉮

93 금속관 공사에 의한 저압 옥내 배선에 있어서 연선을 사용하지 않으면 안 되는 경우 최대 굵기는 몇 [mm]인가?

㉮ 지름 1.6 [mm] ㉯ 지름 2.6 [mm] ㉰ 지름 3.2 [mm] ㉱ 지름 4.0 [mm]

◆ 풀이 저압 옥내 배선시 단선의 최대굵 3.2 [mm] 답 ㉰

94 금속관과 가요 전선관을 접속할 때 다음 중 어떤 것을 사용하여야 하는가?

㉮ 콤비네이션 커플링 ㉯ 플렉시블 커플링
㉰ 유니언 커플링 ㉱ 직선 커플링

◆ 풀이 ㉮ – 가요 전선관과 금속관 접속시, ㉯ – 가요전선관과 가요전선관 접속시 답 ㉮

95 다음의 재료를 필요로 하는 공사 방법은 어느 것인가?

[보기]		
㉠ 엔트런스 캡	㉡ 링 리듀서	㉢ 유니언 커플링
㉣ 새들	㉤ 방출 원형 노출 박스	

㉮ 플렉시블 전선관 공사 ㉯ 합성 수지관 공사
㉰ 금속관 공사 ㉱ 버스 덕트 공사

답 ㉰

96 저압 옥내 배선을 금속관을 써서 콘크리트 매입 공사로 하였다. 다음 중 적합하지 못한 공사 방법은?

㉮ 두께 1.0 [mm]의 금속관을 사용하였다.
㉯ 600 [V] 비닐 절연 전선을 사용하였다.
㉰ 관 내에서 전선을 사용하였다.
㉱ 굵기가 3.2 [mm]의 절연 전선을 사용하였다.

◆ 풀이 금속관의 두께 답 ㉮
- 매입시 : 1.2 [mm] • 노출시 : 1.0 [mm]

97 유니언 커플링의 사용 목적은 무엇인가?

㉮ 안지름이 다른 금속관 상호의 접속
㉯ 돌려끼울 수 없는 금속관 상호의 접속
㉰ 금속관의 박스와 접속
㉱ 금속관 상호를 나사로 연결하는 접속

◆ 풀이 돌려 끼울 수 없는 금속관 공사시 관 상호 접속용

답 ㉯

98 금속관 공사에 의한 저압 옥내 배선시 콘크리트에 매설하는 경우 관의 최소 두께는 몇 [mm]인가?

㉮ 0.8 ㉯ 1.0 ㉰ 1.2 ㉱ 1.4

답 ㉰

99 전선관과 박스를 잘 죄기 위하여 사용하는 재료는?

㉮ 부싱 ㉯ 터미널 캡 ㉰ 로크 너트 ㉱ 엔트런스 캡

◆ 풀이 ㉮ ─ 전선 피복을 보호하기 위해 관 끝에 설치,
㉰ ─ 박스와 금속관을 고정, ㉱ ─ 수분 및 먼지 침투방지

답 ㉰

100 사용 전압이 400 [V]를 넘는 저압 옥내 배선 공사를 점검할 수 없는 은폐장소의 건조한 장소에서 시설하는 공사 방법은?

㉮ 애자 사용 공사 ㉯ 합성 수지관 공사
㉰ 케이블 공사 ㉱ 2종 금속제 가요 전선관 공사

답 ㉮

101 건조하고 전개된 장소에서 440 [V] 옥내 배선을 할 때 사용할 수 없는 공사종류는 어느 것인가?

㉮ 합성수지관 공사 ㉯ 케이블 공사 ㉰ 금속관 공사 ㉱ 금속 몰드 공사

◆ 풀이 금속골드 공사는 400 [V] 1만이고 제 3 종 접지공사를 한다. 답 ㉱

102 금속관 공사에서 다음 중 옳지 않은 것은?

㉮ 22 [mm] 금속관의 나사의 유효 길이는 19~22 [mm]가 적당하다.
㉯ 콘크리트에 매설하는 관의 두께는 1 [mm] 이사일 것
㉰ 16 [mm] 금속관에 1.6 [mm] 비닐 전선을 최대 4가닥 넣을 수 있다.
㉱ 관의 굵기 선정은 절연 전선의 피복을 포함한 총 단면적이 관 내의 단면적의 48 [%] 이하가 되어야 한다.

◆ 풀이 금속관에 넣는 전선의 수는 관내단면적의 32 [%] 이하로 한다. 답 ㉱
(단, 8 [mm^2] 이하 동일 굵기의 전선인 경우 48 [%] 이하)

103 물기가 많고 전개된 장소에서 440 [V] 옥내 배선을 할 때 채용할 수 없는 공사종류는?

㉮ 금속관 공사 ㉯ 가요 전선관 공사
㉰ 케이블 공사 ㉱ 금속 덕트 공사

◆ 풀이 가요 전선관 공사는 건조하고 전개된 장소에 시설 할 수 있고 점검할 수 있는 은폐 장소에 시설할 수 있다. 답 ㉯

104 금속 덕트 공사에서 금속 덕트에 넣는 전선(절연물 피복 포함)의 단면적의 합계는 덕트 내부 단면적의 몇 [%] 이하로 하는가?

㉮ 10 [%] ㉯ 20 [%] ㉰ 30 [%] ㉱ 40 [%]

◆ 풀이 금속덕트 공사에서 전선 피복을 포함한 총 단면적은 덕트내 단면적의 20 [%] 이내로 한다.(단, 제어회로나 출퇴근 표시등 배선의 50 [%] 이내로 한다.) 답 ㉯

105 가요 전선관의 크기는 안지름에 가까운 홀수로 최고 얼마인가?

㉮ 15 [mm] ㉯ 19 [mm] ㉰ 25 [mm] ㉱ 30 [mm]

◆ 풀이 가요전선관의 크기는 안지름의 홀수로하고 15, 19, 25 [mm]가 있다. 답 ㉰

106 합성 수지 몰드 공사의 방법 중 틀린 것은?

㉮ 절연 전선일 것(옥외용 비닐 절연 전선은 제외)
㉯ 합성 수지제의 박스 안에서 접속할 것.
㉰ 몰드 상호 및 몰드와 박스 접속은 전선이 노출되지 않도록 접속할 것.
㉱ 몰드 내에서 접속할 것.

◆ 풀이 절연전선을 몰드 내에서 접속점이 없어야 한다. 답 ㉱

107 피시 테이프(fish tape)의 용도는 무엇인가?

㉮ 전선을 테이핑하기 위하여 ㉯ 전선관의 끝마무리를 위하여
㉰ 배관에 전선을 넣을 때 ㉱ 합성 수지관을 구부릴 때

◆ 풀이 • 관내에 전선을 한 가닥 넣을 때 — 피시 테이프 답 ㉰
• 여러 가닥을 한번에 넣을 때 — 철망 그리프

108 합성 수지관은 금속관 공사에 비해 다음과 같은 장점이 있다. 이 중 장점이 아닌 것은?

㉮ 무게가 가볍고 시공이 쉽다.
㉯ 피뢰기, 피뢰침의 접지선 보호에 적당하다.
㉰ 관 자체가 절연물이므로 누전의 우려가 없다.
㉱ 온도 변화에 따른 신축 작용이 커서 파열될 우려가 있다.

답 ㉱

109 합성 수지관의 굵기를 부르는 호칭은?

㉮ 반경　　㉯ 단면적　　㉰ 근사 안지름　　㉱ 근사 바깥지름

◆ 풀이　합성수지관은 근사 내경으로
14, 16, 22, 28, 36, 42, 54, 70, 82 [mm]까지의 종류가 있다.

답 ㉰

110 합성 수지관 공사에 의한 저압 옥내 배선 공사에서 잘못된 것은?

㉮ 관구 및 내면은 전선의 피복을 손상하지 아니하도록 매끈할 것
㉯ IV선 3.2 [mm]를 사용
㉰ 관의 지지점 간의 거리를 2 [m]로 함
㉱ 관 상호를 접속할 때 삽입 깊이는 관 바깥지름의 1.2배로 함

◆ 풀이　합성수지관의 지지점간의 거리 1.5 [m] 이하로 한다.

답 ㉰

111 공장, 사무실 기타 이와 유사한 장소에 시설하는데 전등군의 등기구 수는 최대 몇 개 이내로 하여야 하는가?

㉮ 6　　㉯ 8　　㉰ 10　　㉱ 12

답 ㉮

CHAPTER

05 전선 및 기계기구의 보안

CHAPTER

05 전선 및 기계기구의 보안

5.1 과전류 차단기

① 과전류 차단기 : 전선 및 기계기구를 보호하기 위하여 필요한 곳에 과전류 차단기 시설

② 과전류 차단기 용량 : 전동기의 정격전류×3+기타기계기구 전류의 합

③ 전선의 굵기 선정

㉠ 전동기 정격 전류의 합계가 50 [A] 이하 일 때
전동기 정격 전류의 합×1.25+기타기계기구 전류의 합

㉡ 전동기 정격전류의 합계가 50 [A] 초과 일 때
전동기 정격전류의 합×1.1+기타기구 전류의 합

5.2 분기 회로

① 간선에서 분기하여 전등 또는 콘센트와 같은 부하에 이르는 배선을 말한다.

② 분기 회로의 종류

종류	과전류 차단기	전선 [MI]	가는선 [MI]
15A 분기 회로	15A 퓨즈, 20A 배선용 차단기	1.6 mm (1 mm^2)	–
20A 분기 회로	20A 퓨즈	2.0 mm (1.5 mm^2)	1.6 mm 1 mm^2
30A 분기 회로	30A 퓨즈, 배선용 차단기	2.6 mm (2.5 mm^2)	1.6 mm 1 mm^2
40A 분기 회로	40A 퓨즈, 배선용 차단기	8 mm (6 mm^2)	2.0 mm 1.5 mm^2
50A 분기 회로	50A 퓨즈, 배선용 차단기	14 mm (10 mm^2)	2.0 mm 1.5 mm^2

③ 간선대 분기회로비

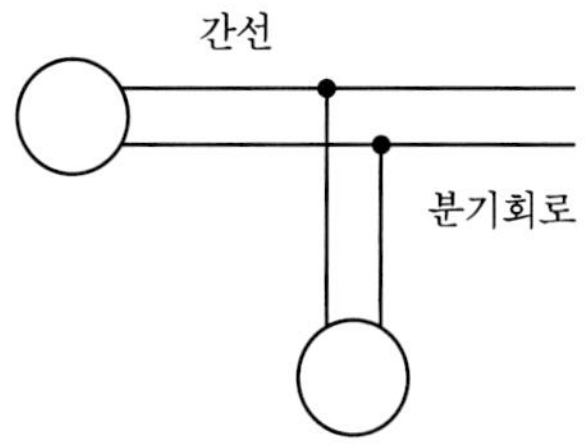

35 [%] 미만 — 3 [m] 이내(원칙)
35~55 [%] 미만 — 8 [m] 이내
55 [%] 이상 — 임의

5.3 전동기의 보안

① 안전 스위치(금속 상자 개폐기)

② 자동 스위치

㉠ 부동 스위치 : 물탱크의 물의 양에 따라 동작

㉡ 압력 스위치 : 액체 또는 기체의 압력이 높고 낮음에 따라 접점이 자동적으로 동작(실내난방장치)

㉢ 수은 스위치 : 유리구에 봉입한 수은이 유리구의 기울어짐에 따라 접점이 자동적으로 동작(실내난방장치)

㉣ 타임 스위치 : 시계 장치와 조합하여 자동적으로 동작(호텔, 여관, 일반주택, 아파트)

5.4 절연저항

전로의 사용 전압의 구분		절연 저항값
400 [V] 미만	대지 전압(접지식 전로는 전선과 대지간의 전압, 비접지식 전로는 전선간의 전압을 말한다. 이하 같다.)이 150 [V] 이하인 경우	0.1 [MΩ] 이상
	대지 전압이 150 [V]를 넘고 300 [V] 이하인 경우(저압측 전선과 중성선 또는 대지간의 절연 저항)	0.2 [MΩ] 이상
	사용 전압이 300 [V]를 넘고 400 [V] 미만의 경우	0.3 [MΩ] 이상
400 [V] 이상		0.4 [MΩ] 이상

5.5 접지공사

접지	저 항 값	접지선 굵기	적용
① 제 1 종 접지 공사	10 [Ω] 이하	2.6 [mm]	• 피뢰기 • 피뢰침 • 특고압 계기용 변성기 외함 및 2차측 • 고압 계기용 변성기 외함 • 특고압 보호망 · 보호선 접지 • 정전 방전기(사용전압×3배) • 항공 장해등 • 전기집진장치 • 1000 [V] 초과 방전등
② 제 2 종 접지 공사	$R=\dfrac{150\,[\mathrm{V}]}{I_1}[\Omega]$ (1선지락전류) 이하	㉠ 특고압에서 저압 변성 4.0 [mm] ㉡ 고압 또는 22.9 [kV]에서 저압변성 2.6 [mm]	• 접지하는 이유 : 고 · 저압 혼촉에 의한 수용가측 전위상승 억제 • 주상 변압기 2차측 • 수용 장소의 인입구 추가 접지 • 특고압 또는 고압을 저압으로 변성하는 2차측 전로 중성점 • 금속제 혼촉 방지판
③ 제 3 종 접지 공사	100 [Ω] 이하	1.6 [mm]	• 접지하는 이유 : 화재, 감전, 기기손상방지 • 고압계기용 변성기 2차측 • 지중 전선로의 외함 • 조가용선 • 네옹 변압기 외함 • ×선 발생 장치 • 1000 [V] 이하 방전등 • 보호망 · 보호선 접지
④ 특별 제 3 종 접지 공사	10 [Ω] 이하	1.6 [mm]	• 풀용 수중 조명등

⑤ 기계 기구의 외함 및 철대 접지

기계 · 기구의 구분	접 지 공 사
400 [V] 미만의 저압용	제 3 종 접지공사
400 [V] 이상의 저압용	특별 제 3 종 접지공사
고압용 또는 특별 고압용	제 1 종 접지공사

(단, 전압에 관계없이 사람에 접촉할 우려가 없으면 제 3 종 접지공사.

⑥ 접지 공사의 생략 장소

㉠ 관의 길이가 4 [m] 이하일 때

㉡ 직률 300 [V] 이하 교류 150 [V] 이하이고, 관의 길이 8 [m] 이하 사람의 접촉우려가 없는 장소.

⑦ 계기용 변성기의 종류

㉠ CT(계기용 변류기) : 대전류를 소전류로 변류. 2차전류 : 5 [A]

㉡ PT(계기용 변압기) : 고전압을 저전압으로 변성. 2차전압 : 110 [V]

㉢ ZCT(영상 변류기) : 지락 사고시 영상전류 측정

⑧ 전압의 종류

㉠ 저압
- 직류(DC) : 750 [V] 이하
- 교류(AC) : 600 [V] 이하

㉡ 고압
- 직류(DC) : 750 [V] 초과 7000 [V] 이하
- 교류(AC) : 600 [V] 초과 7000 [V] 이하

㉢ 특고압 : 7000 [V] 초과

연습문제

01 저압 전선로의 절연의 정도를 규정하는데 가장 근원이 되는 것은?

㉮ 허용전류 ㉯ 도체의 고유 저항 값
㉰ 누설 전류 ㉱ 도전율

답 ㉮

02 옥내에 시설하는 저압 전로와 대지 사이의 절연 저항 측정에 쓰이는 계기는?

㉮ 코올라우스 브리지 ㉯ 어스 테스터
㉰ 메거 ㉱ 검전기

◆ 풀이 ㉮ — 접지저항 측정
㉯ — 접지저항 측정
㉰ — 절연저항 측정(누전), 단자전압 500 [V]
㉱ — 충전전압 측정

답 ㉰

03 400 [V] 이하의 저압옥내 배선의 절연저항 측정에 적당한 절연 저항계는?

㉮ 100 [V] 메가 ㉯ 250 [V] 메가
㉰ 500 [V] 메가 ㉱ 1000 [V] 메가

답 ㉰

04 저압 옥내 배선의 절연 저항을 측정하는데 알맞은 메거의 전압 [V]은 얼마인가?

㉮ 100 ㉯ 500 ㉰ 1000 ㉱ 1500

답 ㉯

05 메가를 사용하여 옥내 전로와 대지 간의 절연 저항을 측정하는 방법으로 바른 것은?

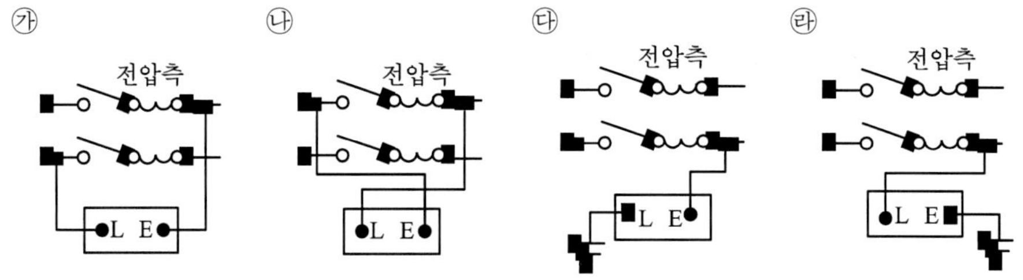

답 ㉱

06 정격 전압 220 [V]인 전동기의 접지공사에서 굵기와 저항 값은 얼마인가?

㉮ 1.2 [mm], 80 [Ω]　　㉯ 1.6 [mm], 100 [Ω]
㉰ 2.0 [mm], 120 [Ω]　　㉱ 2.6 [mm], 150 [Ω]

◆ 풀이 400 [V] 미만 → 제 3 종 접지공사
접지선의 굵기 : 1.6 [mm], 접지저항 값 : 100 [Ω] 이하
400 [V] 이상 → 특별 제 3 종 접지공사
접지선의 굵기 : 1.6 [mm], 접지저항 값 : 10 [Ω] 이하

답 ㉯

07 가정용 전기세탁기의 금속제 외함에 시공한 접지공사의 접지저항의 최대값은 몇 [Ω]인가?

㉮ 10　　㉯ 75　　㉰ 100　　㉱ 150

◆ 풀이 가정용 전압은 220 [V], 따라서 400 [V] 미만이기 때문에
제 3 종 접지공사로 한다.

답 ㉰

08 전기 기기에 설치하는 제 3 종 접지 공사에서 접지선의 굵기는 지름이 최소 몇 [mm] 이상인가?

㉮ 1.2　　㉯ 1.6　　㉰ 2.6　　㉱ 3.2

◆ 풀이 제 3 종 접지공사
- 접지선의 굵기 : 1.6 [mm] 이상
- 접지 저항값 : 100 [Ω] 이하

답 ㉯

09 12,000 [V]의 네온 변압기 외함의 접지 공사는?

㉮ 제 1 종　　㉯ 제 2 종　　㉰ 특별 제 3 종　　㉱ 제 3 종

답 ㉱

10 발전기식(직독식) 어어스 테스터를 사용하며 접지 저항을 측정할 때의 바른 방법은?

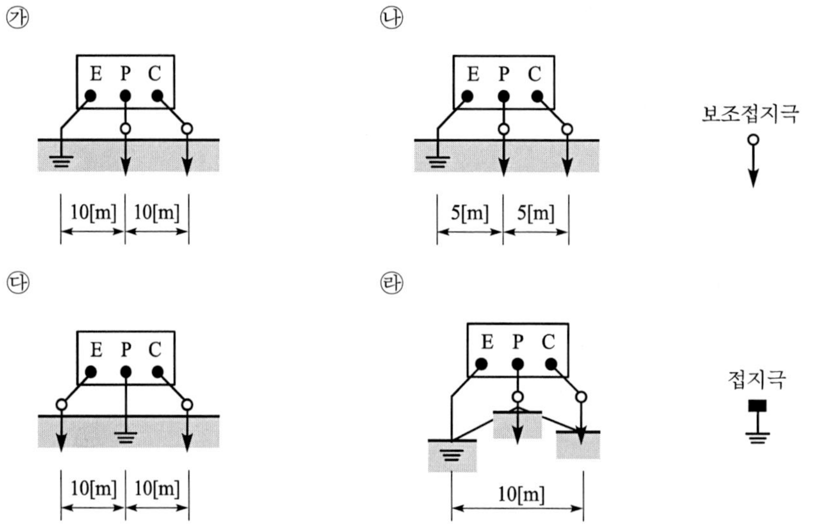

답 ㉮

11 1차 정격전압 22.9 [kV], 2차 정격전압 200 [V]인 주상변압기의 저압측 접지선의 최소 굵기 [mm]는?

㉮ 1.6　　㉯ 2.6　　㉰ 3.2　　㉱ 4.0

◆ 풀이 25 [kV-Y] 이하와 저압 결합시 2.6 [mm]로 한다.　**답** ㉯

제 2 종 접지공사
- 고압에서 저압으로 변성하는 경우 : 2.6 [mm]
- 특고압에서 저압으로 변성하는 경우 : 4.0 [mm]

12 건조한 장소에 시설한 것으로서 제 3 종 접지공사를 해야 하는 것은?

㉮ 사람이 쉽게 닿을 우려가 있을 길이 2 [m]의 금속 모울드 공사
㉯ 100 [V] 전동기 플레임
㉰ 100 [V] 형광 방전등용 기구의 금속부분
㉱ 100 [V] 옥내 배선에 사용되는 길이 10 [m]의 금속관

◆ 풀이 접지 생략가능 장소 : 관의 길이가 4 [m] 이하, 직류 300 [V] 이하, 교류 150 [V] 이하, 관의 길이 8 [m] 이하로서 사람의 접촉할 우려가 없는 장소.

답 ㉱

13 특별 제 3 종 접지공사의 접지저항은 얼마인가?

㉮ 10 [Ω] 이하 ㉯ 150/I선지락전류
㉰ 100 [Ω] 이하 ㉱ 3 [Ω] 이하

◆ 풀이 특별 제 3 종 접지공사
- 접지선의 굵기 : 1.6 [mm]
- 접지 저항값 : 10 [Ω] 이하

답 ㉮

14 대지전압 300 [V] 이하의 옥내 전로에서 적산 전력계의 외함 접지공사는?

㉮ 제 1 종 접지공사 ㉯ 제 2 종 접지공사
㉰ 제 3 종 접지공사 ㉱ 특별 제 3 종 접지공사

◆ 풀이 400 [V] 미만 → 제 3 종 접지공사

답 ㉰

15 특별고압 계기용 변성기의 2차측 전로의 접지공사는?

㉮ 제 1 종 ㉯ 제 2 종 ㉰ 제 3 종 ㉱ 특별 제 3 종

◆ 풀이 특고압계기용 변성기 2차측 : 제 1 종 접지공사
고압 계기용 변성기 2차측 : 제 3 종 접지공사

답 ㉮

16 전기기기에 설치하는 접지공사로서 옳은 것은?

㉮ 피뢰기의 접지는 제 3 종 접지공사

㉯ 고압회로의 유입차단기(OCB)의 외함은 특별 제 3 종 접지공사

㉰ 변압기 2차(저압측)의 중성점 또는 그 한단자는 제 2 종 접지공사

㉱ 저압 전동기의 외함은 제 2 종 접지공사

◆ 풀이 ㉮ — 제 1 종 접직공사, ㉯ — 제 1 종 접지공사,
㉰ — 제 2 종 접지공사, ㉱ — 제 3 종 접지공사

답 ㉰

17 수용가의 인입구에서 접지측 전선을 수도관에 연결하였을 경우의 잇점이 아닌 것은? (단, 저압의 경우)

㉮ 접지 사고시 퓨즈를 정확히 동작시킨다.

㉯ 제 2 종 접지 저항과 직렬로 되므로, 그것의 저항 값을 작게 한다.

㉰ 고, 저압 혼촉 사고시 위험을 감소시킨다.

㉱ 이상전압 침입에 있어서 위해를 감소시킨다.

답 ㉯

18 제 3 종 접지 공사를 하는 주된 목적은 무엇인가?

㉮ 누전에 의한 기기의 손상을 방지한다.
㉯ 기기의 절연을 좋게 한다.
㉰ 기기의 역률을 좋게 한다.
㉱ 누전에 의한 감전을 방지한다.

◆ 풀이 400 [V] 미만시 기계기구 철대외함을 제 3 종 접지공사를 하여
절연 파괴로 인한 누전의 감전사고를 방지한다.

답 ㉱

19 금속관 공사에서 저압 강전류 전선과 약전류 전선이 동거하는 경우 복스의 접지 공사는 어느 것인가?

㉮ 접지 공사를 필요로 하지 않는다.
㉯ 제 2 종 접지 공사를 하여야 한다.
㉰ 제 3 종 접지 공사를 하여야 한다.
㉱ 특별 제 3 종 접지 공사를 하여야 한다.

답 ㉱

20 금속제 수도관을 접지극으로 사용할 경우 수도관과 대지간의 접지 저항값은 몇 오옴인가?

㉮ 3 ㉯ 5 ㉰ 10 ㉱ 30

◆ 풀이 수도관 접지 → 3 [Ω] 답 ㉮

21 금속 모올드에 제 3 종 접지공사를 하지 않아도 좋은 것은?

㉮ 모올드 서로가 전기적으로 완전히 접속되어 있을 때
㉯ 건조한 장소 사람이 쉽게 닿을 우려가 없는 장소에서는 어떠한 경우
㉰ 직류일 때는 접지하지 않아도 좋다.
㉱ 모올드의 길이 4 [m] 이하의 것을 건조한 장소에 시설할 때

◆ 풀이 제 3 종 접지공사를 하지 않아도 되는 장소 답 ㉱
- 몰드의 길이가 4 [m] 이하
- 직류 300 [V] 교류 150 [V] 이하인 경우

22 금속관 공사에서 접지공사를 생략해도 좋을 것은?

㉮ 관의 길이가 4 [m] 이하인 건조한 장소에서 시설하는 경우
㉯ 건조한 장소의 100 [V] 전등회로로서 관의 길이가 10 [m] 이상
㉰ 사람이 저촉할 우려가 있는 100 [V] 회로로서 관의 길이가 6 [m] 이상
㉱ 사람이 직접 접촉할 우려가 없는 장소의 3상, 200 [V] 회로로서 관의 길이가 8 [m] 이상

◆ 풀이 접지공사 시설 제한 장소 답 ㉮
- 관의 길이가 4 [m] 이하인 건조한 장소.
- 사람이 접촉할 우리가 없는 직류 300 [V] 이하 교류 150 [V] 이하이고 관의 길이가 8 [m] 이하인 장소.

23 케이블의 외자을 지지하기 위하여 케이블의 길이 10 [m]의 박강 전선관에 넣어서 배선하고자 할 때 바른 공사는?

㉮ 박강 전선관에 제 1 종 접지공사를 한다.
㉯ 전선관에 사람이 닿지 않으므로 접지하지 않는다.
㉰ 박강 전선관에 제 3 종 접지공사를 한다.
㉱ 전선관은 후강이어야 한다.

답 ㉰

24 400 [V] 미만에서 전기 기계 기구의 철대 및 금속제의 외함에 접지 공사를 할 때 제 몇 종 접지 공사를 하는가?

㉮ 제 1 종 접지 공사
㉯ 제 2 종 접지 공사
㉰ 제 3 종 접지 공사
㉱ 특별 제 3 종 접지 공사

◆ 풀이 400 [V] 미만 — 제 3 종 접지공사
400 [V] 이상 — 특별 제 3 종 접지공사

답 ㉰

25 금속 덕트, 버스 덕트, 플로어 덕트에는 어떤 접지를 하여야 하나? (단, 사람이 접촉할 우려가 없도록 시설하는 경우)

㉮ 금속 덕트는 제 1 종 덕트로 플로어 덕트는 안하여도 관계 없다.
㉯ 덕트 공사는 모두 제 2 종 접지 공사를 하여야 한다.
㉰ 덕트 공사는 모두 제 3 종 접지 공사를 하여야 한다.
㉱ 덕트 공사는 접지 공사를 할 필요가 없다.

답 ㉰

26 전기 기계 기구의 철대 및 금속제 외함에는 400 [V] 미만은 제 3 종 접지 공사를 하고, 400 [V] 이상의 것에는 제 몇 종 접지 공사를 하여야 하는가?

㉮ 제 1 종 접지　㉯ 제 2 종 접지　㉰ 제 3 종 접지　㉱ 특별 제 3 종 접지

답 ㉱

27 고압 및 특별 고압용의 기계 기구의 철대 및 외함의 접지 공사는?

㉮ 제 1 종　㉯ 제 2 종　㉰ 제 3 종　㉱ 특별 제 3 종

답 ㉮

28 분수 등 물속에 시설하는 조명등용 용기 및 방호장치의 금속부분에 하는 접지공사는?

㉮ 제 1 종　㉯ 특별 제 3 종　㉰ 제 2 종　㉱ 제 3 종

답 ㉯

29 전기기계 기구 및 금속관 등의 전원측에 누설전류에 대한 지락 검출 보호장치, 즉 누전 차단기를 설치하는 경우에 접지공사를 생략할 수 있는 누설전류값은 몇 [mA] 이상인가?

㉮ 15 [mA]　㉯ 30 [mA]　㉰ 50 [mA]　㉱ 75 [mA]

◆ 풀이 누전차단기
- 정격감도전류 : 30 [mA] 이하
- 동작시간 : 0.03 [초] 이내

답 ㉯

30 고압 수전의 배전반 공사시 유입 차단기의 외함은 어떻게 하여야 하는가?

㉮ 제 1 종 접지 공사를 한다.　㉯ 제 2 종 접지 공사를 한다.
㉰ 제 3 종 접지 공사를 한다.　㉱ 접지 공사를 하지 않는다.

답 ㉮

31 저압 가공 전선의 1선에 제 2 종 접지 공사를 하였을 때 이 전선을 무엇이라 하는가?

㉮ 중성선 ㉯ 전압선 ㉰ 피뢰선 ㉱ 접지측 전선

답 ㉱

32 고압 변성기 및 변류기의 2차측과 저압 기기의 외함 및 프레임은 몇 종 접지 공사를 하는가?

㉮ 제 1 종 접지공사 ㉯ 제 2 종 접지공사
㉰ 제 3 종 접지공사 ㉱ 특별 제 3 종 접지공사

◆ 풀이 특고압 계기용 변성기 2차측 : 제 1 종 접지공사
고압 계기용 변성기 2차측 : 제 3 종 접지공사

답 ㉰

33 제 2 종 접지 공사의 저항 값은 다음 중 어느 것으로 결정하는가?

㉮ 고압 가공 전선으로의 전선 인장
㉯ 변압기의 용량
㉰ 변압기의 고압 또는 특별 고압 전로의 1선 지락 전류
㉱ 변압기의 1차측에 넣는 퓨즈의 용량

◆ 풀이 제 2 종 접지공사의 접지저항값 : $\frac{150[V]\text{ 이하}}{\text{1선지락전류}}$

답 ㉰

34 제 3 종 접지공사 및 특별 제 3 종 접지공사의 접지선의 최소 굵기 [mm]는?

㉮ 2.6 ㉯ 4 ㉰ 1.6 ㉱ 3

◆ 풀이 ㉮ ― 고압에서 저압변성시, 25 [kV] 이하일 경우 저압으로 변성시
㉯ ― 특고압에서 저압변성시

답 ㉰

35 평상시 사용 상태에서 2차측을 개방 해서는 안되는 기기는?

㉮ P. Tr ㉯ P. T ㉰ C. T ㉱ G. P. T

◆ 풀이 ㉯ — 계기용 변압기, ㉰ — 계기용 변류기, ㉱ — 접지 계기용 변압기 답 ㉰

36 옥내 배선의 전선의 굵기를 결정하는 요소는?

㉮ 허용전류, 전압강하, 절연저항
㉯ 절연저항, 통전시간, 전압강하
㉰ 통전시간, 전류구조, 절연저항
㉱ 허용전류, 전압강하, 기계적강도

답 ㉱

37 옥내 배선에 지름을 결정하는 가장 중요한 요소는?

㉮ 허용전류 ㉯ 전압 강하 ㉰ 기계적 강도 ㉱ 옥내 구조

답 ㉮

38 저압옥내 배선에 쓸 수 있는 최소 굵기의 연동선을 사용하여 애자 사용공사로 한 경우 전선 1본에 대한 허용전류[A]는? (단, 사용전선은 600[V] 비닐절연선임)

㉮ 19 ㉯ 22 ㉰ 27 ㉱ 35

◆ 풀이 애자 사용배선에 의하여 시설할 경우 IV 및 RV 전선을 시설할 경우의 허용전류 답 ㉰

단선[mm]	허용전류[A]	연선[mm^2]	허용전류[A]
1.6	27	2	27
2.0	35	3.5	37
2.6	48	5.5	49

39 3,000 [V]의 계기용 변성기의 2차측 전로에 대한 접지 공사는?

㉮ 제 1 종 ㉯ 제 2 종 ㉰ 제 3 종 ㉱ 특별 제 3 종

◆ 풀이 3000 [V]는 고압에 해당하므로 고압 계기용 변성기 2차측은 제 3 종 접지공사로 한다.

답 ㉰

40 특별 고압 또는 고압에서 저압으로 변성하는 변압기의 저압측 중성선 한 단자를 접지하는 것은 몇 종 접지 공사인가?

㉮ 제 1 종 ㉯ 제 2 종 ㉰ 제 3 종 ㉱ 특별 제 3 종

답 ㉯

41 주위 온도가 30 [℃]일 때 50/0.18(소선수/소선지름)인 비닐 코오드의 허용전류는?

㉮ 7 [A] ㉯ 1.2 [A] ㉰ 17 [A] ㉱ 23 [A]

◆ 풀이

공칭 단면적 [mm^2]	0.75	1.25	2.0	3.5	5.5
소선수/지름	30/0.18	50/0.18	37/0.26	40/0.32	70/0.32
허용전류 [A]	7	12	17	23	35

답 ㉯

42 30/0.18 [mm]의 형광등 전선의 허용전류는 얼마인가? (단, 주위 온도는 30℃ 이하일 때)

㉮ 5 ㉯ 7 ㉰ 12 ㉱ 20

답 ㉯

43 공칭 단면적이 0.75 [mm^2]의 코드의 허용전류 [A]는?

㉮ 7 [A] ㉯ 12 [A] ㉰ 17 [A] ㉱ 23 [A]

답 ㉮

44 접지 공사 설명 중 틀린 것은?

㉮ 접지극은 동관, 아연도금 철봉이나 철관을 사용
㉯ 접지극은 75 [mm] 이상의 깊이에 매설
㉰ 접지극부터 지표상 50 [cm]까지 절연선 사용
㉱ 접지극부터 지표상 2 [m]까지는 접지선을 부도체로 보호

◆ 풀이 접지극은 지하 75 [mm] 이상의 깊이에 매설하고
지표상 2 [m]까지 절연몰드(합성수지관)로 덮어야 한다.

답 ㉰

45 다음 접지 공사 방법 중 옳지 않은 것은?

㉮ 접지극은 지하 75 [cm] 이상의 깊이에 묻어야 한다.
㉯ 접지선과 수도관의 접속은 접지 저항값이 2 [Ω] 이하로 되면 어느 곳에서나 접속할 수 있다.
㉰ 접지선은 저압 전로의 중성점에 시설하는 경우 2.6 [mm] 이상을 사용한다.
㉱ 접지선은 접지극에서 지표상 2 [m]까지의 부분에는 옥내용 절연 전선을 사용한다.

답 ㉱

46 X선 발생 장치의 금속체 부분에는 어떤 접지 공사를 실시하는가?

㉮ 제 1 종 접지공사　　㉯ 제 2 종 접지공사
㉰ 제 3 종 접지공사　　㉱ 특별 제 3 종 접지 공사

답 ㉰

47 수용 장소의 인입구에 대지간의 저항치가 3 [Ω] 이하인 값을 유지하는 건물의 철골이 있다. 이것을 접지극으로 하여 이를 제 몇 종 접지 공사를 한 저압 전선로의 중성선 또는 접지측 전선에 추가로 접지 공사를 할 수 있는가?

㉮ 제 1 종 접지공사　　㉯ 제 2 종 접지공사
㉰ 제 3 종 접지공사　　㉱ 특별 제 3 종 접지공사

◆ 풀이 수용 장소의 인입구 추가 접지는 제 2 종 접지공사를 시행한다.

답 ㉯

48 5.5 [mm^2]의 600 [V] 비닐 절연 전선의 허용전류 [A]로서 가장 적당한 것은?

㉮ 19 ㉯ 27 ㉰ 35 ㉱ 49

답 ㉱

49 합성수지관에 넣은 다음 전선의 허용전류 근사값은?

A : 2 [mm] 비닐 전선 3본을 넣었을 때
B : 5.5 [mm^2]의 600 [V] 고무 절연전선 4본을 넣었을 때
C : 2 [mm]의 600 [V] 고무 절연전선 5본을 넣었을 때

㉮ A : 35 [A], B : 49 [A], C : 35 [A]
㉯ A : 24 [A], B : 30 [A], C : 19 [A]
㉰ A : 23 [A], B : 25 [A], C : 19 [A]
㉱ A : 21 [A], B : 26 [A], C : 16 [A]

◆ 풀이 전류감소계수 답 ㉱

동일관 내에 전선수	전류감소계수
3본 이하	0.7
4본 이하	0.63
5~6	0.56
7~15	0.49

단, 합성수지관에 넣을 때는 전류 감소계수를 10 [%] 감소시켜 계산한다.

A : 2 [mm] → 35 [A], 3본 → 전류감소계수 0.7 → 0.6, 10 [%] 감소
35×0.6 = 21 [A]

B : 5.5 [mm^2] → 49 [A], 4본 → 전류감소계수 0.63 → 0.53, 10 [%] 감소
49×0.53 = 25.97 [A] 약 26 [A]

C : 2 [mm] → 35 [A], 5본 → 전류감소계수 0.56 → 0.46, 10 [%] 감소
35×0.46 = 16.1 [A] 약 16 [A]

50 금속관 공사시 접지선에서 배관 끝까지의 최고 전기 저항값은 얼마로 하는가?

㉮ 2 [Ω] ㉯ 5 [Ω] ㉰ 10 [Ω] ㉱ 15 [Ω]

답 ㉮

51 3상 유도 전동기에 Y-△ 기동기를 사용하는 목적은?

㉮ 기동 토크를 크게 하기 위하여 ㉯ 기동 전류를 적게 하기 위하여
㉰ 기동 시간을 짧게 하기 위하여 ㉱ 기동시 진동 방지를 하기 위하여

◆ 풀이 기동시 기동전류를 $\frac{1}{3}$로 줄이기 위해

답 ㉯

52 금속 전선관에 600 [V]의 비닐 절연 전선 3개를 넣었을 때 허용전류의 감소계수는?

㉮ 0.55 ㉯ 0.6 ㉰ 0.65 ㉱ 0.7

답 ㉱

53 옥내 배선의 600 [V] 비닐 절연전선 4가닥을 넣는 금속관 공사에서 그 절연 전선의 허용전류의 감소 계수는 얼마인가?

㉮ 0.49 ㉯ 0.56 ㉰ 0.63 ㉱ 0.70

답 ㉰

54 굵기 1.6 [mm]의 600 [V] 비닐 절연전선을 사용한 단상 3선식 2회로를 같은 금속관에 넣어서 배선할 때의 전선의 허용전류 [A]는 대략 얼마인가? (단, 주의온도는 30도 이하로 한다.)

㉮ 15.1 ㉯ 17 ㉰ 18.9 ㉱ 21.6

◆ 풀이 1.6 [mm] → 27 [A]×0.63 = 17 [A]
단상 3선식 2회로이기 때문에 6가닥이지만 중성선은 제외
따라서 4가닥 전류감소계수는 0.63

답 ㉯

55 주위온도 30 [℃] 이하에서 지름 2 [mm]의 600 [V] 비닐 절연전선(동선) 3선을 경질비닐관에 넣어 사용하는 경우의 허용전류 [A]는?

㉮ 21.0 ㉯ 24.5 ㉰ 28.0 ㉱ 35.0

◆ 풀이 2 [mm] → 35 [A]×0.6 = 21 [A] 답 ㉮
3선 → 전류감소계수 0.7이지만 경질비닐관(합성수지관)이기 때문에 10 [%] 감소시켜 0.6

56 전동기의 정격 전류가 20 [A]이다. 전동기 전용 분기 회로에 있어서 전선의 허용전류는 몇 [A]인가?

㉮ 20 [A] ㉯ 25 [A] ㉰ 30 [A] ㉱ 50 [A]

◆ 풀이 전동기의 정격전류의 합계가 50 [A] 이하 : 1.25 배 답 ㉯
20×1.25 = 25 [A]

57 정격 전류가 20 [A]의 배선용 차단기로 보호된 저압 옥내 전로에 접속된 콘센트의 정격 전류의 최대는?

㉮ 10 ㉯ 15 ㉰ 20 ㉱ 30

답 ㉰

58 특별 고압이란?

㉮ 20 [kV] 이상 ㉯ 10 [kV] 이상 ㉰ 7 [kV] 초과 ㉱ 14 [kV] 이상

◆ 풀이 답 ㉰
- 저압
  - 직류 : 750 [V] 이하
  - 교류 : 600 [V] 이하
- 고압
  - 직류 : 750 [V] 초과 7000 [V] 이하
  - 교류 : 600 [V] 초과 7000 [V] 이하
- 특고압 — 7000 [V] 초과

59 학교, 공장, 빌딩 등의 옥상에 있는 물탱크의 급수 펌프에 설치한 스위치는?

㉮ 부동 스위치 ㉯ 압력 스위치 ㉰ 수은 스위치 ㉱ 마그넷 스위치

답 ㉮

60 그림의 결선 중 바른 것은? (단, F는 주파수계임.)

㉮

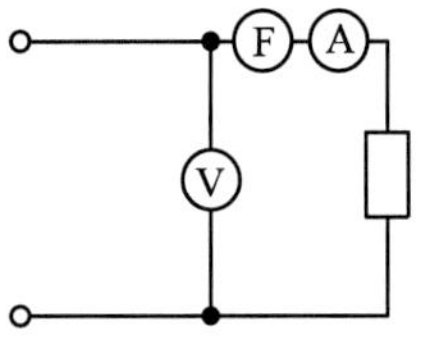

㉯

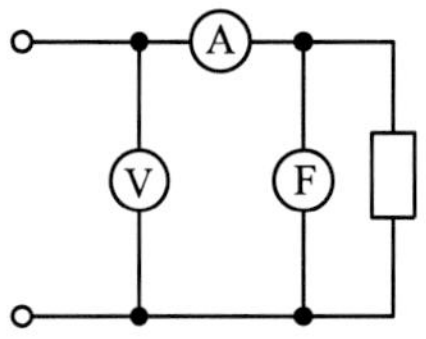

㉰

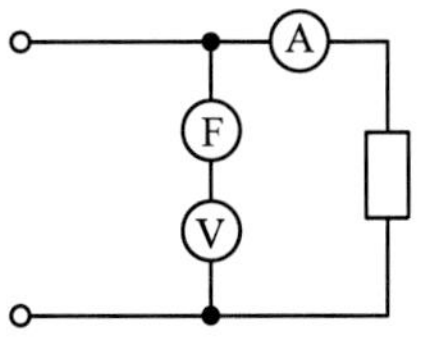

㉱

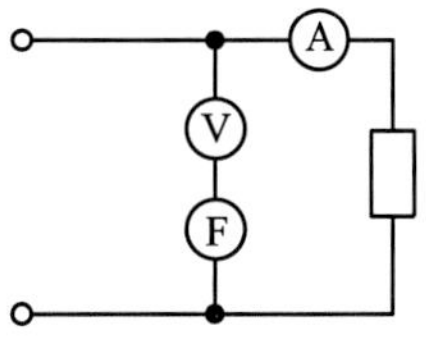

답 ㉯

61 액면이 올라간다던지 내려간다던지 하는 데에 따라 상하 운동을 하며, 접점을 개폐하는 것으로서 펌프의 자동 운전에 쓰이는 것은?

㉮ 플로트 스위치 ㉯ 압력 스위치
㉰ 습도 자동 스위치 ㉱ 스탭 컨트롤러

답 ㉮

62 백열 전등과 가정용 전기기구를 동시에 사용할 때 분기 회로 전류의 제한 값은 얼마인가?

㉮ 15 [A] ㉯ 30 [A] ㉰ 50 [A] ㉱ 100 [A]

답 ㉰

63 110 [V]로 인입하는 어느 주택의 총부하 설비용량이 7050 [VA]이다. 최소분기 회로수는 몇 회로로 하여야 하는가? (단, 전등 및 소형 전기기계 기구이고, 1650 [VA] 이하 마다 분기하게 되어있다.)

㉮ 3　　㉯ 5　　㉰ 6　　㉱ 2

◆ 풀이　분기회로수 : $\dfrac{\text{총부하설비용량}}{\text{전압}\times 15} = \dfrac{7050}{110\times 15} = 4.2 \fallingdotseq 5[\text{회로}]$

답 ㉯

64 공칭 지름이 26 [mm]되는 전구 소켓을 6개, 15 [A] 콘센트 3개와 30 [A] 콘센트 1개를 사용하는 주택의 저압 옥내 전로의 분기 회로의 최저 수는?

㉮ 15 [A] 퓨즈로 보호하는 분기회로를 3회로를 한다.
㉯ 20 [A] 배선용차단기로 보호하는 분기회로를 2회로 한다.
㉰ 30 [A] 퓨즈로 보호하는 분기회로를 1회로, 15 [A] 퓨즈로 보호하는 분기회로를 1회로 한다.
㉱ 30 [A] 퓨즈로 보호하는 분기회로를 1회로, 15 [A] 퓨즈로 보호하는 분기회로를 3회로 한다.

답 ㉱

65 전동기 부하의 배선 설계에 있어서 전선의 굵기와 무관한 것은?

㉮ 수은 스위치의 용량　　㉯ 정격 전류
㉰ 수용률　　㉱ 기동 전류

답 ㉮

66 전열기용 분기회로는 한 개의 용량이 몇 [A]를 초과하는 경우, 전열기 전용 분기회로를 시설하는가?

㉮ 6 [A]　　㉯ 12 [A]　　㉰ 15 [A]　　㉱ 20 [A]

답 ㉰

67 전기 배선 분기회로 중에서 가장 일반적으로 사용되는 것은 다음 중 어느 분기회로인가?

㉮ 15 [A] 분기회로　　㉯ 20 [A] 분기회로
㉰ 30 [A] 분기회로　　㉱ 50 [A] 분기회로

답 ㉮

68 전등 전열기 등의 분기 회로에 있어서 분기 회로용 전선에 14 [mm^2]를 사용한 50 [A] 분기 회로의 탭선의 최소 굵기는 몇 [mm]인가?

㉮ 1.6　　㉯ 2.0　　㉰ 2.6　　㉱ 3.2

답 ㉯

68 Pilot lamp란 무엇인가?

㉮ 동작을 표시하는 램프이다.
㉯ Signal lamp와 같은 용어로 쓰인다.
㉰ 일반 조명용 램프라는 뜻이다.
㉱ 전원의 유무를 표시하는 등이다.

답 ㉱

70 개폐 조작의 순서에 있어서 차단, 투입 순서가 완전히 안전 수칙에 적합한 것은?

㉮ 차단 LS, OCB, DS / 투입 LS, OCB, DS
㉯ 차단 OCB, DS, LS / 투입 OCB, DS, LS
㉰ 차단 OCB, DS, LS / 투입 DS, LS, OCB
㉱ 차단 DS, OCB, LS / 투입 DS, LS, OCB

답 ㉰

71 큰 빌딩이나 공자에서 400 [V] 배선을 사용하는 이유가 아닌 것은?

㉮ 전선 재료 경감　　㉯ 전압 변동의 경감

㉰ 전력 손실의 경감　　㉱ 변압기 설비 용량 경감

답 ㉮

72 변압기의 2차의 Y결선은?

㉮

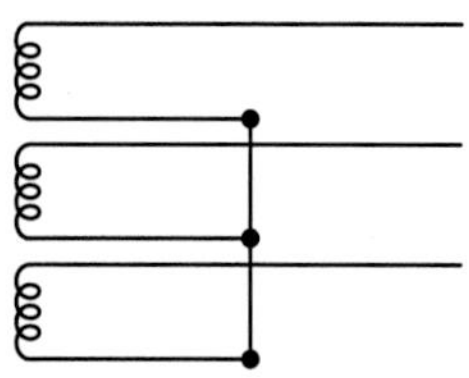

㉯

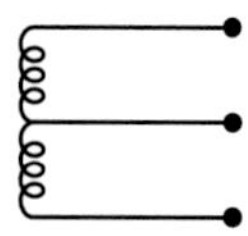

㉰

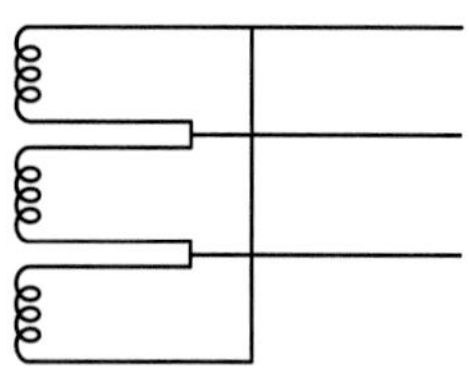

㉱

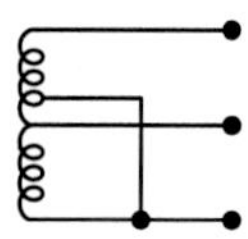

답 ㉮

73 전자 개폐기에 부착하여 전동기의 소손 방지를 위하여 사용하는 것은?

㉮ 퓨즈　　㉯ 열동 계전기

㉰ 배선용 차단기　　㉱ 비율 차동 계전기

◆ 풀이　열동계전기 — 과부하시 회로를 차단시킨다.

답 ㉯

74 자동 제어 기구 번호 중 회전기의 온도 계전기의 기구 번호는?

㉮ 27　　㉯ 43　　㉰ 49　　㉱ 52

답 ㉰

75 전기 방식 중 가정용 옥내 배선에는 별로 사용하지 않는 방식은?

㉮ 단상 2선식 100 [V]　　㉯ 단상 2선식 200 [V]
㉰ 100/200 [V] 단상 3선식　　㉱ 200/300 [V] 3상 4선식

답 ㉱

76 전자 개폐기의 열동 계전기는 전동기 정격 전류의 대략 몇 배에서 조정하여 사용하는가?

㉮ 1　　㉯ 2　　㉰ 2.5　　㉱ 3

답 ㉱

77 분기 개폐기의 시설은 원칙적으로 간선에서 분기하여 몇 [m] 이내의 곳에 시설하여야 하는가?

㉮ 6　　㉯ 5　　㉰ 4　　㉱ 3

◆ 풀이 간선대 분기회로비
35 [%] 미만 — 3 [m] 이내(원칙) 55 [%] 이상 — 임의대로
35~55 [%] 미만 — 8 [m] 이내

답 ㉱

78 간선에서 분기하여 분기 개폐기 및 과전류차단기를 시설하는 끝까지의 최대거리는 얼마인가? (단, 전선의 허용전류가 과전류차단기의 정류 전류의 35 [%] 이상인 경우)

㉮ 3 [m]　　㉯ 5 [m]　　㉰ 8 [m]　　㉱ 10 [m]

답 ㉰

79 저압, 옥내 간선에서 분기하여 전동기에 이르는 저압옥내선로에 시설하는 자동차단기는 그 저항선로에 접속되는 전동기가 한 대일 경우, 그 전동기 정격전류의 몇 배 이상의 표준정격을 사용하는가?

㉮ 1.5배　　㉯ 2배　　㉰ 2.5배　　㉱ 3배

답 ㉱

80 일반 가정용 옥내 배선의 전로에 사용되는 전선의 최소 지름은 몇 [mm] 이상인가? (단, 15 [A] 분기회로에서)

㉮ 0.75 [mm]　　㉯ 1.2 [mm]　　㉰ 1.6 [mm]　　㉱ 2.0 [mm]

답 ㉰

81 옥내 전로의 대지 전압이 220 [V] 이하인 경우 절연 저항 [MΩ]의 최소값은?

㉮ 0.1　　㉯ 0.2　　㉰ 0.3　　㉱ 0.4

◆ 풀이 • 절연저항

150 [V] 미만 — 0.1 [MΩ] 이상
150 이상~300 [V] 미만 — 0.2 [MΩ] 이상
300이상~400 [V] 미만 — 0.3 [MΩ] 이상
400 [V] 이상 — 0.4 [MΩ] 이상

답 ㉯

82 100/200 [V] 단상 3선식 옥내 배선(전원에서 중성점에 접지되어 있다.)에서 절연 저항의 최소값은?

㉮ 0.1 [MΩ]　　㉯ 0.2 [MΩ]　　㉰ 0.3 [MΩ]　　㉱ 0.4 [MΩ]

답 ㉮

83 400 [V] 이상인 저압 기계 기구의 절연 저항의 최저값은 얼마인가?

㉮ 0.3 [MΩ]　　㉯ 0.4 [MΩ]　　㉰ 0.5 [MΩ]　　㉱ 0.6 [MΩ]

답 ㉯

84 저압 옥내 배선의 절연 저항을 검사한 결과 다음과 같았다. 잘못된 것은?

㉮ 100 [V] 전등 회로의 절연 저항값이 0.1 [MΩ]
㉯ 100 [V] 전등 회로의 절연 저항값이 0.2 [MΩ]
㉰ 220 [V] 3상 전동기 회로의 절연 저항값이 0.2 [MΩ]
㉱ 440 [V] 형광 방전등 회로의 절연 저항값이 0.3 [MΩ]

◆ 풀이 ㉱ — 440 [V]이기 때문에 0.4 [MΩ] 이상 답 ㉱

85 전동기용 분기선에 퓨즈를 넣을 경우 정격 전류의 몇 배 이내로 하여야 하는가?

㉮ 1배 ㉯ 2배 ㉰ 3배 ㉱ 6배

답 ㉰

86 6,000 [V] 3상 교류 전동기 철대의 접지 공사는 몇 종 접지 공사를 하여야 하는가?

㉮ 특별 제 3 종 접지 공사 ㉯ 제 1 종 접지 공사
㉰ 제 2 종 접지 공사 ㉱ 제 3 종 접지 공사

◆ 풀이 고압 및 특고압의 기계 외함접지는 제 1 종 접지공사로 한다. 답 ㉯

87 저압 옥내 간선에서 분기하여 전동기에만 이르는 저압 옥내 전로용 전선의 허용 전류는 전동기 등의 정격 전류의 합계가 50 [A] 이하인 경우, 그 합계의 몇 배 이상이어야 하는가?

㉮ 1.1배 ㉯ 1.5배 ㉰ 1.25배 ㉱ 2배

◆ 풀이 • 정격전류의 합계가 50 [A] 이하인 경우: 1.25배 답 ㉰
• 정격전류의 합계가 50 [A] 초과인 경우 : 1.1배

88 전동기의 정격 전류 합계가 50 [A]를 넘는 경우 그 저압 옥내 간선에 사용할 수 있는 전선의 허용 전류는 전동기 등의 합계 전류의 몇 배 값 이상인가?

㉮ 1.25　　㉯ 1.3　　㉰ 1.1　　㉱ 2

답 ㉰

89 전동기의 정격전류가 60 [A]이다. 전선의 허용전류는 얼마인가?

㉮ 60 [A]　　㉯ 66 [A]　　㉰ 69 [A]　　㉱ 72 [A]

◆ 풀이　$60 \times 1.1 = 66$ [A]

답 ㉯

90 정격전류가 40 [A]의 3상 200 [V] 전동기에 직접 접속되는 전선의 허용전류는 몇 [A] 이상이 필요한가?

㉮ 40　　㉯ 44　　㉰ 50　　㉱ 120

◆ 풀이　$40 \times 1.25 = 50$ [A]

답 ㉰

91 배선용 차단기(No Fuse Breaker)는 원칙적으로 어떻게 사용해야 하는가?

㉮ 부하 전류의 크기보다 작은 전류 차단 용량의 것을 사용
㉯ 보호하려는 회로중 가장 가는 전선의 허용전류치 이하의 것을 사용
㉰ 부하 전류의 크기보다 큰 것을 사용
㉱ 보호하려는 회로중 가장 굵은 전선의 허용전류치 이하의 것을 사용

답 ㉯

92 전동기의 정격전류가 8 [A]인 것이 3대 있다. 간선에서 분기하여 전동기에만 이르는 전동기 전용의 분기회로에서 전선의 허용전류는 얼마인가? (단, 3대의 전동기는 1개의 분기회로에 설치한다.)

㉮ 10 [A] ㉯ 20 [A] ㉰ 30 [A] ㉱ 40 [A]

◆ 풀이 $8 \times 3 = 24$ [A] $24 \times 1.25 = 30$ [A]

답 ㉰

93 정격 전류 30 [A]의 전동기 1대와 정격 전류 5 [A]의 전열기 2대에 공급하는 저압 옥내 간선을 보호할 과전류 차단기의 정격 전류의 최대값은 얼마인가?

㉮ 40 ㉯ 60 ㉰ 80 ㉱ 100

◆ 풀이 $(3 \times 30) + (5 \times 2) = 90 + 10 = 100$ [A]

답 ㉱

94 정격전류가 40 [A]인 3상 전동기에 공급하는 배선의 허용전류는 최소 몇 [A]인가?

㉮ 30 ㉯ 40 ㉰ 50 ㉱ 60

◆ 풀이 $40 \times 1.25 = 50$ [A]

답 ㉰

95 전압 옥내 간선에 접속하는 부하중 전동기 정격전류의 합계가 52 [A], 다른 전기 사용 기계기구의 정격전류의 합계가 18 [A]라면 그 간선의 허용전류의 최소값은?

㉮ 52.1 [A] ㉯ 70 [A] ㉰ 75.2 [A] ㉱ 83 [A]

◆ 풀이 $52 \times 1.1 +$ 기타기구 전류의 합18 [A] $= 75.2$ [A]

답 ㉰

96 전동기에 공급하는 간선의 설계에서 3개의 분기회로에 각각 10 [A], 20 [A], 30 [A]의 정격전류가 흐르는 전동기가 접속되어 있다. 간선의 허용전류가 최저값으로 가장 적당한 것은?

㉮ 60 ㉯ 70 ㉰ 80 ㉱ 100

◆ 풀이 $(10 + 20 + 30) \times 1.1 = 66$ [A] 약 70 [A]

답 ㉯

97 시동전류와 같이 단시간의 과전류에 동작하지 않고, 사용중 과전류에 의해서 회로를 차단하는 특성이 있는 퓨즈는?

㉮ 전동기용 퓨즈 ㉯ 플러그 퓨즈 ㉰ 온도 퓨즈 ㉱ 관형 퓨즈

답 ㉮

98 변압기 고압측 전로의 1선 지락 전류값이 5 [A]일 때 제 2 종 접지 공사의 접지저항 [Ω]의 최대는?

㉮ 30 ㉯ 40 ㉰ 50 ㉱ 100

◆ 풀이 $\text{접지저항값} = \dfrac{150[\text{V}]}{\text{1선지락전류}}\text{이하} = \dfrac{150}{5} = 30\,[\Omega]$ 답 ㉮

99 제 2 종 접지 공사를 할 때 특별 고압에서 저압으로 변성하는 경우의 접지선의 최소 굵기는?

㉮ 1.6 [mm] ㉯ 2.0 [mm] ㉰ 2.6 [mm] ㉱ 4.0 [mm]

◆ 풀이 제 2 종 접지 공사의 접지선 굵기 답 ㉱

- 특고압에서 저압으로 변성시 : 4.0 [mm]
- 고압에서 저압으로 변성시 : 2.6 [mm]

100 버스 덕트 공사시 전압이 3 φ380 [V]이면 몇 종 접지 공사를 하여야 하는가?

㉮ 제 1 종 접지 공사 ㉯ 제 2 종 접지 공사
㉰ 제 3 종 접지 공사 ㉱ 특별 제 3 종 접지 공사

◆ 풀이 400 [V] 미만이기 때문에 제 3 종 접지 공사로 한다. 답 ㉰

101 고압 전로와 저압 전로의 혼촉에 의한 위험을 막기 위해 고압 변압기의 저압측 1단자에 설치하는 시설은?

㉮ 혼촉 방지판 ㉯ 접지 계전기 ㉰ 제 2 종 접지 공사 ㉱ 방전 장치

답 ㉰

102 고압 수전 설비의 인입구에는 피뢰기를 시설하고 제 몇 종 접지 공사를 하여야 하는가?

㉮ 제 1 종 ㉯ 제 2 종 ㉰ 제 3 종 ㉱ 특별 제 3 종

◆ 풀이 피뢰기 — 제 1 종 접지공사

답 ㉮

103 주상 변압기 2차측의 접지 방법은 다음 중 어느 것으로 하는가?

㉮ 제 1 종 접지 공사 ㉯ 제 2 종 접지 공사
㉰ 제 3 종 접지 공사 ㉱ 비접지 공사

답 ㉯

104 접지 공사의 종류에 제 1 종 접지 공사 접지선의 최소 굵기는?

㉮ 지름 1.6 [mm] ㉯ 지름 1.4 [mm] ㉰ 지름 2.6 [mm] ㉱ 지름 5 [mm]

◆ 풀이 제 1 종 접지공사
- 접지선의 굵기 : 2.6 [mm]
- 접지 저항값 : 10 [Ω] 이하

답 ㉰

105 피뢰기의 접지선으로 사용하는 절연 전선의 최소 굵기 [mm]는?

㉮ 5.0 ㉯ 3.6 ㉰ 2.6 ㉱ 1.0

답 ㉰

106 특별 고압 또는 고압 회로 및 기기의 단락 보호 능력을 갖는 것은 무엇인가?

㉮ 차단기 ㉯ 전력 퓨즈 ㉰ 계기용 변성기 ㉱ 단로기

답 ㉯

107 자동 스위치의 종류가 아닌 것은?

㉮ 부동 스위치 ㉯ 압력 스위치 ㉰ 수은 스위치 ㉱ 마그네트 스위치

◆ 풀이 ㉮ — 물의 높이에 따라
㉯ — 액체, 기체의 압력으로
㉰ — 봉입된 수은의 기울기에 따라서

답 ㉱

108 전동기의 자동제어장치에 사용되지 않는 자동 스위치는?

㉮ 타임 스위치 ㉯ 팬던트 스위치 ㉰ 수은 스위치 ㉱ 부동 스위치

답 ㉯

109 기계기구의 운전과 정지, 과부하 보호를 하며 저전압에 동작하는 스위치는?

㉮ 수은 스위치 ㉯ 타임 스위치 ㉰ 마그네트 스위치 ㉱ 부동 스위치

답 ㉰

110 다음 중 금속 상자 개폐기라고도 불리는 스위치는?

㉮ 안전 스위치 ㉯ 마그네트 스위치 ㉰ 타임 스위치 ㉱ 부동 스위치

답 ㉮

111 일반 주택의 현관 등을 설치할 때에는 타임 스위치를 설치하여야 한다. 몇 분 이내에 소등되는 것이어야 하는가?

㉮ 3 ㉯ 5 ㉰ 7 ㉱ 10

◆ 풀이 타임 스위치
- 일반주택의 현관 복도 : 3분 이내 소등
- 호텔·여관 등의 현관 복도 : 1분 이내 소등

답 ㉮

CHAPTER

06 가공 인입선 및 배전선 공사

CHAPTER 06

가공 인입선 및 배전선 공사

6.1 가공 인입선

가공 전선로의 지지물에서 분기하여 수용장소의 인입구에 이르는 전선

① 가공 인입선의 굵기 및 높이

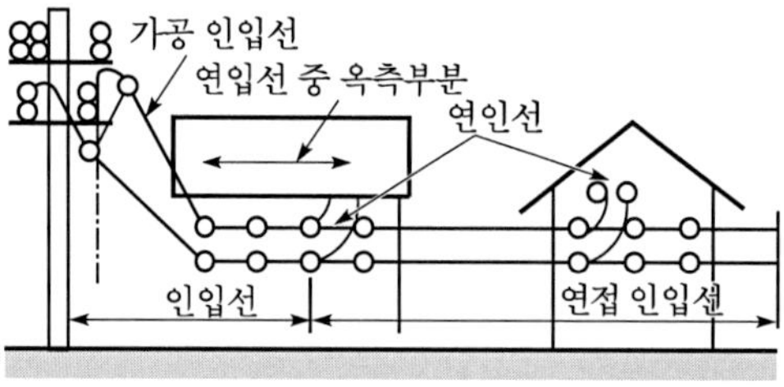

㉠ 선로긍장 : 50 [m] 이하

㉡ 전선의 종류 : 다심형 전선, 케이블, 절연전선

㉢ 전선의 굵기

- 저압 가공인입선 : 2.6 [m] 이하
- 고압 가공인입선 : 5.0 [m] 이상
- 특고압 가공인입선 : 22 [mm^2] 이상(단, 22.9 [KVY] : 5.0 [mm])

㉣ 지표상 높이

구 분 \ 전 압	저압	고압
도 로 횡 단	5 [m] 이상	6 [m] 이상
철 도 횡 단	6.5 [m] 이상	6.5 [m]
위 험 표 시	×	3.5 [m] 이상 단, 특고압 : 4 [m]
횡단 보도교	3 [m]	

② 연접인입선 : 수용장소의 인입구에서 분기하여 다른 지지물을 거치지 아니하고 다른 수용 장소의 인입구에 이르는 전선

㉠ 연접인입선의 시설

- 접속점에서 선로긍장 100 [m]를 초과할 수 없다.
- 도로폭 5 [m]를 초과할 수 없다.
- 옥내 관통 금지
- 저압에서만 시설

③ 전선의 안전율

㉠ 경동선 및 내열동 합금선 : 2.2 이상

㉡ 기타(Al)선 : 2.5 이상

④ 가공지선 : 뇌해방지

– 나선

㉠ 고압 : 4.0 [mm] 이상

㉡ 특고압 : 5.0 [mm] 이상

6.2 배전 선로용 재료와 기구

① 지지물 : 목주, 철주, 철근콘크리트주, 철탑 등이 있다.

② 애자

㉠ 가지애자 : 전선을 다른 방향으로 돌리는 부분에 사용.

㉡ 구형애자 : 지선의 중간 부분에 사용(=지선애자=옥애자)

③ 장주 및 건주

㉠ 장주 : 지지물에 전선과 기구를 고정 시키기 위하여 완목, 완금, 애자 등을 장치

㉡ 건주 : 지지물을 땅에 묻히는 깊이를 말한다.

- 전주의 길이 15 [m] 이하 : 전장의 $\frac{1}{6}$ [m] 이상
- 전주의 길이 15 [m] 이상 : 2.5 [m] 이상

㉢ 지선(지선이 필요없는 지지물 : 철탑)

- 안전율 : 2.5(목주 및 A종 지지물 : 1.5)

- 인장하중 : 4.31 [kN]
- 소선수 : 세 가닥 이상의 연선
- 금속선 : 2.6 [mm] 이상
  (단, 아연도금 강연선 2.0 [mm], 인장강도 0.68 [kN/mm^2] 이상

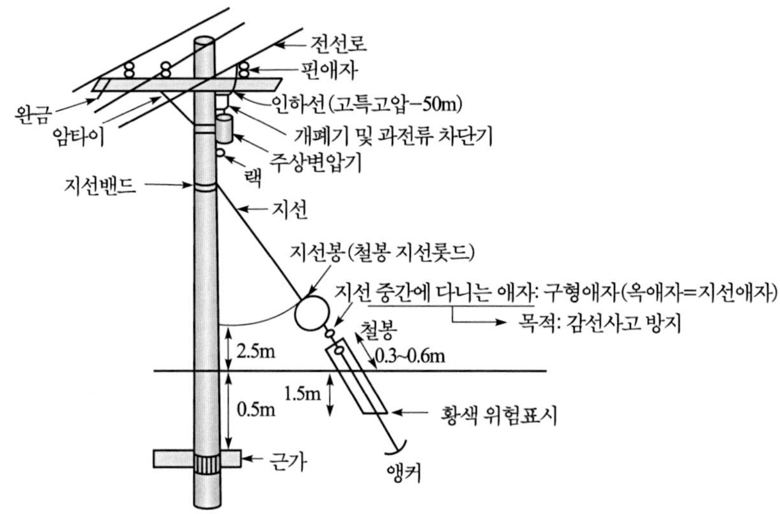

㉣ 지선높이

- 도로횡단 : 5 [m]
- 교통에 지장이 없는 도로 : 4.5 [m]
- 보도 : 2.5 [m]

④ 배전용 기구

㉠ • 주상 변압기 1차보호 : 컷 아웃 스위치(cos)
- 2차보호 : 캣치 홀더

㉡ 변압기 1차측 인하선으로는 클로로프렌 외장 케이블 사용

㉢ 변압기는 행거밴드 법으로 지지물에 설치한다.

㉣ 차단기 약호

- ACB : 기중 차단기
- ABB : 공기 차단기
- MBB : 자기 차단기
- OCB : 유입 차단기
- GCB : 가스 차단기
- VCB : 진공 차단기

㉤ 유입개폐기(OS) : 구분개폐기로서 2 [km] 이하마다 시설 정전구간과 고장구간을 축소

⑤ 배전 선로의 경간

㉠ 경간 : 지지물과 지지물사이의 거리

- 시가지 : 30～40 [m]
- 시가지의 : 40～60 [m]

⑥ 배선 심별

	기호	배선
	――――――――――	㉠ 천장 은폐배선
	························	㉡ 노출배선
	—·—·—·—·—·—·-	㉢ 지중매설배선
	- - - - - - - - - - - - - - -	㉣ 바닥은폐배선
	—··—··—··—··—	㉤ 바닥면 노출배선

6.3 고압 및 저압 배전반 공사

① 배전반의 종류 : 전력 계통의 감시 제어, 보호

㉠ 라이브 프런트식 배전반 : 주로 저압 간선용에 많이 사용

㉡ 데드 프런트식 배전반 : 고압 수전반, 고압 전동기 운전반 등에 사용

㉢ 폐쇄식 배전반(큐비클형) : 가장 많이 사용(공장, 빌딩등의 전기실)

② 배전반 공사는 앞 벽과의 사이를 2 [m] 이상 되도록 한다.

③ 분전반 : 부하의 배선을 분기하는 곳에 설치하는 것으로 주개폐기 분기 회로용 개폐기로 되어 있다.

㉠ 분전반의 종류

분전반의 종류	정격 전류 [A]	비고
나이프식	15, 30, 60	대리석판(25 mm 이상) 또는 베이클 라이트판에 나이프 스위치와 모선을 시설할 것
텀블러식	15, 30, 60	훅 퓨즈, 통형 퓨즈, 플러그 퓨즈를 사용한다.
브레이크식	15～800	열계전기 또는 전자 코일로 만든 차단기를 내장 개폐기와 차단기의 역할을 하며 소형이다.

* 교통신호등, 화학저장소, 전기온돌장치, 전기온상기, 전기욕기 : 300 [V] 이하
* 무대, 흥행장소, 전기 울타리, 광산 갱도 : 400 [V] 이하

연습문제

01 시가지에 시설하는 저압 가공전선으로에 절연 전선을 사용하는 경우, 경동선의 최소 굵기는 몇 [mm]인가?

㉮ 1.6 [mm]　　㉯ 2.0 [mm]　　㉰ 2.6 [mm]　　㉱ 3.2 [mm]

답 ㉰

02 가공 전선으로의 지선 사용 및 시방 세목 등에서 지선의 인장 하중은 규정상 얼마인가?

㉮ 220 [kg]　　㉯ 380 [kg]　　㉰ 440 [kg]　　㉱ 500 [kg]

◆ 풀이　지선 → 인장하중 : 440 [kg]안전율 : 2.5
소선수 : 3가닥 이상의 연선
금속선 : 2.6 [mm]

답 ㉰

03 철근콘크리트주의 건주공사시 15 [m] 이상의 전주는 뿌리의 깊이를 최소 몇 [m] 이상을 땅에 묻는가?

㉮ 1　　㉯ 2　　㉰ 2.5　　㉱ 3.5

◆ 풀이　15 [m] 이하 → 길이의 $\frac{1}{6}$ 이상 깊이에 매설
15 [m] 이상 → 2.5 [m] 이상 깊이에 매설

답 ㉰

04 전주가 땅에 묻히는 깊이는 전주의 길이 15 [m] 이하에서는 얼마를 묻어야 하는가?

㉮ 1/6 이상　　㉯ 1/5 이상　　㉰ 1/4 이상　　㉱ 1/3 이상

답 ㉮

05 지중에서 지선의 끝을 고정시키는 데 사용되는 것은?

㉮ 지선 애자 ㉯ 스트랙 ㉰ 앵 커 ㉱ 래 크

답 ㉰

06 주상 변압기는 시가지에 있어서 지표상 얼마 높이 이상으로 하는가?

㉮ 4 [m] ㉯ 4.5 [m] ㉰ 5 [m] ㉱ 6 [m]

◆ 풀이 주상 변압기 시설

- 시가지 — 4.5 [m] 이상
- 시가지 외 — 4 [m] 이상

답 ㉯

07 한 수용가의 인입선에서 분기하여 지지물을 거치지 아니하고 다른 수용 장소의 인입구에 이르는 부분의 전선을 무엇이라 하는가?

㉮ 인입선 ㉯ 연접 인입선 ㉰ 연접 가공선 ㉱ 옥외 배선

답 ㉯

08 저압 인입선의 최대 선로 길이는 어느 것을 원칙으로 하는가?

㉮ 25 [m] 이하 ㉯ 50 [m] 이하 ㉰ 60 [m] 이하 ㉱ 100 [m] 이하

답 ㉱

09 저압 인입선 시설에서 횡단 보도교의 위에 시설하는 경우에는 노면상에서 최소 몇 [m] 이상 하여야 하는가?

㉮ 2 ㉯ 3 ㉰ 4 ㉱ 5

답 ㉯

10 시가지 이외에 사용하는 배전 선로의 경간은 몇 [m]인가?

㉮ 30~40　　㉯ 40~60　　㉰ 50~65　　㉱ 60~70

◆ 풀이 배전선로의 시설
- 시가지 : 30~40 [m]
- 시가지 외 : 40~60 [m]

답 ㉯

11 철도를 횡단하는 경우, 저압 및 고압 가공 전선의 레일면상의 높이는 몇 [m]인가?

㉮ 4.5 이상　　㉯ 5.5 이상　　㉰ 6.0 이상　　㉱ 6.5 이상

◆ 풀이 철도 횡단시에는 전압에 관계없이 무조건 6.5 [m] 이상이다.

답 ㉱

12 저 · 고압 가공 전선의 높이 시설에서 잘못된 사항은?

㉮ 도로를 횡단하는 경우에는 지표상 6 [m]
㉯ 횡단 보도교 위에 시설하는 경우에는 저압 가공 전선은 노면상 3 [m]
㉰ 횡단 보도교 위에 시설하는 경우에는 고압 가공 전선은 노면상 2 [m]
㉱ 철도를 횡단하는 경우에는 궤조상 6.5 [m]

◆ 풀이 고압가공전선의 횡단보도교의 높이 → 3.5 [m] 이상

답 ㉰

13 연접 인입선의 시설에서 잘못된 것은?

㉮ 인입선에서 분기하는 점으로부터 100 [m]를 넘는 지역에 미치지 말 것
㉯ 폭 2 [m]의 도로를 관통하지 말 것
㉰ 옥내를 관통하지 말 것
㉱ 저압 인입선의 시설 규정에 준하여 시설할 것

◆ 풀이 연접 인입선은 도로폭 5 [m]를 초과할 수 없다.

답 ㉯

14 저압 연접 인입선의 시설에서 잘못 표현된 것은?

㉮ 전선은 절연 전선

㉯ 전선은 다심형 전선 또는 케이블

㉰ 전선이 옥외용 비닐 절연 전선인 경우에는 사람이 접촉하여도 무방함

㉱ 전선은 케이블인 경우 이외에는 지름이 2.6 [mm]의 경동선
또는 이와 동등 이상의 세기 및 굵기의 것일 것

답 ㉰

15 저압 가공 인입선이 도로를 횡단할 경우 노면상의 최소 높이 [m]는?

㉮ 4　　㉯ 5　　㉰ 5.5　　㉱ 6

◆ 풀이 저압가공 인입선의 시설

- 도로 회단 : 5 [m] 이상
- 철도횡단 : 6.5 [m] 이상
- 횡단보도교(노면상) : 3 [m] 이상

답 ㉯

16 A.C.S.R에 관한 서술로서 적당한 것은?

㉮ A.C.S.R은 같은 저항의 동선보다 바깥지름이 커서 코로나(Corona) 방지에 유리하다.

㉯ A.C.S.R은 경동선보다 풍압하중이 적다.

㉰ A.C.S.R은 경동선보다 인장강도가 크므로 단면적인 적어도 좋다.

㉱ A.C.S.R은 경동선에 비하여 자중이 적어서 가선 공사가 용이하다.

◆ 풀이 A.C.S.R → 강심 알루미늄 전선

답 ㉮

17 특별고압이나 고압의 송전단 및 수전단 또는 고압 수용가의 인입구 등에 사용되는 개폐기는?

㉮ D.S(단로기 : disconnecting switch)　　㉯ N.F.B(no fuse breaker)

㉰ K.S(knife switch)　　㉱ M.S(전자 스위치 : magnetic switch)

답 ㉮

18 해안 지방의 송전용 나전선에 적당한 것은?

㉮ 철선 ㉯ 강심 알루미늄선 ㉰ 동선 ㉱ 알루미늄 합금선

답 ㉰

19 주상 변압기의 정격 출력[kVA]이 아닌 것은?

㉮ 7.5 ㉯ 10 ㉰ 20 ㉱ 35

답 ㉱

20 다음 중 인류형 애자는 어느 것인가?

㉮ 구형 애자 ㉯ U자형 애자 ㉰ 섀클 애자 ㉱ 저압 핀 애자

◆ 풀이
- 배전 선로용 애자(전압에 따라): 저압용, 고압용
- 배전 선로용 애자(사용목적에 따라): 핀애자, 인류애자, 내장애자, 곡핀애자

답 ㉱

21 전선을 다른 방향으로 돌리는 부분에 사용되는 애자는?

㉮ 핀 애자 ㉯ 옥 애자 ㉰ 찻대 애자 ㉱ 가지 애자

답 ㉱

22 주상의 구분 개폐기(OS 또는 AS)는 어디에 설치 하는가?

㉮ 완금, 완목 ㉯ 변압기내 이용 ㉰ 전주말루 ㉱ 행거밴드

답 ㉮

23 송전 선로의 중심점을 접지하는 목적은?

㉮ 동량의 절감　　㉯ 송전 용량의 증가
㉰ 전압 강하 방지　　㉱ 이상 전압 발생 방지

답 ㉱

24 주상 개폐기 중 제일 안전한 것은?

㉮ 애자형 개폐기　㉯ 1차 컷 아웃　㉰ 기중 개폐기　㉱ 유입 개폐기

답 ㉱

25 배전 선로의 보안 장치로서 주상 변압기의 2차측이나 저압 분기 회로의 분기점 등에 설치하는 것은?

㉮ 콘덴서　㉯ 캐치 홀더　㉰ 컷 아웃 스위치　㉱ 피뢰기

◆ 풀이 주상변압기
- 1차측 보호 : 컷 아웃 스위치(COS)
- 2차측 보호 : 캐치 홀더

답 ㉯

26 고압 배전 선로의 공장 2 [km] 이하마다 시설하는 개폐기는 다음 중 어느 것인가?

㉮ 애자형 개폐기　　㉯ 컷 아웃 스위치
㉰ 유입 개폐기　　㉱ 프라이머리 컷 아웃 스위치

◆ 풀이 유입 개폐기 ― 정전구간과 고장구간 축소를 위해 2 [km] 마다 설치한다.

답 ㉰

27 주상 변압기의 1차측에 설치하는 개폐기는 다음 중 어느 것인가?

㉮ 수동식 유입 개폐기　　㉯ 컷 아웃 스위치
㉰ 유입 개폐기　　㉱ 자동식 유입 개폐기

답 ㉯

28 주상 변압기를 설치할 때 고압 인하선 도중에, 변압기 보호 작업의 안전을 위해 설치하는 것은?

㉮ 애자형 개폐기 ㉯ 공기 차단기
㉰ 유입 개폐기 ㉱ 피뢰기

답 ㉮

29 주상 변압기를 설치할 때 작업이 간단하고 장주하는데 재료가 덜 들어서 좋으나 전주 윗부분에는 무게가 가하여지므로 보통 20~30 [kVA] 정도의 변압기에 널리 쓰이는 방법은?

㉮ 행거 밴드법 ㉯ 변압기대 ㉰ 앵글 지지법 ㉱ 변압기 탑

답 ㉮

30 연접 인입선의 시설 제한상 잘못된 내용은?

㉮ 인입선에서의 분기하는 점에서 50 [m]를 넘지 않아야 한다.
㉯ 폭 5 [m]를 넘는 도로를 횡단하지 않아야 한다.
㉰ 옥내를 통과하면 안 된다.
㉱ 전선은 절연 전선, 다심형 전선 또는 케이블이어야 한다.

답 ㉮

31 목주의 심벌에 해당되는 것은?

㉮ 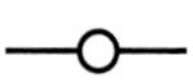
㉯ 
㉰ 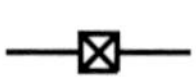
㉱ 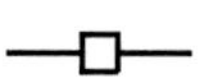

◆ 풀이 ㉮ — 목주, ㉯ — 철근콘크리트주, ㉰ — 철탑, ㉱ — 철주

답 ㉮

32 전선로 지지물에 관한 심벌 중 지선에 대한 심벌은?

㉮ 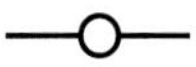 ㉯  ㉰  ㉱ 

◆ 풀이 ㉮ ─ 목주, ㉯ ─ 지선, ㉰ ─ 지주, ㉱ ─ 지선주

답 ㉯

33 가공 전선으로 지지물로 지선을 사용하여서는 안 되는 곳은?

㉮ 목주 ㉯ 철주 ㉰ 철탑 ㉱ 콘크리트주

답 ㉰

34 다음 가공 전선으로의 지지물이 아닌 것은 어느 것인가?

㉮ 철탑 ㉯ 지선 ㉰ 철주 ㉱ 목주

답 ㉯

35 전주의 길이가 7 [m], 땅에 묻히는 깊이가 1.2 [m]이다. 이때의 근가의 길이 [m]는 약 얼마인가?

㉮ 1.0 ㉯ 1.6 ㉰ 1.7 ㉱ 1.8

◆ 풀이

전주의 길이	8 [m] 이하	10 [m] 이하	12 [m] 이하
근가의 길이	1.0 [m] 이상	1.2 [m] 이상	1.5 [m] 이상

답 ㉮

36 철근 콘크리트주의 길이가 12 [m]인 지지물을 건주하는 경우에는 땅에 묻히는 최소의 길이는 얼마인가?

㉮ 1.0 [m] ㉯ 1.2 [m] ㉰ 1.5 [m] ㉱ 2.0 [m]

◆ 풀이 $12 \times \frac{1}{6} = 2$[m]이상

답 ㉱

37 지선의 중간에 넣어서 사용하는 애자는?

㉮ 구형 애자 ㉯ 고압 가지 애자 ㉰ 인류 애자 ㉱ 저압 옥애자

◆ 풀이 지선중간에 다는 애자 ― 구형 애자 = 지선 애자 = 옥 애자

답 ㉮

38 고압 가공 전선에 경동선을 쓸 때의 안전율의 최소값은?

㉮ 2.0 ㉯ 2.2 ㉰ 2.5 ㉱ 3.0

◆ 풀이 안전율
- 경동선 및 내열등 합금선 → 2.2 이상
- 기타(알루미늄선) → 2.5 이상

답 ㉯

39 저압 및 고압 보안 공사의 경우 목주에 대한 풍압 하주의 안전율은?

㉮ 1.1 이상 ㉯ 1.2 이상 ㉰ 1.5 이상 ㉱ 2.0 이상

◆ 풀이 목주에 대한 안전율
- 도로 회단 : 5 [m] 이상
- 철도횡단 : 6.5 [m] 이상
- 횡단보도교(노면상) : 3 [m] 이상

보안공사 : 저압, 고압, 특고압 → 1.5

답 ㉰

40 고압 가공 인입선의 높이는 도로를 횡단할 경우 노면상 얼마 이상으로 시설하여야 하는가? (단, 노면상이란 노면으로부터의 높이를 말함.)

㉮ 4.5 [m] ㉯ 6 [m] ㉰ 7 [m] ㉱ 10 [m]

◆ 풀이 인입선의 높이
- 저압 : 5 [m] 이상
- 고압 : 6 [m] 이상

답 ㉯

41 고압 가공 전선으로의 주상 변압기의 지표상의 최소 높이는 시가지(A)와 시가지 외(B)에서 각각 몇 [m]인가?

㉮ $A=4,\ B=4.5$ ㉯ $A=4.5,\ B=4$
㉰ $A=4.5,\ B=5$ ㉱ $A=5,\ B=4.5$

◆ 풀이 주상변압기(고압기계기구시설)의 지표상 높이
- 시가지 : 4.5 [m] 이상
- 시가지 외 : 4 [m] 이상

답 ㉯

42 철근 콘크리트주에 완금을 붙이고 고정하는데 필요하지 않은 것은?

㉮ 암 타이 ㉯ 행거 밴드 ㉰ U볼트 ㉱ 밴 드

답 ㉯

43 철근 콘크리트주에 완금을 고정시키려면 어떤 밴드를 사용하는가?

㉮ 아암 밴드 ㉯ 지선 밴드 ㉰ 정크 밴드 ㉱ 아아타이 밴드

답 ㉱

44 완목이나 완금을 목주에 붙이는 경우에는 볼트를 사용하고, 철근 콘크리트주에 붙이는 경우에는 어느 것을 사용하는가?

㉮ 지선 밴드 ㉯ 아암 타이 ㉰ 아암 밴드 ㉱ U볼트

답 ㉱

45 전기 배선용 도면을 작성할 때 사용하는 콘센트 표준 심벌은?

㉮ 

㉯ 

㉰ 

㉱ 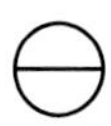

◆ 풀이 ㉮ — 접지극, ㉯ — 방수형, ㉱ — 코드 펜던트

답 ㉰

46 전동기를 그림기호로 표시하면?

㉮ Ⓗ ㉯ Ⓣ ㉰ Ⓜ ㉱ ○

◆ 풀이 ㉮ ― 전열기, ㉯ ― 내선 전화기, ㉰ ― 전동기, ㉱ ― 백열등

답 ㉰

47 목욕탕에 취부해도 좋은 기구는?

㉮ 리셉 터클 ㉯ 콘덴서 ㉰ 텀블러 스위치 ㉱ 방수 소켓

답 ㉱

48 고압 전기 회로의 전기 사용량을 적산하기 위한 계기용 변압 변류기의 약자는 어느 것인가?

㉮ ZCT ㉯ MOF ㉰ DCS ㉱ DSPF

답 ㉯

49 A.C.B의 약호는?

㉮ 기중 차단기 ㉯ 유입 차단기 ㉰ 공기 차단기 ㉱ 단로기

◆ 풀이 ㉮ ― ACB, ㉯ ― OCB, ㉰ ― ABB, ㉱ ― DS

답 ㉮

50 유입 차단기와 단로기를 접속할 때는?

㉮ ㉯ ㉰ ㉱

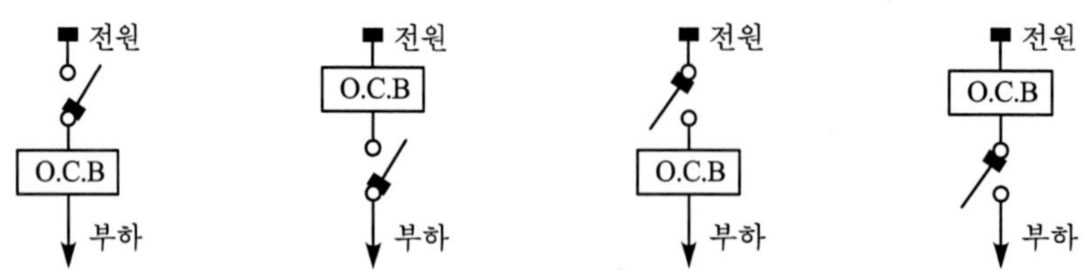

답 ㉮

51 전선로 또는 기기에 이상 상태가 생겼을 때 회로를 짧은 시간에 자동적으로 차단하는 기구가 아닌 것은?

㉮ ACB ㉯ OCB ㉰ ACC ㉱ ABB

◆ 풀이 ㉮ — 기중 차단기, ㉯ — 유입 차단기, ㉱ — 공기 차단기 답 ㉰

52 공장, 사무실, 학교, 병원 등에서는 몇 등 이하의 전등군 점멸이 가능하도록 시설하여야 하는가?

㉮ 6등 ㉯ 7등 ㉰ 8등 ㉱ 9등

◆ 풀이 전등군은 6등이 하나의 스위치로 점멸가능하도록 시설 답 ㉮

53 다음 그림은 간이 큐우비클식 고압 수전설비의 단선 결선도이다. (ㄱ)에 해당하는 명칭은?

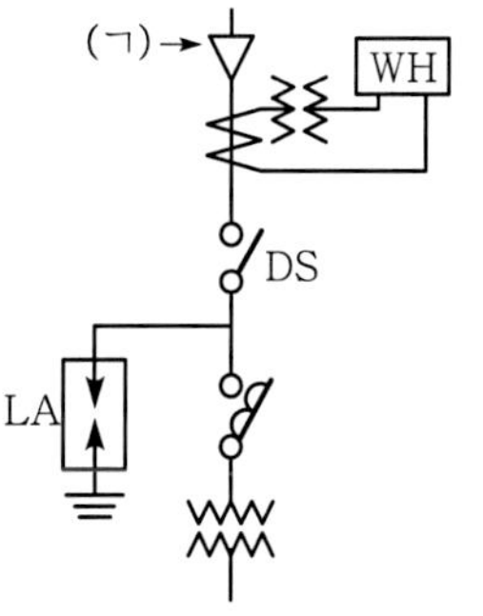

㉮ 피뢰기
㉯ 피뢰침
㉰ 영상 변류기
㉱ 케이블 헤드

◆ 풀이 ㉮ — L.A, ㉰ — ZCT 답 ㉱

54 피뢰기가 구비해야 할 조건 중 잘못 설명된 것은?

㉮ 충격 방전 개시 전압이 낮을 것
㉯ 방전 내량이 작으면서 제한 전압이 높을 것
㉰ 상용 주파 방전 개시 전압이 높을 것
㉱ 속류의 차단 능력이 충분할 것

◆ 풀이 방전 내량이 크고 제한 전압을 낮을 것. 답 ㉯

55 피뢰기를 시설하지 않아도 되는 곳은?

㉮ 발·변전소 또는 이에 준하는 장소의 가공 전선 인입구 및 인출구
㉯ 가공 전선로에 접속하는 배전용 변압기의 저압측 및 고압측
㉰ 고압 또는 특고압 가공 전선으로부터 공급받는 수용 장소 인입구
㉱ 가공 전선과 지중 전선이 접속되는 곳

답 ㉯

56 어떤 부하에 흐르는 전류와 부하의 전압강하를 측정하려고 한다. 전압계와 전류계의 접속방법은?

㉮ 전류계와 전압계를 부하에 모두 직렬로 접속한다.
㉯ 전류계와 전압계를 부하에 모두 병렬로 접속한다.
㉰ 전류계는 부하에 직렬, 전압계는 부하에 병렬로 접속한다.
㉱ 전류계는 부하에 병렬, 전압계는 부하에 직렬로 접속한다.

답 ㉰

57 옥내전로의 사용전압은 원칙적으로 150 [V] 이하로 하는 것으로 되어 있으나, 300 [V] 이하로 할 수 있는 설명 중에서 틀린 것은?

㉮ 백열전등 또는 방전등 및 이에 부속하는 전선은 사람이 접촉할 우려가 없도록 한다.
㉯ 백열전등 및 방전등용 안정기는 옥내배선에 직접 접속하여 시설한다.
㉰ 백열전등의 수구는 키(KEY) 기타의 점멸기구를 설치한다.
㉱ 가정용 전기 기계기구를 시설한 곳에 취급자 이외의 자가 접촉할 우려가 없도록 한다.

◆ 풀이 ㉰ : 150 [V] 이하에서만 사용한다.

답 ㉰

58 전력 계통을 감시, 제어 및 보호를 하기 위한 여러 가지 기구를 집중적으로 설치한 전기 설비를 무엇이라고 하는가?

㉮ 분전반 ㉯ 제어반 ㉰ 배전반 ㉱ 조작반

답 ㉰

59 일반적으로 큐비클형(cubicle type)이라 하며, 점유 면적이 좁고 운전, 보수에 안전하므로 공장, 빌딩 등 전기실에 많이 사요되는 조립형, 장갑형이 있는 배전반은?

㉮ 폐쇄식 배전반 ㉯ 데드 프런트식 배전반
㉰ 철제 수직형 배전반 ㉱ 라이브 프런트식 배전반

답 ㉮

60 380 [V] 전력 배선 공사에서 인입 개폐기 및 분기 개폐기로 사용할 수 없는 것은?

㉮ 금속 상자 개폐기 ㉯ 배선용 차단기 ㉰ 나이프 스위치 ㉱ 기중 차단기

답 ㉱

61 분전반에 설치하지 않아도 되는 것은 다음 중 어느 것인가?

㉮ 변성기 ㉯ 주 개폐기 ㉰ 분기 개폐기 ㉱ 자동 차단기

◆ 풀이 주 개폐기, 분기 개폐기, 자동 차단기는 시설하고
변성기는 전력선 인입구에 설치

답 ㉮

62 데드프런트 배전반은?

㉮ 배선을 표면에서 나이프 스위치에 접속하는 형식
㉯ 표면에 충전 부분이 노출되지 않는 방식
㉰ 강판제로 벽걸이 형식
㉱ 강판제로 자립 형식

◆ 풀이 고압 수전반과 고압 전동기 운전반에 사용

답 ㉯

63 배전반 공사에서 배전반 앞의 스위치를 조작하기 위해서 앞벽과의 사이를 몇 [m] 이상 되도록 배전반 및 틀을 설치하는가?

㉮ 1.0 [m]　　㉯ 1.5 [m]　　㉰ 2.0 [m]　　㉱ 3.0 [m]

◆ 풀이　배전반 공사에서 앞 벽과의 사이를 2 [m] 이상 되도록 할 것.　　답 ㉰

64 각 선에서 각 기계 기구로 배선하는 전선을 분기하는 곳에 주개폐기, 분기 개폐기 및 자동 차단기를 설치하기 위하여 무엇을 설치하는가?

㉮ 분전반　　㉯ 배전반　　㉰ 운전반　　㉱ 스위치반

답 ㉮

65 저압 배전 방식 중 단상 3선식을 채용하는 가장 큰 이유가 아닌 것은?

㉮ 전력 손실과 전압 강하 감소
㉯ 100 [V], 200 [V]의 두 가지 전압을 얻을 수 있다.
㉰ 단상 변압기는 3선식용이 대부분이기 때문
㉱ 중성선을 접지하여 대지 전압을 낮게 하여 안전하기 때문

답 ㉰

66 변류기의 약호는?

㉮ CB　　㉯ CT　　㉰ DS　　㉱ COS

◆ 풀이　㉮ — 차단기, ㉯ — 변류기, ㉰ — 단로기, ㉱ — 컷 아웃 스위치　　답 ㉯

67 MOF란 무엇의 약호인가?

㉮ 계기용 변성기　　㉯ 계기용 변압 변류기
㉰ 계기용 변류기　　㉱ 시험용 변압기

◆ 풀이　계기용 변압 변류기, 계기용 변성기 함.　　답 ㉯

68 배전반의 목적은?

㉮ 전기 회로도를 한 곳에 수용할 목적
㉯ 발전기, 전동기 등의 전력 장치를 제어할 목적
㉰ 문의 손잡이 전등을 잘 보이게 할 목적
㉱ 화재 등의 불의의 사고가 났을 경우 원인 조사의 목적

답 ㉮

68 개폐기 중에서 옥내 배선의 분기 회로 보호용에 사용되는 배선용 차단기의 약호는 어느 것인가?

㉮ DS ㉯ MCB ㉰ ACB ㉱ OCB

◆ 풀이 ㉮—단로기, ㉯—배선용 차단기, ㉰—기중 차단기, ㉱—유입 차단기
옥내 배선에 많이 사용되는 차단기—NFB, MCB, MCCB

답 ㉯

70 □의 심벌은?

㉮ 분배전반 ㉯ 배전반, 분전반 및 제어반
㉰ 단자반 ㉱ 호출용 수신반

답 ㉯

71 기기의 점검 및 수리를 할 때 전원으로부터 기기를 분리하는 경우 또는 회로의 접속을 변경하는 경우 등에 사용되는 것은?

㉮ 변성기 ㉯ 차단기 ㉰ 단로기 ㉱ 피뢰기

◆ 풀이 무부하시 전로의 개폐

답 ㉰

72 배전반에서 교류의 상에 따른 기호는?

㉮ 제 1 상(O), 제 2 상(S), 제 3 상(R)
㉯ 제 1 상(R), 제 2 상(T), 제 3 상(O)
㉰ 제 1 상(R), 제 2 상(S), 제 3 상(T)
㉱ 제 1 상(O), 제 2 상(S), 제 3 상(G)

답 ㉰

73 고압 회로의 전류를 저압의 전류로 변성시키기 위해 사용하며, 사용 도중 2차 코일을 개방하면 2차 단자간에 고압이 발생하여 위험을 안고 있는 기기의 이름은 어느 것인가?

㉮ CT ㉯ PT ㉰ POS ㉱ PCS

◆ 풀이 대전류를 소전류(5 [A])로 변류

답 ㉮

74 옥내 배전반 공사에서 배전반에 부착되지 않는 기계 기구는 다음 중 어느 것인가?

㉮ O.C.B ㉯ T.C ㉰ P.T ㉱ O.S

◆ 풀이 OS(유입 개폐기)는 주상에 시설

답 ㉱

75 분전반에 주개폐기가 필요할 때에는 어떤 개폐기를 사용하는가?

㉮ 자동 차단기 ㉯ 텀블러 스위치 ㉰ 배선용 차단기 ㉱ 나이프 스위치

답 ㉰

CHAPTER

07 특수 장소 공사

CHAPTER

07 특수 장소 공사

7.1 특수한 장소의 옥내 공사

(1) 먼지가 많은 장소

먼지가 많은 장소는 그 폭발 위험정도에 따라 3종류로 분류한다.

① 폭연성 분진 또는 화약류의 분말이 존재하는 곳

㉠ 폭연성 분진(마그네슘, 알루미늄, 티탄 등이 쌓인 상태) 또는 화약류분말로 인하여 점화원이 되어 폭발할 우려가 있는 장소이다.

㉡ 저압옥내배선 공사 방법은 금속관 공사 또는 케이블(CD 케이블 및 캡타이어 케이블은 제외) 공사에 의하여 시설하여야 한다.

※ CD 케이블 : 폴리에틸렌 덕트로 싸여 있는 케이블

㉢ 패킹 등을 사용하여 먼지의 침입을 방지하고, 금속관 공사시 관 상호 및 관과박스 등은 5턱 이상의 죔 나사로 접속하여야 한다.

㉣ 이동 전선은 접속점이 없는 제 3종 또는 제 4종 캡타이어 케이블을 사용하여야 한다.

㉤ 전동기에 접속하는 부분에는 방폭형 플렉시블 피팅을 사용한다.

② 가연성 분진이 존재하는 곳

㉠ 가연성 분진(소맥분, 전분, 유황 등 가연성 먼지)이 발화원이 되어 폭발 할 우려가 있는 장소이다.

㉡ 저압옥내배선 공사 방법은 합성수지관 공사(CD관, 두께 2[mm]미만의합성수지관 제외), 금속관 공사, 케이블 공사(단, CD 케이블 제외)

※ CD관 : 컴바인 덕트관

㉢ 이동용 전선은 2・3・4 종 캡타이어 케이블을 사용한다(1종 제외).

③ 폭연성 분진, 가연성 분진 이외의 장소

저압옥내배선 공사 방법은 애자 사용 공사, 합성수지관 공사, 금속관 공사, 가요관 공사, 케이블공사, 금속덕트공사, 버스덕트공사에 의하여 시설한다.

(2) 가연성 가스가 존재하는 곳

① 가연성 가스나 인화성 물질의 증기가 새거나 체류하여 폭발할 우려가 있는 곳을 말한다.

② 저압옥내배선 공사 방법은 폭연성 분진 또는 화약류의 분말이 존재하는 곳의 시설방법과 같다.

(3) 위험물이 있는 곳의 공사

① 셀룰로이드, 성냥, 석유 등 기타 타기 쉬운 위험물질을 제조하거나 저장하는 곳을 말한다.

② 저압옥내공사방법은 합성수기관 공사, 금속관 공사, 케이블 공사로 시설한다. 단, 케이블 공사시 개장된 케이블 또는 MI 케이블(미네랄 인슐레이션 케이블)을 사용한다.

③ 이동용 전선은 2・3・4 종 캡타이어 케이블을 사용한다(1종 제외).

(4) 화약류 저장소의 전기설비

① 원칙상 화약류 저장소 안에는 전기시설을 하지 않으나, 백열전등, 형광등을 위한 전기설비는 가능하다.

② 저압옥내배선공사 방법은 폭연성 분진 또는 화약류의 분말이 존재하는 곳의 시설 방법과 같다.

③ 전로의 대지전압 300[V]이하이고, 전기기계 기구는 전폐형으로 시설해야 한다. 또한 전폐형 개폐기에서 화약류 저장소의 인입구까지는 케이블을 사용하여 지중선로로 해야 한다.

(5) 흥행장의 저압 배선 공사

① 극장, 영화관 등의 시설을 말한다.

② 사용전압 400[V] 미만이고, 무대, 무대마루 밑, 오케스트라 박스, 영사실 등에는 각각의 전용 개폐기 및 과전류 차단기를 시설해야 한다.

③이동용 전선은 2・3・4 종 캡타이어 케이블을 사용한다(1종 제외).

7.2 특수시설 공사

(1) 유희용 전차의 시설

① 유원지 등의 구내에서 유희용으로 시설한 소형 전차를 말한다.

② 사용전압은 1차측은 400[V] 미만이고 2차측은 직류 60[V] 이하, 교류40[V] 이하이어야 한다.

③ 전기를 공급하는 접촉전선은 사람이 쉽게 출입할 수 없는 곳에 3궤조 방식에 의해 시설한다.

④ 전기를 공급하는 전로에 전용개폐기를 시설한다.

(2) 전기울타리 시설

① 목장 등에서 짐승의 침입이나 가축의 탈출을 방지하기 위하여 나전선으로 시설한 울타리를 말한다.

② 사용전압은 400[V] 미만이고, 사림이 보기 쉬운 곳에 위험표시를 한다.

③ 사용전선 : 2.0[mm] 이상의 경동선을 사용하고, 전선과 기둥과 이격거리는 2.5[cm] 이상, 전선과 수목과 이격거리는 30[cm] 이상이어야 한다.

④ 전기울타리에 전기를 공급하는 전로에 전용개폐기를 시설해야 한다.

(3) 전격살충기

노출된 도체에 높은 전압을 가하여 전격으로 해충을 살충하는 기기이다.

① 전격살충기는 지표상 3.5[m] 이상의 높이에 시설해야 한다.
(단, 자동차단치 시설시 1.8[m] 이상)

② 다른 시설물과의 이격거리는 30[cm] 이상이어야 한다.

③ 전격살충기를 시설하는 곳은 위험표시를 해야 한다.

④ 전용개폐기를 설치한다.

(4) 교통신호등

① 교통신호등 사용전압은 300[V] 이하이고, 사용전선은 1.6[mm] 이상의 연동선이나 케이블을 사용한다. 단, IV선이나 RB선 사용시 4[mm] 철선 2가닥 이상 꼰 선에 매달 것)

② 교통신호등 인하선(제어장치함의 높이)은 지표상 2.5[m]이상이어야 한다.
③ 교통신호등 회로의 도로상 높이는 6[m]이상이어야 한다.
④ 횡단보도교, 안테나, 가공전선 등 다른 시설물과의 이격거리는 60[cm]이상이어야 한다.

(5) 전기집진장치

사용전압이 특별고압인 전기집진, 정전도장 장치, 전기탈수 장치 등의 시설을 말한다.

① 변압기 1차측에 전로에는 전용 개폐기를 시설해야 한다.(2차측 전압은 DC6000[V], 13000[V] 사용)
② 전선은 케이블을 사용하고, 제1종 접지공사를 해야 한다. 단, 사람이 접촉할 우려가 없는 경우는 제3종 접지공사도 무방하다.

(6) 소세력회로

① 전자개폐기 조작 회로, 초인벨, 경보벨 등의 회로를 말한다.
② 사용전압 : 1차 30[V] 이하, 2차 60[V] 이하인 절연변압기를 사용한다.
③ 전선은 코드, 캡타이어 케이블, 케이블을 사용한다.
④ 조영재에 직접 취부하는 경우에는 상용 전선은 케이블 이외에는 1.8[mm]이상의 연동선 이상의 세기나 굵기를 사용한다.
⑤ 가공으로 시설하는 경우는 1.2[mm]이상의 경동선 이상을 사용한다. 단, 케이블인 경우에는 3.2[mm]의 아연도금 철선 이상의 굵기와 세기를 가진 금속선으로 매달아야 한다.

(7) 출퇴 표시등 회로

소세력 회로와 달리 장시간에 걸쳐 전기가 사용되고 표시등수가 많아서 사용 전류가 커지는 회로로서, 출퇴표시등 기타 이와 유사한 장치에 접속하는 전로로 사용전압이 60[V] 이하이고, 정격전류 5[A]이하 인과전류 차단기로 보호되는 경우를 말한다.

① 사용전압은 1차 300[V]이하, 2차 60[V]이하인 절연변압기를 사용한다.
② 전선은 0.8[mm]이상의 연동선이나 동등 이상의 세기 및 굵기의 코드, 캡타이어 케이블, 케이블을 사용한다.

연습문제

01 전기 배선도의 그림중 ……의 배선은 무슨 배선인가?

㉮ 천정 은폐선 ㉯ 노출 배선 ㉰ 지중 매설선 ㉱ 벽면 은폐선

◆ 풀이 ㉮ ———————— ㉯ ……………… ㉰ —— · —— · —— **답** ㉯

02 폭연성 분진이 존재하는 곳의 금속관 공사에 있어서 관 상호 및 관과 박스의 접속은 몇 턱 이상의 죔 나사로 시공하여야 하는가?

㉮ 3턱 ㉯ 5턱 ㉰ 7턱 ㉱ 9턱

◆ 풀이 5턱 이상의 죔나사 이용 **답** ㉯

03 폭연성 분진 또는 화약류의 분말이 존재하는 곳의 저압 옥내 배선 공사시 할 수 없는 것은?

㉮ 금속관 공사 ㉯ 캡타이어 케이블 공사
㉰ MI 케이블 공사 ㉱ 개장된 케이블 공사

◆ 풀이 폭연성 분진이 존재하는 곳의 배선공사 ㉯
→금속관 공사, 케이블 공사(단, 캡타이어 케이블 제외)

04 고장 표시 심벌 중 단선도용으로 그린 것이다. 가장 적합하게 설명한 것은?

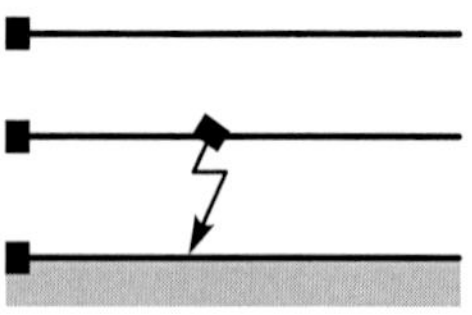

㉮ 1선 단선
㉯ 1선 지락
㉰ 1선 단락
㉱ 1선 단선 지락

답 ㉯

05 다음 그림은 변압기의 어떤 결선 방식인가?

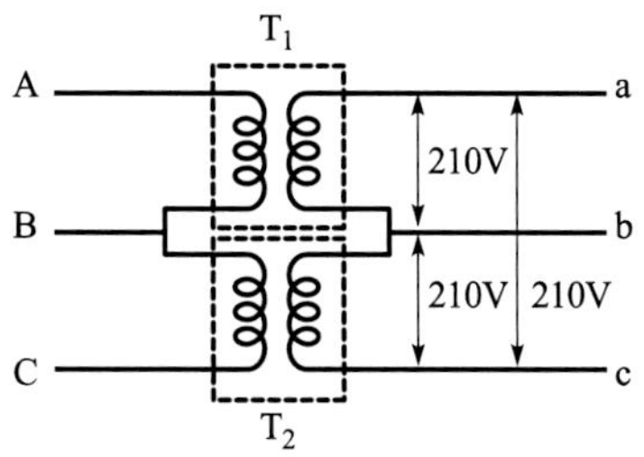

㉮ 단상 3선식 결선
㉯ 3상 3선식 △-△결선
㉰ 3상 3선식 V-V결선
㉱ 3상 3선식 Y-Y결선

답 ㉰

06 다음 장소에서 나전선을 사용할 수 있는 장소는?

㉮ 산류, 알칼리류를 제조하는 공장
㉯ 화약류 저장 장소
㉰ 셀룰로이드, 성냥 등을 제조하는 공장
㉱ 소맥분, 전등 등을 제조하는 공장

답 ㉮

07 먼지가 많은 장소에 사용되는 소켓은?

㉮ 키 소켓　㉯ 분기 소켓　㉰ 키리스 소켓　㉱ 풀 소켓

답 ㉰

08 전기 배선의 그림 중 — — — — 의 배선은 무슨 배선인가?

㉮ 천정 은폐선　㉯ 노출 배선　㉰ 지중 매설선　㉱ 바닥 은폐선

◆ 풀이 ㉮ ————————
㉯ ················
㉰ ——·——·——
㉱ — — — —

답 ㉱

09 특별고압 또는 고압 회로 및 기기의 단락보호 능력을 갖는 것은 무엇인가?

㉮ 차단기　　㉯ 전력퓨즈　　㉰ 계기용 변성기　　㉱ 단로기

◆ 풀이　나—PF, 다—PT, 라—DS　　답 ㉮

10 발전기, 변압기, 조상기, 모선 또는 이를 지지하는 애자는 어느 전류에 의하여 생기는 기계적 충격에 견디어야 하는가?

㉮ 정격 전류　　㉯ 과부하 전류　　㉰ 최대 사용 전류　　㉱ 단락 전류

답 ㉱

11 주택, 기숙사, 여관 호텔, 병원, 창고의 수용률 [%]은 얼마인가?

㉮ 30　　㉯ 50　　㉰ 70　　㉱ 100

답 ㉯

12 교통 신호등의 시설을 다음과 같이 하였다. 이 공사 중 바르지 못한 것은?

㉮ 전선은 600 [V] 비닐 전선을 사용하였다.
㉯ 신호등의 인하선은 지표상 2.5 [m]로 하였다.
㉰ 도로를 횡단할 때에도 지표상 6 [m]로 하였다.
㉱ 제어 장치의 금속제 외함은 1종 접지를 하였다.

◆ 풀이　교통신호등의 제어장치 금속제 외항은 제 3 종접지공사로 한다.　　답 ㉱

13 RC 로 표시된 심벌 명칭은?

㉮ 룸 에어 컨디셔너　　㉯ 콘센트　　㉰ 스위치　　㉱ 발전기

◆ 풀이　㉯ 　㉰ ●　㉱ Ⓖ　　답 ㉮

14 무대, 오케스트라 박스, 영사실 등의 전로의 사용 전압 [V]은 얼마 이하인가?

㉮ 150 [V]　　㉯ 300 [V]　　㉰ 400 [V]　　㉱ 600 [V]

답 ㉰

15 셀룰로이드, 성냥, 석유 등 위험한 물질을 제조하거나 저장하는 곳의 전기 배선 방법이 옳지 못한 것은?

㉮ 후강 전선관 공사　　㉯ MI 케이블 공사
㉰ 박강 전선관 공사　　㉱ 제 1 종 캡타이어 케이블 공사

◆ 풀이 제 1 종 캡타이어 케이블공사는 전기공사에서 시설하지 않는다. 답 ㉱

CHAPTER

08 수변전 설비

CHAPTER

08 수변전 설비

8.1 전기설비의 개념

(1) 전기설비의 정의

전기설비라 함은 발전, 송전, 변전, 배전 또는 전기 사용을 위하여 설치하는 기계기구, 댐, 수로, 저수지, 전선로, 보안통신선로 등의 설비이다.

단, 특정 다목적댐법에 의하여 건설되는 댐 및 저수지와 선박차량 또는 항공기에 설치되는 것, 기타 대통령령이 정하는 것은 제외한다.

(2) 전기설비의 구분 (근거 : 전기사업법 제2조)

1) 전기사업용 전기설비

전기 설비 중 전기사업자가 전기사업에 사용하는 전기설비를 말한다. 즉, 전기를 생산하여 판매하는 목적으로 설치하는 발전소, 변전소, 송전설비, 배전설비 등을 말하는 것으로 주로 한전 설비가 해당된다.

2) 일반용 전기설비

한정된 구역에서 전기를 사용하기 위하여 설치하는 소규모의 전기설비로서 다음의 설비가 해당된다.

① 저압으로 수전하고 수전용량이 75kW 미만(제조업 및 심야전력은 100kW 미만)인 사용설비

② 저압의 10kW 미만인 비상용 예비발전기 설비

3) 자가용 전기설비

전기사업용 전기설비 및 일반용 전기설비 외의 전기설비로서 다음의 설비가 해당된다.

① 고압 이상으로 수전하여 사용하는 전기설비

② 저압으로 수전하나 수전용량이 75kW 이상(제조업 및 심야전력은 100kW 이상)인 사용설비

③ 10kW 이상인 비상용 예비발전기 설비

④ 저압으로 수전하나 다음의 전기설비는 자가용 전기설비로 본다.

㉠ 총포, 화약류 등 단속법에서 규정하는 화약류를 제조하는 사업장

㉡ 광산보안법에 의한 갑종탄광

㉢ 도시가스사업법에 의한 도시가스사업장, 액화석유가스의 안전 및 사업관리법에 의한 액화석유 가스의 저장충전 및 판매사업장, 고압가스안전관리법에 의한 위험물의 제조저장 장소

㉣ 소방법에 의한 위험물의 제조소

㉤ 수전용량이 20kW 이상인 다음의 장소

- 극장, 영화관, 관람장 및 연예장 등 공연장, 집회장 또는 공공 회의장
- 대규모 점포, 상점가, 예식장, 병원 또는 호텔

• 일반적으로 전기설비는 그 기능 및 부하 전류에 의해 다음 표와 같이 분류할 수 있다.

기능에 의한 분류	전원설비	전기에너지 공급원 설비(발·변전소)
	전력 공급 설비	전력을 부하에 공급하는 설비(수변전설비)
	전력 부하 설비	전기 에너지를 소비하는 설비(배전설비)
	감시 제어 설비	전력기기의 가동상태 등을 감시, 제어하는 설비
전류에 의한 분류	반송 설비	사람이나 물품을 운반하는 설비
	정보 설비	정보 전달 설비
	방재 설비	재해 예방, 통보 역할을 담당하는 설비
	강전류	수변전 설비, 배전설비, 동력설비, 조명설비, 축전지 설비
	약전류	전기시계설비, 방송설비, 자동화재탐지설비

(3) 전기설비의 설계

1) 기본 설계

건축물의 기본 계획에서 정해진 건축물의 용도, 구조, 규모, 형상 등을 설비의 기능적인 측면에서 재검토한 후 개략적인 공사비를 산출하는 단계의 설계이다. 전기 설비의 기본 설계는 다음과 같은 순서에 따라 진행된다.

① 기본 계획을 확정한다.
② 건축 계획 설계도 작성 전에 전기설비에 필요한 면적을 건축 설계자에게 제시한다.
③ 주요 기기의 개략적인 용량을 산출한다.
④ 설비실의 위치, 넓이, 높이, 바닥하중, 기기 반입 경로 등 설비 면적을 재검토하여 건축 설계자와 협의한다.
⑤ 개략적인 공사비 산출에 필요한 개략도(계통도, 단선 접속도)를 작성한다.
⑥ 개략적인 공사비를 산출한다.
⑦ 주요 기기의 개략적 용량, 설비면적, 설비종목, 설비방식, 건축주의 요망사항 등 전반에 걸쳐 안정성, 신뢰성, 기능성, 유지보수, 향후 증설 문제, 경제성 등을 검토한다.
⑧ 검토 사항을 의뢰인(건축주)과 협의한 후 승인을 받는다.

2) 실시 설계

기본 설계를 근거로 도면, 시방서 및 공사비 명세서 등을 작성하는 설계

8.2 수변전 설비

(1) 수변전 설비의 개요

계약전력 100[kW]이상, 고압 이상의 전력을 구내에 수전받는 수용가는 부하 기기의 사용전압에 적합하도록 전압을 변환시킬 수 있는 설비를 시설하여 구내에만 공급해 주어야 하는데 이러한 설비를 갖춘 장소를 전기실 또는 변전실 이라고 한다.

수변전 설비는 전력회사의 배전선로에서 분기하여 끌어들인 특별고압을 전기 실에 있는 변압기에 의해 110[V], 220[V], 380[V] 등의 전압으로 낮추어 전등, 전열, 동력설비의 전원으로 사용하는 설비이다.

(2) 전기 공급 방식 및 공급 전압

1) 전기 공급 규정 제2장 (전기의 공급 및 사용) 제23조

【전기 공급 방식, 공급전압 및 주파수】

계약전력	공급방식 및 공급전압
100kW미만	교류 단상 220V 또는 교류 삼상 380V중 한전이 적당하다고 결정한 한가지 공급방식 및 공급전압
100kW 이상 10,000kW 이하	교류 삼상 22,900V
10,000kW 이상 300,000kW 이하	교류 삼상 154,000V
300,000kW 초과	교류 삼상 345,000V 이상

① 전기 공급 방식 및 공급 전압

② 한전이 고객에게 전기를 공급하는 경우의 표준 전압별 전압 유지 범위

표준전압	유지 범위
110V	110V ± 6V 이내
220V	220V ± 13V 이내
380V	380V ± 38V 이내

○ 주파수는 60Hz를 표준 주파수로 하며, 유지 범위는 ±0.2[Hz]로 한다.

2) 전기 공급 규정 제3장(계약종별)

- 제56조(주택용 전력), 제57조(주택용 전력)
- 제58조(교육용 전력), 제56조(주택용 전력)

① 제56조(주택용 전력)

주택용 전력은 다음 중 하나에 해당하는 고객에게 적용한다.

㉠ 주거용 고객(아파트 고객 포함)

다만, 아파트 고객의 공동설비는 일반용 전력(갑)을 적용할 수 있다.

㉡ 계약전력 3kW 이하의 고객

다만, 농사용 전력, 농사용 전등, 가로등, 임시 전력은 해당 계약종별을 적용한다.

㉢ 독신자합숙소(기숙사 포함)나 집단주거용사회복지시설로서 고객이 주택용 전력의 적용을 희망할 경우

② 제57조(일반용 전력)

- 일반용 전력은 주택용 전력, 교육용 전력, 산업용 전력, 농사용 전력, 농사용 전등, 가로등, 예비 전력, 임시 전력 이외의 고객에게 적용한다.
- 일반용 전력은 공급전압에 따라 일반용 전력(갑)과일반용 전력(을)로 구분된다.

③ 제58조(교육용 전력)

- 교육용 전력은 계약전력 4kW 이상으로 다음 중 하나에 해당하는 고객에게 적용한다.
  ㉠ 초 중등교육법, 고등교육법에 따른 학교(부속병원 제외), 평생교육법에 따른 학력인정 평생교육시설
  ㉡ 도서관 및 독서진흥법에 따른 도서관
  ㉢ 박물관 및 미술관진흥법에 따른 박물관 및 미술관
- 교육용 전력은 공급전압에 따라 다음과 같이 구분한다.
  ㉠ 저압 전력 : 표준전압 110V, 220V, 380V 고객
  ㉡ 고압전력(A) : 표준전압 3,300V 이상 66,000V 이하 고객
  ㉢ 고압전력(B) : 표준전압 154,000V 이상 고객
- 교육용 전력은 동일 전기사용계약단위 내의 부대시설을 포함하여 적용한다. 다만, 사택은 부대시설로 보지 않는다.

(3) 수전설비 용량

일반적으로 수전설비 용량은 설치하는 고압 또는 특별고압 변압기 용량[kVA] 의 합으로 결정하며, 다음과 같이 산정한다.

1) 전등, 전열, 동력 등 부하설비가 결정되었으면 각 부하를 용도별로 전체 설비 용량을 산정한다.
2) 부하설비 용량으로부터 수용률을 계산하여 최대 수요전력을 산출하고 역률을 고려하여 각 부하에 필요한 변압기 용량[kVA]을 결정한다.
3) 각 변압기 용량을 합하면 수전설비 용량이 된다.

(4) 특고압 수용가의 수전설비 구성 형태

수전설비의 구성 형태에는 간이 수전설비와 정식 수전설비가 있다.

1) 간이 수전 설비

수전설비용량이 1000[kVA]이하인 경우 간이 수전설비로 할 수 있다.

① 22.9kVY – 300kVA 이하인 경우 (PF·S형)

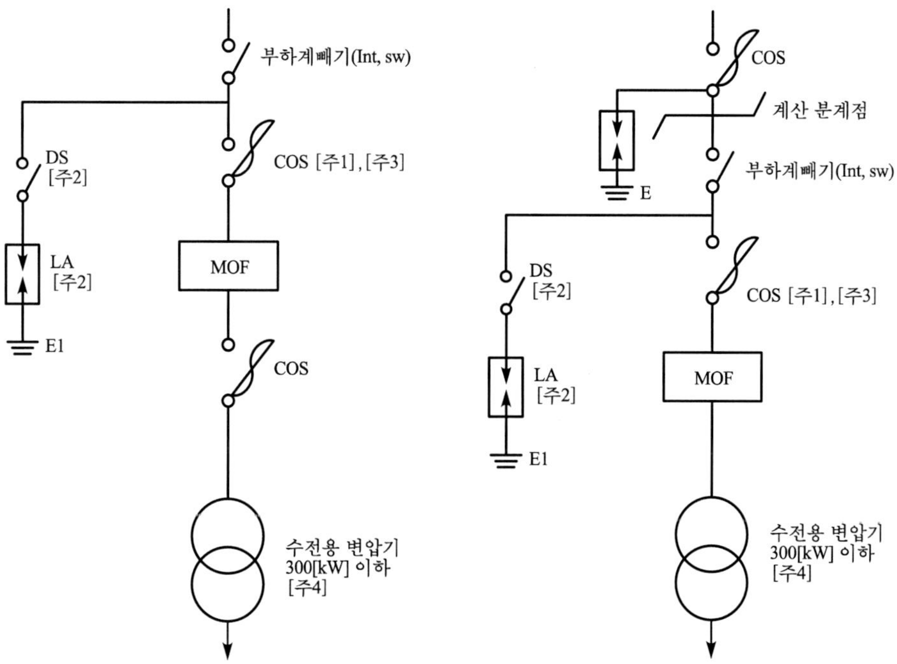

[주1] COS의 정격 비대칭 차단전류는 10kA 이상이어야 한다. 정격 비대칭 차단전류란 정격차단전류를 말한다. COS는 정격차단 전류용량이 크지 않으므로 이를 쓸 때에는 신중을 기해야 한다는 것을 의미한다.

[주2] LA용 DS는 생략할 수 있으며 22.9kV−Y용의 LA는 Disconnector (또는Isolator) 붙임형을 사용하여야 한다.

[주3] COS대신 PF를 사용할 수 있다.

[주4] 수전용 변압기의 뱅크수가 2개 이상인 경우(총합계 용량이 300kVA이하인경우)에는 각 뱅크 전단에 COS(또는PF)를 설치하여 각 개별 뱅크를 보호해야 한다.

- 재산분계점에 설치하는 COS는 한전에서 설치한다.
- COS에는 휴즈를 끼우지 않고 2.6mm 동선을 직결하여 설치하기 때문에 기능 은 DS와 같다.
- COS를 설치하는 이유는 다른 개폐기에 비해 주상설치가 쉽고 조작이 쉬우며, 극단적인 단락사고 시 용단이 가능하다. 또한, 용단 확인이 용이하고, 휴즈가 아니기 때문에 용단이 잘 되지 않아 결상 사고에 대한 책임이 덜하기 때문에 COS를 사용한다.
- 지중화 지역의 경우에는 재산 분계점 개폐기 직후와 지중 케이블 종단 직선사이에 그림과 같이 LA를 설치한다.

② 22.9kVY-1000kVA 이하인 경우

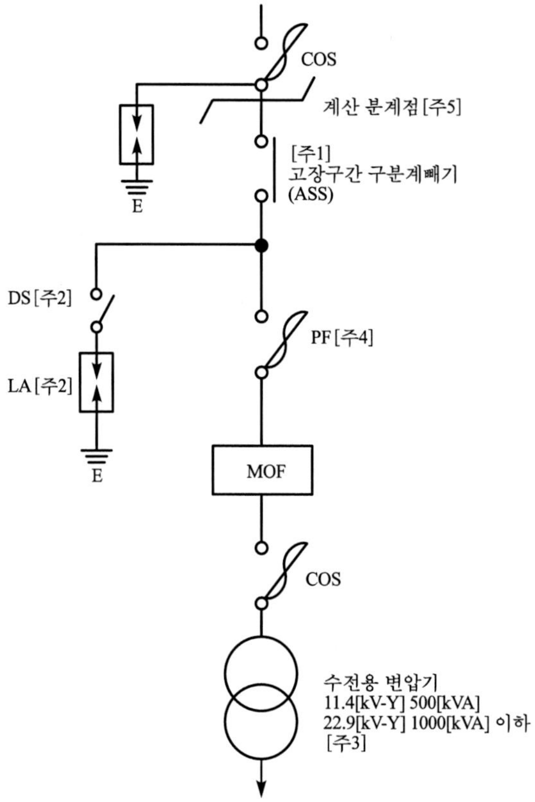

[주1] 300kVA를 초과하는 간이수전설비의 인입개폐기는 반드시 ASS(automaticsection s/w)를 설치해야 한다.

[주2] LA용 DS는 생략할 수 있으며 22.9kVY용의 LA는 Disconnector (또는Isolator)붙임형을 사용하여야 한다.

[주3] 고압 및 특별고압에서 컷아웃스위치(COS)는 변압기 1차측의 각 상마다 취 부하여 과전류로부터 변압기를 보호해야 한다.

[주4] PF를 설치하는 이유는 PF의 후단에 설치되는 기기(MOF, COS 따위)가 이 상이 생겼을 때 보호장치가 전혀 없기 때문에 사고시 한전의 개폐기가 개방 되어 사고 파급 범위가 넓어지기 때문에 이를 예방하고, 수용가의 설비도 보호하고자 PF를 설치한다. 300kVA를 초과하면 반드시 MOF전단에 PF를 설치해야 한다.

[주5] 한국전력공사의 가공배전선로에 연결되는 지중인입선은 재산분계점 개폐기 (책임분계점 개폐기, DS, COS 등을 설치한다.) 직후와 지중 케이블 종단직선사이에 LA을 설치한다.

[주6] 우리나라의 배전방식은 3상 4선식 다중접지방식의 22.9kV-Y 이므로 지락사 고시 중선선에 흐르는 지락전류가 단락전류보다 클 수 있는 문제가 생긴다. 따라서 CV 케이블을 사용하면 차폐층에 많은 지락전류가 흘러 케이블을 손상시킬 수 있다. 그러므로 CN-CV를 사용해야 한다. 그러나 비접지 방식인 22kV-△ 계통은 이러한 문제가 없으므로 CV 케이블을 사용한다.

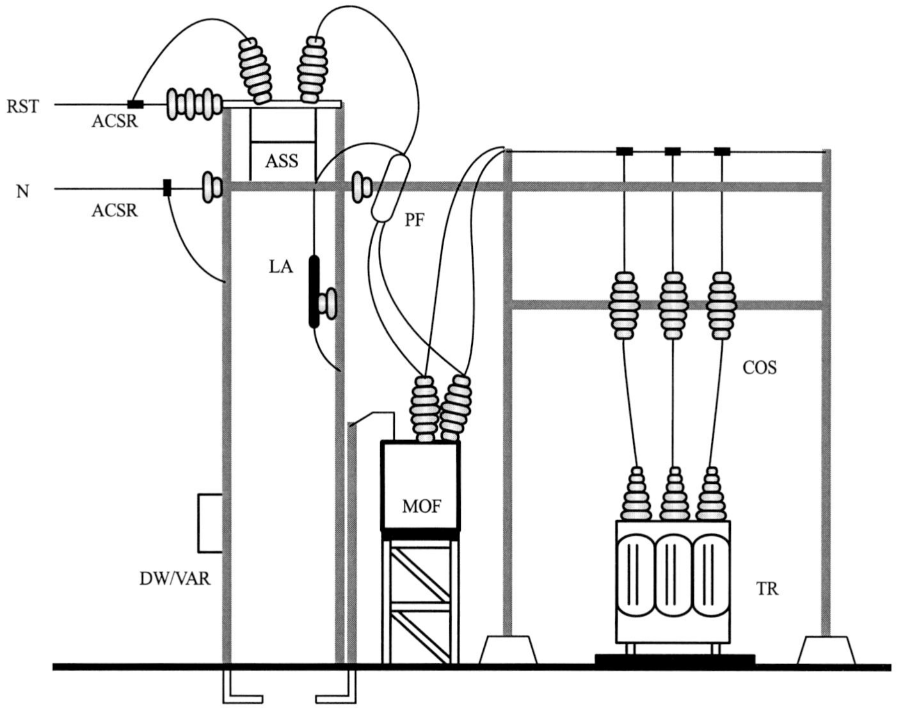

단선 결선도 설치도

2) 정식 수전 설비

- 수전 설비 용량이 1000[kVA]를 초과하면 정식 수전설비를 하여야 한다.
  정식수전설비는 차단기(CB)를 사용한 것으로 여기에 OCR, GR 등의 보호계 전기와 차단기를 조합하여 과부하, 단락 및 기타의 고장으로부터 기기를 보호 하는 형태이다.
- 특별고압 수전설비의 표준수전설비는 다음과 같이 3가지 형태로 구성된다.
  ① 차단기를 MOF 1차측에 설치하는 형태(type)
  ② 차단기를 MOF 2차측에 설치하는 형태(type)
  ③ 차단기 2차측에 CT를 설치하는 형태(type)

㉠ 차단기를 MOF 1차측에 설치하는 형태 (CB형)

• 주 차단 장치를 CB로 사용한 것이다.

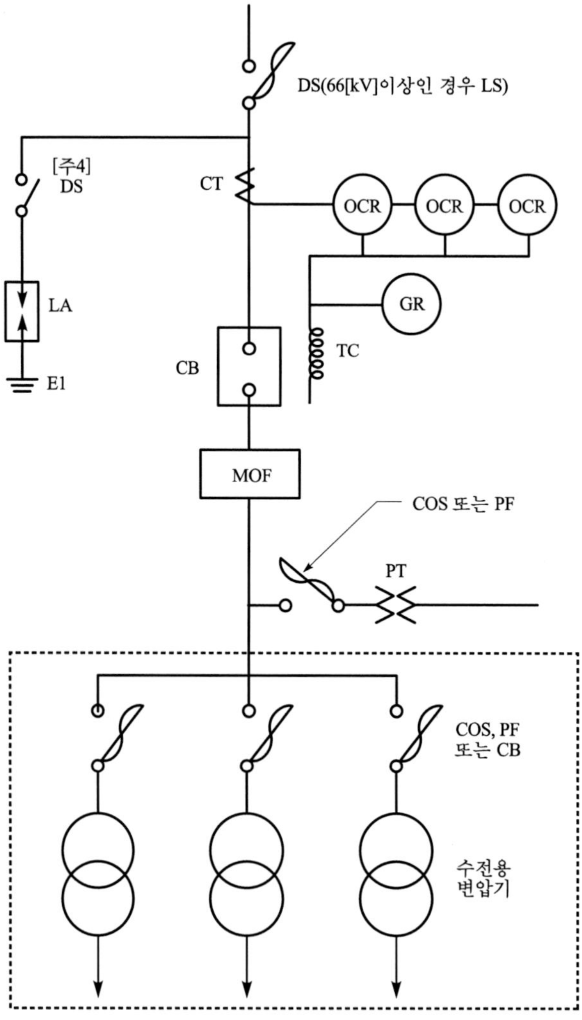

[주1] 22.9kV-Y 1000kVA 이하인 경우에는 간이 수전결선도에 의할 수 있다.

[주2] 결선도에서 점선 내의 부분은 참고용 예시이다.

[주3] 차단기의 트립전원은 직류(DC) 또는 콘덴서 방식(CTD)이 바람직하며 66kV 이상의 수전설비에는 직류(DC)이어야 한다.

[주4] LA용 DS는 생략할 수 있으며 22.9kVY용의 LA는 Disconnector (또는Isolator) 붙임형을 사용하여야 한다.

[주5] 인입선을 지중선으로 시설하는 경우로서 공동주택 등 사고 시 정전피해가큰 수전설비의 인입선은 예비선을 포함하여 2회선으로 시설하는 것이 바람직하며, 22.9kV-Y 계통에서는 CN-CV 케이블, 22kV-△계통에서는 CV 케이블을 사용해야 한다.

㉡ 차단기를 MOF 2차측에 설치하는 형태(type)

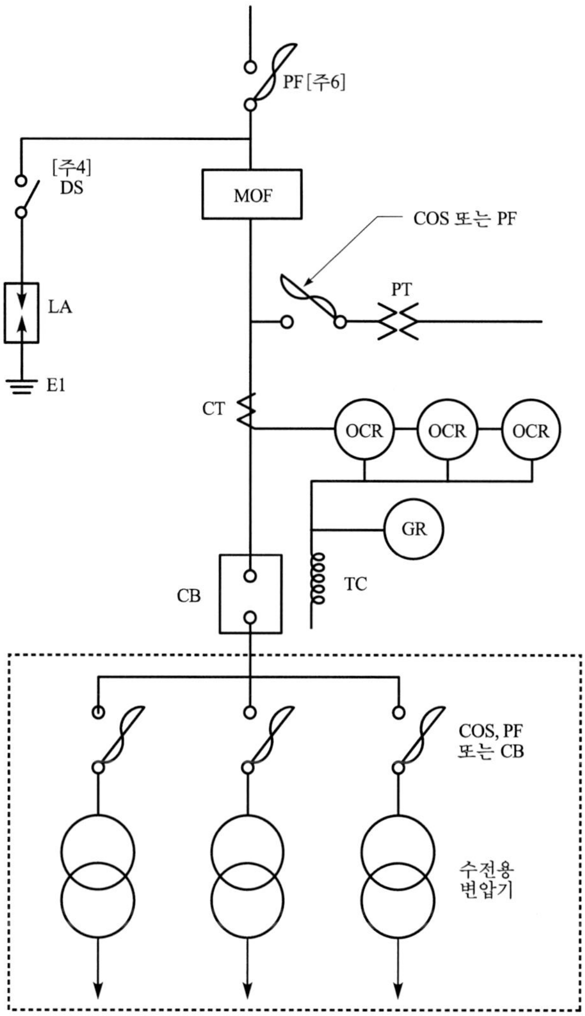

[주1] 22.9kV-Y 1000kVA 이하인 경우에는 간이 수전결선도에 의할 수 있다.

[주2] 결선도에서 점선 내의 부분은 참고용 예시이다.

[주3] 차단기의 트립전원은 직류(DC) 또는 콘덴서 방식(CTD)이 바람직하며 66kV 이상의 수전설비에서는 직류(DC)이어야 한다.

[주4] LA용 DS는 생략할 수 있으며 22.9kVY용의 LA는 Disconnector (또는Isolator) 붙임형을 사용하여야 한다.

[주5] 인입선을 지중선으로 시설하는 경우로서 공동주택 등 사고시 정전 피해가큰 수전설비의 인입선은 예비선을 포함하여 2회선으로 시설하는 것이 바람 직하며, 22.9kV-Y 계통에서는 CN-CV 케이블, 22kV-△계통에서는 CV 케이 블을 사용해야 한다.

[주6] PF 대신 자동고장구분개폐기(7000kVA 초과시에는 sectionalizer)를 사용할수 있으며 66kV 이상의 경우에는 LS를 사용하여야 한다.

㉢ 차단기 2차측에 CT를 설치하는 형태(PF·CB형)

- 주 차단 장치를 PF와 CB를 사용한 것이다. 주 차단 장치는 단락용량 이상의 차단용량을 갖는 한류형 PF와 그보다 차단용량이 작은 CB를 조합하여 고압측의 단락사고 시 PF가 먼저 전로를 차단하는 방식으로 차단용량이 부족한 CB의 단점을 보완하여 경제성을 도모한 방식이다.

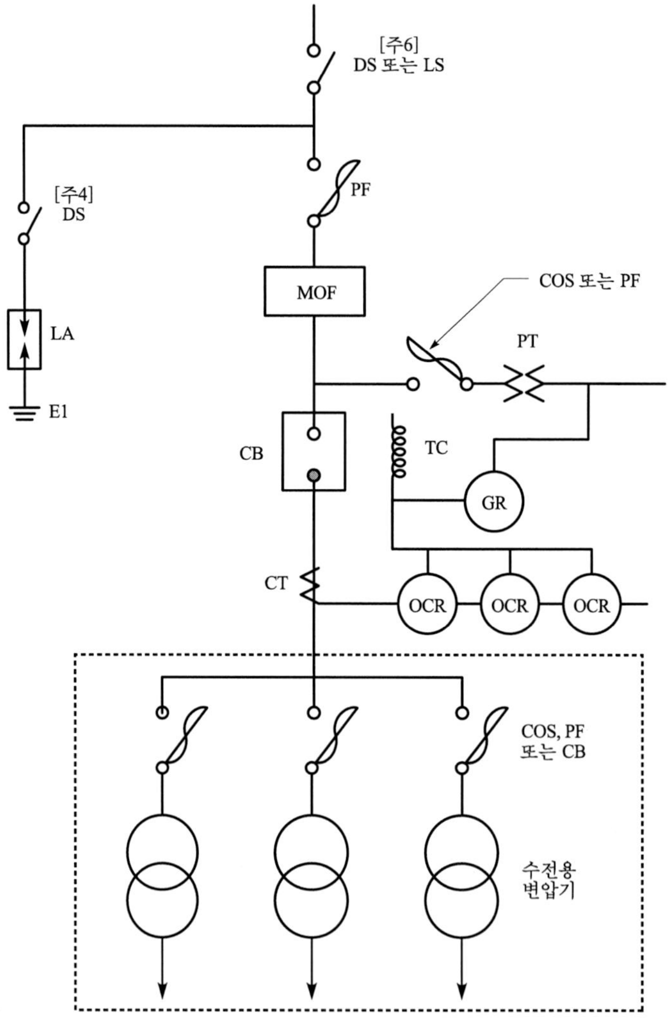

[주1] 22.9kV-Y 1000kVA 이하인 경우에는 간이 수전결선도에 의할 수 있다.
[주2] 결선도 중 점선내의 부분은 참고용 예시이다.

[주3] 차단기의 트립전원은 직류(DC) 또는 콘덴서 방식(CTD)이 바람직하며 66kV 이상의 수전설비에는 직류(DC)이어야 한다.

[주4] LA용 DS는 생략할 수 있으며 22.9kVY용의 LA는 Disconnector (또는Isolator) 붙임형을 사용하여야 한다.

[주5] 인입선을 지중선으로 시설하는 경우로서 공동주택 등 사고시 정전피해가 큰 수전설비의 인입선은 예비선을 포함하여 2회선으로 시설하는 것이 바람직하 며, 22.9kV-Y 계통에서는 CN-CV 케이블, 22kV-△계통에서는 CV 케이블을 사용해야 한다.

[주6] DS 대신 자동고장구분개폐기(7000kVA 초과시에는 sectionalizer)를 사용할 수 있으며 66kV 이상의 경우에는 LS를 사용하여야 한다.

(5) 수변전 설비 구성기기

1) 변압기(TR : transformer)

변압기는 특고압 또는 고압을 저압으로 변환하는 강압 또는 저압을 고압으로 변환하는 목적으로 사용된다.

변압기는 수변전 설비 중에서 가장 중요한 기기이며, 변압기의 신뢰성이 수전설비 전체의 신뢰도를 좌우한다.

	단선도	복선도
단상 변압기	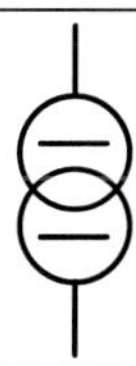	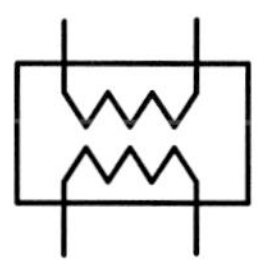
3상 변압기	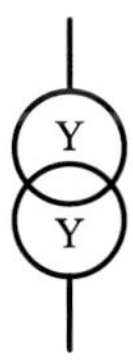 	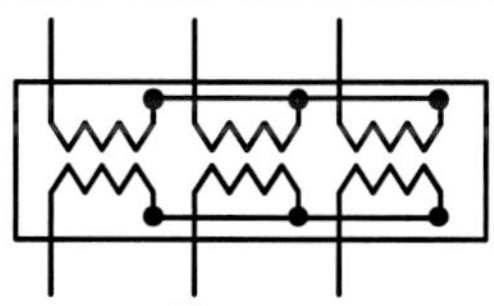 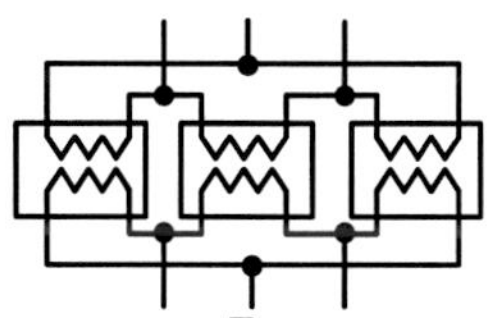

변압기 심벌

① 변압기의 종류

㉠ 유입 변압기

철심에 감은 코일을 절연유로 절연한 것으로 , A종 절연(허용 최고온도 105℃) 변압기이다. 이 변압기는 가장 많이 사용되는 변압기로 값이 가장 싸다.

㉡ 몰드 변압기

코일 주위에 전기적 특성이 큰 에폭시 수지를 고 진공으로 침투 시키고, 다시 그 주위를 기계적 강도가 큰 에폭시 수지로 몰딩한 변압기 이다. 몰드 변압기는 건식 변압기에 비하여 소음이 적고, 유입 변압기에 비해서도 작고 가벼우므로 최근 많이 보급 되고 있다. 그러나 유입 변압기에 비하여 값이 비싸다.

㉢ 아몰퍼스 변압기

아몰퍼스 메탈은 철, 붕소, 및 규소 등의 혼합물을 이용하여 용융,금속 냉각 등으로 만들어진 비정질 자성 재료로서, 원가가 규칙적으로 배열되기 전에 고체화 되어 불규칙한 배열 상태를 가진 0.025[mm] 의 합금 박판이다. 이와 같은 비정질 자성 재료를 사용한 아몰퍼스 변압기는 75[%] 이상의 무부하 손실절감으로 기존의 규소강판 변압기를 사용하는 것보다 효율성을 증대 시킬 수 있고 전력 소비를 현저하게 줄일수 있는 에너지 절약형 신기술 변압기이다.

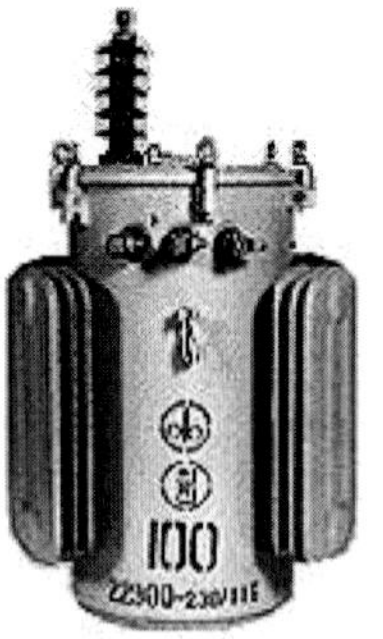

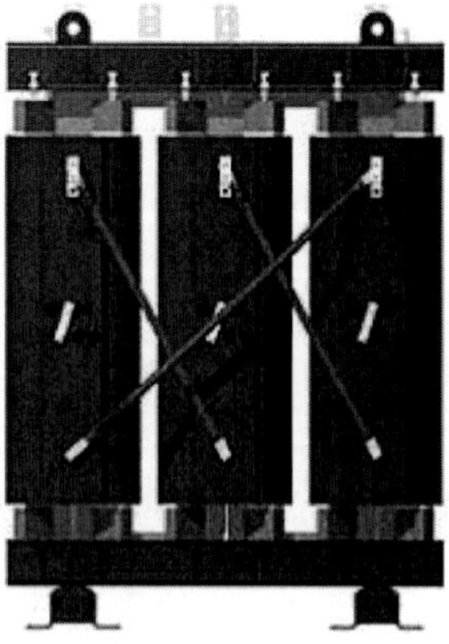

유입 변압기 아몰퍼스 변압기

② 변압기의 극성

㉠ 1차, 2차 단자 간에 나타나는 유기기전력의 상대적 방향을 나타내는 것으로, 극성과 감극성이 있다. 우리 나라는 감극성이 표준이다.

㉡ 단자 표기는 고압측은 U, V로 저압측은 u, v로 나타내며, 일반적으로 U와u가 같은 쪽에 있는 변압기가 감극성이고, 대각선으로 위치한 변압기가 가극성이다.

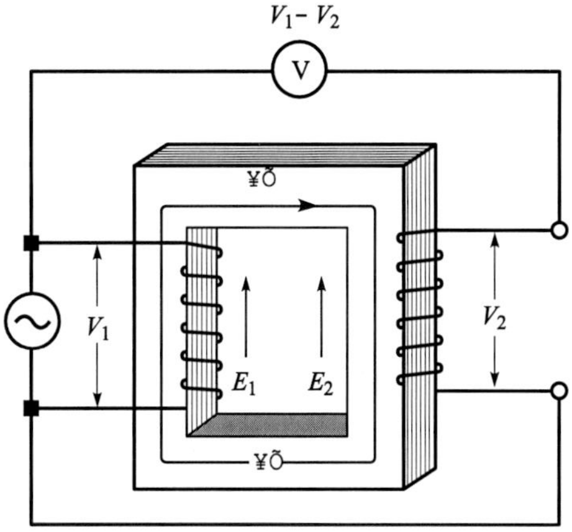

③ 변압기의 결선

• 단상 변압기 3대로 3상 전압으로 변환시키는 방법은 Δ-Δ결선, Y-Y 결선, Δ-Y 결선, Y-Δ 결선이 있다. 그리고 단상 변압기 2대로 3상 전압으로 변 환시키는 방법은 V-V결선이 있다.

㉠ 상전압비, 상전류비

$$\frac{V_{p1}}{V_{p2}} = \frac{E_1}{E_2} = a \quad (\text{여기서, } a \text{ : 권수비}) \quad \frac{I_{p1}}{I_{p2}} = \frac{1}{a}$$

㉡ 선간전압비, 선전류비

• △결선 : $V_l = V_p$, $I_l = \sqrt{3}\, I_p \angle -30^\circ$

• Y결선 : $V_l = \sqrt{3}\, V_p \angle 30^\circ$, $I_l = I_p$

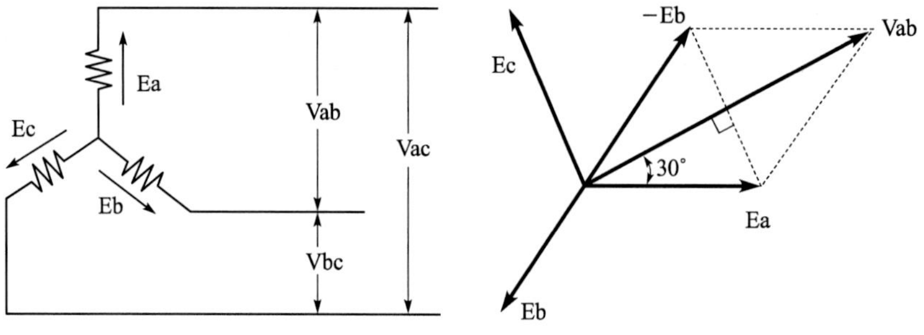

Y결선

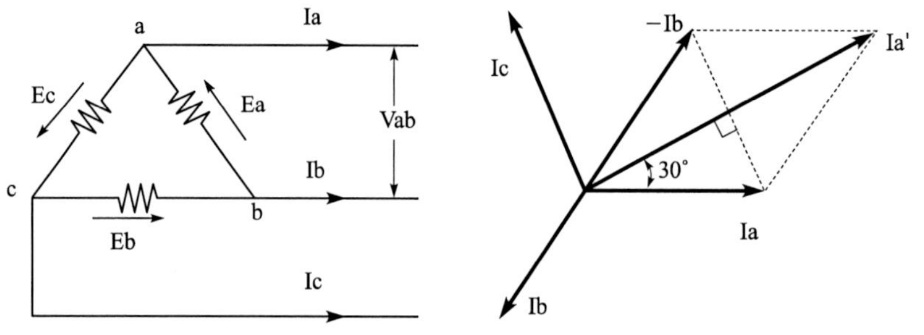

△결선

㉢ 3상 출력

$\sqrt{3}\, V_l I_l = 3\, V_p I_p$ = 단상출력 × 3

단, V_{p1} , V_{p2} : 1차,2차 상전압

I_{p1} , I_{p2} : 1차,2차 상전류

V_l , I_l : 선간전압, 선간전류

V_p , I_p : 상전압, 상전류

㉣ $\Delta-\Delta$ 결선

- 중성점을 접지하지 못하므로 주로 33[Kv] 이하의 배전용에 채용되고, 1대 고장시 2대로 V결선하여 배전 가능
- 제 3 고조파가 권선 내에 순환 전류를 흐르게 하나 외부에 나타나지 않으므로 통신장해는 없다
- 선간전류가 Y결선 선전류의 $\sqrt{3}$ 배가 가해지므로 절연보강이 필요하다

ⓜ Y-Y 결선

통신장해가 있어 일반적으로 채용되고 있지 않음

ⓑ Δ-Y 결선

승압용 2차 선간전압이 30° 앞섬

ⓢ Y-Δ 결선

강압용 2차 선간전압이 30° 뒤짐

④ 변압기의 병렬 운전 조건

㉠ 극성이 같을 것.

㉡ 1차 및 2차 정격전압이 같을 것.

㉢ 권수비가 같을 것.

㉣ 퍼센트 임피던스가 같을 것.

⑤ 변압기의 용량 산정

일반적으로 변압기의 용량을 결정할 때는 다음과 같은 검토가 필요하다.

㉠ 부하조사

㉡ 배전방식과 전압강하

㉢ 전압변동과 순시 정전시의 대책

㉣ 주위온도와 발열량의 파악

㉤ 단락 보호방식

㉥ 단락전류의 추정과 차단기의 선정

㉦ 부하의 밸런스, 시간 정격

㉧ 기타사항

- 접지보호
- 전기설비기술 기준과 공급규정, 내선규정과의 관계
- 여자 돌입전류
- 플리커에 대한 대책
  - 위의 사항은 서로 깊은 관련을 가지고 있으므로, 그 계통에서 가장 필요한 항목부터 검토하여 결정하는 것이 바람직하다.
  - 부하조사가 완료되면 소요전력을 추정할 수 있게 되며, 보통 수용가의 조

명설비, 동력설비의 용량과 실제로 보이는 각각의 최대수요전력과는 일치하지 않는다. 그래서 이들 사이에 수용률을 정의하여 최대수요전력을 산출한다. 일반적으로 변압기의 용량은 최대수요전력보다는 커야 하며 적정한 용량의 설계는 매우 중요하고 다음의 식과 같이 계산된다.

$$\text{변압기용량} \geq \text{최대수요전력} = \frac{\text{총부하설비용량} \times \text{수용률}}{\text{부등률} \times \text{역률}} [KVA]$$

2) 차단기(CB : circuit breaker)

차단기는 회로에 전류가 흐르고 있는 상태에서 그 회로를 개폐한다든지 또는 차단기 부하측에서 단락사고 및 지락사고가 발생했을 때 신속 히 회로를 차단할 수 있는 능력을 가지는 기기이다. 다음 그림은 교류 차단기의 심벌을 나타낸 것이며, 심벌은 차단기 공동 심벌에 문자기호를 기입하고 필요에 따라 정격전압, 정격전류, 차단용량 등을 기입한다.

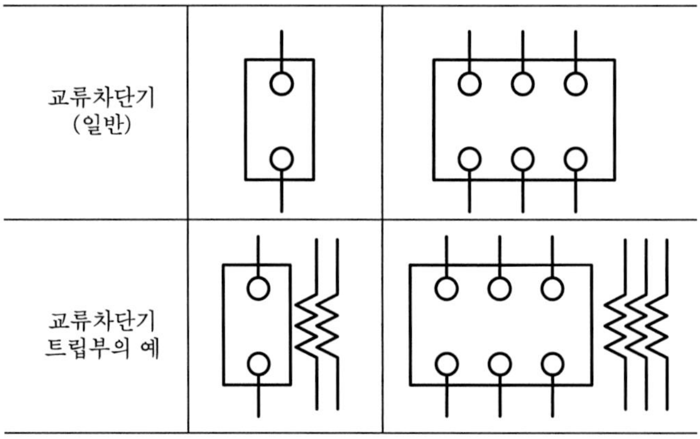

차단기 심벌

① 차단기의 종류와 특성

차단기의 종류에는 유입차단기(OCB), 공기차단기(ABB), 자기차단기(MBB), 진공차단기(VCB), 가스차단기(GCB), 기중차단기(ACB) 등이 있다.

㉠ 진공차단기(VCB : vacuum cc't breaker)

진공 차단기는 진공상태에서의 높은 절연내력과 아크 생성물이 진공 중으로 급속히 확산하는 성질을 이용하여 소호하는 차단기이다. 매우 높은 절연내력을 가지고 있고, 차단기의 형태가 소형이고 가벼우며, 기름을 사용하지 않으므로 화재의 위험이 없이 최근에 많이 채용되고 있다. 그러나 동작시 높은 서지 전압을 발생시키는 단점이 있다.

㉡ 가스차단기(GCB : gas cc't breaker)

가스 차단기는 공기나 절연유 대신에 절연능력과 소호능력이 뛰어난 불활성 가스인 SF6 가스를 이용한 차단기로 개폐시에 발생한 아크를 SF6가스를 분사하여 소호하는 방식이다. SF6 가스는 무취, 무해, 무독, 불연성, 비폭발성의 성질을 가지고 있다.

가스차단기는 차단성이 좋을 뿐만 아니라 소음이 작다. 가격이 고가이고, 설치면적이 커서 대부분 초고압 계통의 차단기로 많이 사용된다.

㉢ 기중차단기(ACB : air cc't breaker)

기중 차단기는 자연 공기 중에서 개방될 때 접촉자가 떨어지면서 발생하는아크를 자연 소호에 의해 소호시키는 방식의 차단기로서 교류 또는 직류 차단기로 많이 사용된다.

진공차단기

가스차단기

기중차단기

② 차단기의 선정

차단기는 정상 상태에서 부하 전류를 개폐함과 동시에 이상 상태 발생시 신 속히 회로를 차단하고, 회로에 접속된 전기기기 및 전선류를 보호하고 안전 하게 유지하는 것이다. 차단기를 선정하는 방법은 다음과 같다.

㉠ 공칭전압 값으로 정격전압을 결정한다.

㉡ 일반 회로에서 연속 사용전류는 차단기의 정격전류의 80[%]이하, 콘덴서 회로에서는 60[%]이하로 선정한다.

㉢ 정격 차단시간은 전력회사의 공급 변전소와 협의하여 결정한다.

㉣ 차단용량 계산값 이상의 정격 차단용량을 가지는 것을 사용한다.

ⓐ 정격전압

차단기의 정격전압은 규정한 조건에 따라 그 차단기에 인가할 수 있는 사용회로 전압의 상한값을 말하며, 다음 식으로 낼 수 있다.

$$\text{차단기 정격전압} = \text{공칭전압} \times \frac{1.2}{1.1}[V]$$

ⓑ 정격전류

차단기의 정격전류는 정격전압 및 정격 주파수에서 규정의 온도상승 한도를 초과하지 않고 차단기에 연속적으로 흘릴 수 있는 전류의 상한값을 말한다. 정격전류의 선정은 부하전류에 의하여 결정되지만, 장래의 증설 계획 을 고려하여 여유있게 선정하여야 한다.

차단기의 정격전류는 보통 600[A], 1200[A], 2000[A], 3000[A], 4000[A]가 있으며, 다음과 같이 계산하여 참고값으로 하고 있다.

$$\text{차단기 정격전류} = \frac{P}{\sqrt{3}\ Vcos\theta}[A]$$

여기서, P:설비용량[kW], V:정격전압[V]

ⓒ 정격차단용량 (정격차단전류)

- 정격전압, 정격주파수 및 규정한 회로 조건 하에서 규정의 표준동작 책무와 동작상태에 따라 차단할 수 있는 늦은 역률의 차단 전류의 한도를 말한다. 차단 전류는 향후 전력계통을 고려하여 선정하며, 다음의 값으로 한다.
- 1[kA], 1.25[kA], 1.6[kA], 2[kA], 3.15[kA], 4[kA], 5[kA], 6.3[kA], 8[kA] 이 이상의 경우에는 ×10배로 정한다. 차단기의 정격차단용량은 다음 식으로 구하여 참고값으로 하고 있다.

$$\text{정격차단용량}[MVA] = \sqrt{3} \times \text{정격전압}[KV] \times \text{정격차단전류}[KA]$$

$$\text{또는 차단용량}[MVA] = \frac{\text{기준용량}[MVA]}{\%Z} \times 100$$

(교류차단기의 정격전압별 정격사항 : 한전 변전설계기준-2511)

정격전압 [kV]	정격전류(실효값) [A]	정격투입전류 (최대값)[kA]	정격차단전류 (실효값)[kA]	정격차단 시간[Hz]
7.2	600 600, 1200, 2000 1200, 2000, 3000 1200, 2000, 3000, 4000	31.5 63 80 100	12.5 25 31.5 40	8
25.8	600, 1200 600, 1200, 2000, 3000 2000, 3000	31.5 63 100	12.5 25 40	8

③ 차단기의 트립 방식

차단기의 트립 방식은 에너지원에 따라 다음과 같이 분류된다.

㉠ 직류전압 트립 방식

별도로 설치된 축전지 등에 제어용 직류 전원의 에너지에 의하여 트립되는방식이다.

㉡ 과전류 트립 방식

차단기의 주 회로에 접속된 변류기의 2차 전류에 의하여 차단기가 트립되는 방식을 말하며, 변류기의 2차 전류로 트립 코일을 상시 여자하여 두는 것을 상시 여자방식이라 하며, 보호 계전기를 통하여 동작시에만 순시 여자되는 것을 순시여자방식이라 한다.

㉢ 콘덴서 트립 방식

충전된 콘덴서의 에너지에 의하여 트립되는 방식인데, 콘덴서 트립 전원장치를 일반적으로 콘덴서 트립 디바이스라고 하며, 이것은 정류기, 콘덴서 등으로 구성되어 있다.

㉣ 부족전압 트립 방식

부족전압 트립 장치에 인가된 전압 강하에 의해 차단기가 트립되는 방식이며, 트립 코일이 직접 제어전원에 접속되는 것을 직접식이라 하고, 보호 계전기를 통하여 제어전원에 접속되는 것을 간접식이라 한다. 또, 간접식에는 개방식과 단락식이 있다.

3) 전력 퓨즈(PF : power fuse)

전력 퓨즈는 고압 및 특별고압 기기의 단락 보호용 퓨즈이고 소호방식에 따라 한류형과 비한류형이 있다. 한류형 퓨즈는 높은 아크 저항을 발생하여 사고전류를 강제적으로 한류 억제시켜 차단하는 퓨즈인데 밀폐 절연통 안에 퓨즈와 규소 등의 소호제를 충전 밀폐한 구조로서 현재 수변전 설비에 많이 적용되고 있다. 전력퓨즈는 수전실 구내 인입구에 설치하거나 COS 대용으로 각 기기의 1차측에 설치한다.

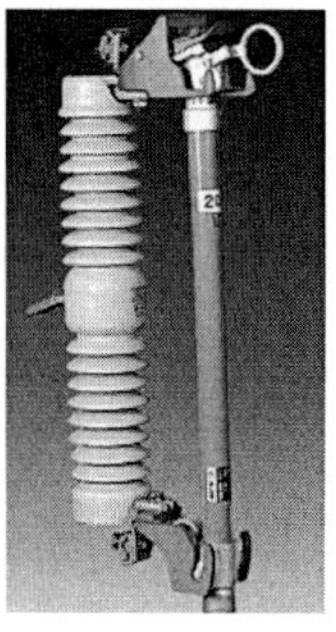

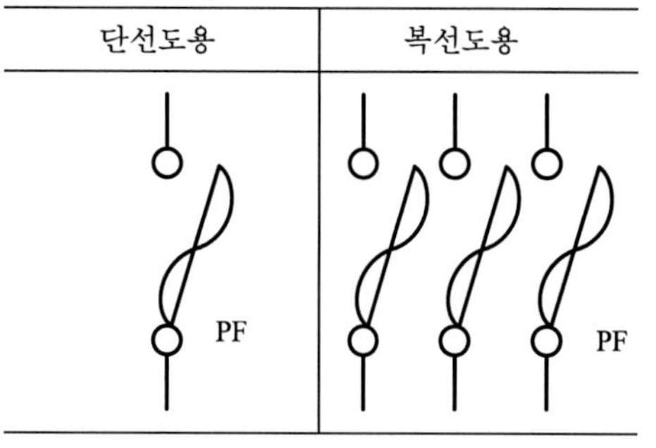

① 전력퓨즈의 특징

차단기(OCB, VCB, MCB 등)에 비하여 다음과 같은 장점이 있다.

㉠ 차단용량이 크다.

㉡ 속단, 한류성이 우수하다.

㉢ 소형 경량이고 구조가 간단하다.

㉣ 저렴하다.

② 전력 퓨즈의 선정

㉠ 정격전압

$$\text{전력퓨즈의 정격전압} = \text{공칭전압} \times \frac{1.2}{1.1}\,[V]$$

㉡ 정격전류

전력 퓨즈가 온도 상승 한도를 넘지 않고 연속으로 흘릴 수 있는 전류값이며, 실효값으로 표시한다.

정격 전류의 표준값 [A]
1, 2, 3, 5, 7, 10, 15, 20, 25, 30, 40, 50, 65, 80, 100, 125, 150, 200, 250, 300, 400

4) 개폐기(Switch)

개폐기는 전로의 개폐에만 사용된다. 그러나, 전력 퓨즈와 조합하여 통전 상태에서 이상이 생겼을 때 차단하는 능력을 가지도록 한 것도 있다.

① 단로기

㉠ 설치 목적

단로기는 개폐기의 일종으로 수용가 구내 인입구에 설치하여 무부하 상태 의 전로를 개폐하는 역할을 하거나 차단기, 변압기, 피뢰기 등 고전압 기기의 1차 측에 설치하여 기기를 점검, 수리할 때 전원으로 부터 이들 기기를 분리하기 위해 사용한다. 이것은 다른 개폐기가 전류 개폐 기능을 가지고 있는 반면에, 단로기는 전압 개폐 기능만을 가진다. 따라서 부하전류를 차단하는 능력이 없다. 그러므로 부하전류가 흐르는 상태에서 차단하면 매우 위험하다.

㉡ 단로기의 정격전압

$$\text{단로기의 정격전압} = \text{공칭전압} \times \frac{1.2}{1.1}\,[V]$$

㉢ 정격전류

정격전류가 작아도 정격 단시간 전류가 큰 경우에는 정격 단시간 전류에 적합한 정격전류의 단로기를 선정한다.

② 고장구간 자동 개폐기(ASS : automatic section switch)

고장구간 자동 개폐기(자동고장 구분개폐기)는 수용가 구내에서의 사고(지락사고, 단락사고 등)시 전원으로 부터 즉시 분리하여 사고의 파급 확대를 방지하고 구내설비의 피해를 최소화하는 개폐기이다.

22.9[kV-Y] 배전 계통에서 부하용량 4,000[kVA] 이하 선로에 설치하여 과부하 또는 고장전류 발생시 고장 구간을 자동 개방하여 파급 사고를 방지하며 순간고장은 재투입 기능을 선택할 수 있다.

③ 자동 부하전환 개폐기(ALTS : automatic load transfer switch)

자동 부하전환 개폐기는 22.9[kV-Y] 접지계통의 지중 배전선로에 사용되는 개폐기로서 중요 시설 (공공기관, 병원, 인텔리전트 빌딩, 상하수도 처리시설 등)의 정전시에 큰 피해가 예상되는 수용가에 이중전원을 확보하여주전원의 정전시나 정격전압 이하로 떨어지는 경우 예비전원으로 자동 전환되어 무정전 전원공급을 수행하는 개폐기이다.

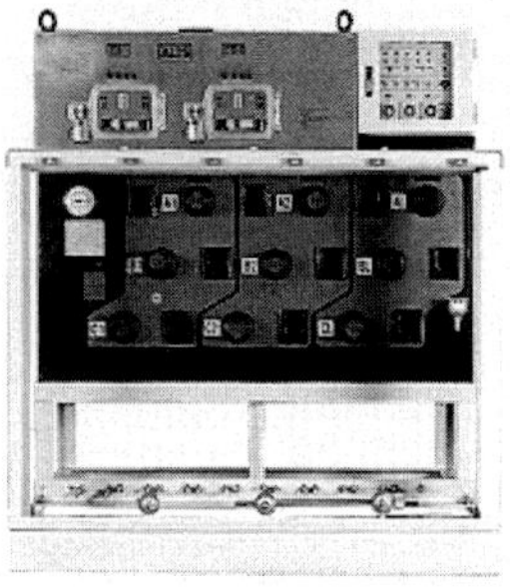

④ 부하 개폐기(LBS : load breaker switch)

고압 또는 특별고압 부하 개폐기는 고압 전로에 사용하며, 정상 상태에서는 소정의 전류를 개폐 및 통전하고, 그 전로가 단락 상태가 되어 이상전류가 흐르면 규정시간 동안 통전할 수 있는 개폐기이다. 여기서, 소정의 전류란 부하전류, 여자전류 및 충전전류를 하며, 실제로 사용할 때는 전력 퓨즈를 부착하여 사용한다.

⑤ 선로 개폐기(LS : line switch)

선로 개폐기는 보안상 책임 분계점에서 보수 점검시 전로를 개폐하기 위하 여 시설하는 것으로 반드시 무부하 상태에서 개방하여야 하며, 단로기와 비슷한 용도를 사용한다. 근래에는 LS 대신 ASS를 사용하며, 22.9[kV-Y]계통 에서는 사용하지 않고 66[kV] 이상의 경우에 LS를 사용한다.(300[kVA] 이하의 경우에는 기중부하 개폐기(IS)를 사용한다)

⑥ 인터럽터 스위치(INT. SW : interrupter switch)

배전 선로 및 수용가의 고압 인입구에 설치하여 수동 또는 자동으로 원방조작에 의해 부하의 분리 및 투입시 사용한다. 개폐시 발생하는 아크(arc)는 소호통에 의해 소멸되며 소호통은 개폐시 발생하는 아크를 소호통의 좁은 통로를 지나는 동안에 냉각, 분산하여 소호시킨다.

⑦ 컷아웃 스위치(COS : cut out switch)

변압기 및 주요 기기의 1차측에 부착하여 단락 등에 의한 과전류로부터 기 기를 보호하는 데 사용된다.

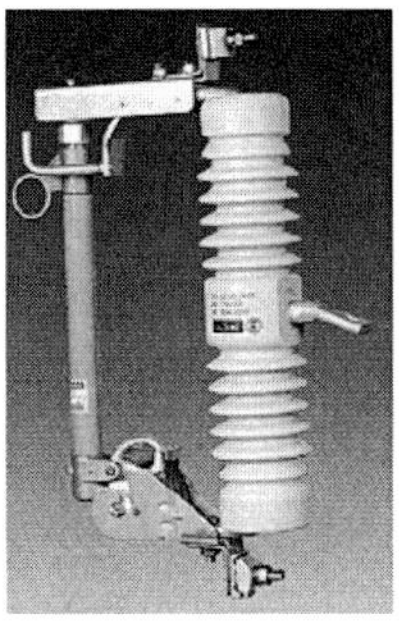

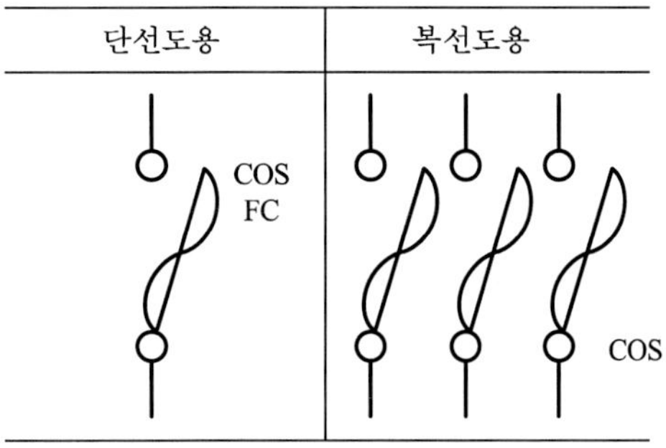

컷아웃 스위치 심벌

• 차단기와 개폐기의 기능 비교

구 분	단로기	부하개폐기	퓨즈부 부하개폐기	차단기
부하전류 통전	○	○	○	○
회로 분리(무부하)	○	○	○	○
부하전류개폐	×	○	○	○
단락전류 차단	×	×	○	○

5) 피뢰기(LA : lightning arrester)

낙뢰나 혼촉 사고 등에 의하여 이상 전압(낙뢰 또는 개폐시 발생하는 전압)이 발생하였을 때, 선로와 기기를 보호할 목적으로 설치한다.

종래에는 밸브저항형 피뢰기가 많이 사용되었으나 최근에는 소형화, 내구성, 보수성 등이 유리한 산화아연(ZnO)형 피뢰기가 많이 사용되고 있다.

피뢰기의 특성은 이상 전압의 침입으로 단자전압이 일정 전압 이상으로 올라갔을 때 신속히 동작하여 일정 전압 이하로 이상 전압을 억제하는 기능과 이상 전압을 방전한 후 자동적으로 회복시키는 기능을 가지고 있다.

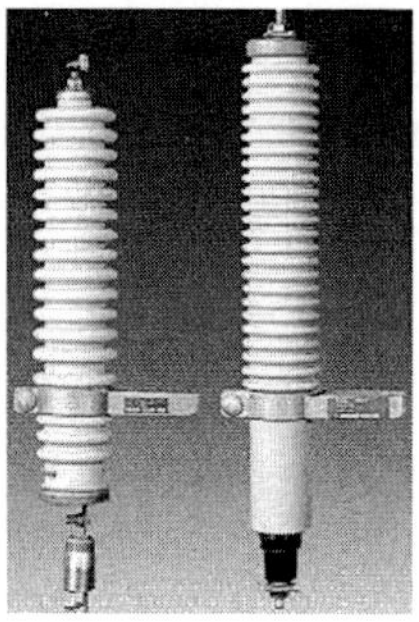

단선도용	복선도용
LA F1	LA F1

① 피뢰기의 설치 장소

㉠ 발변전소의 인입구 및 인출구

㉡ 특고압, 고압 수전 장소의 인입구

㉢ 특고압 배전용 변압기의 고압측 및 특별고압측

㉣ 가공전선로와 지중전선로의 접속 부분

② 피뢰기의 정격전압

피뢰기의 정격전압이란 그 전압을 선로단자에 인가한 상태에서 소정의 단위 동작 책무를 소정의 횟수로 반복 수행할 수 있는 정격 주파수의 사용전압최고 한도를 규정한 값을 말한다.

$$\text{피뢰기의 정격전압} = \text{공칭전압} \times \frac{1.4}{1.1}[KV]$$

전력 계통		피뢰기의 정격전압[kV]	
공칭 전압[kV]	중성점 접지 방식	변전소	배전선로
3.3	비접지	7.5	7.5
6.6	비접지	7.5	7.5
22.9	3상 4선식 다중접지	21	18
22	PC 접지 또는 비접지	24	–
66	PC 접지 또는 비접지	75	–
154	유효접지	138	–
345	유효접지	288	–

주) 22.9[kV]이하의 경우는 배전선로용을 적용한다.

③ 피뢰기의 공칭 방전 전류

공칭 방전 전류란 피뢰기의 보호성능 및 자복 성능을 나타내는 방전전류의 규정치이며, 뇌 임펄스 전류의 파고치로 표시한다.

공칭방전전류	설치 장소	적용 조건
2,500[A]	선로 변전소	배전선로, 배전선 피더 인출측
5,000[A]	변전소	66[kV] 및 그 이하 계통에서 뱅크용량이 3,000 [kVA]이하인 곳
10,000[A]	변전소	1. 154[kV] 이상 계통 2. 66[kV] 및 그 이하 계통에서 뱅크용량이 3,000 [kVA]를 초과하는 곳

6) 전력용 콘덴서(SC : static capacitor)

전력용 콘덴서는 선로의 역률을 개선하기 위하여 설치된다. 전력용 콘덴서를 진상용 콘덴서라고도 한다.

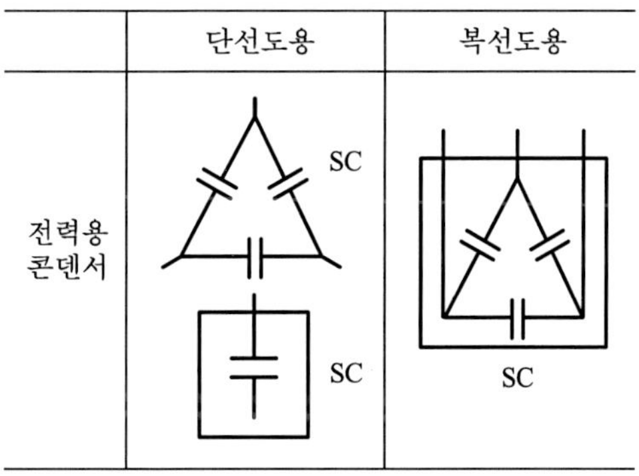

① 콘덴서의 부속기기

㉠ 방전 코일(DC : discharging coil)

콘덴서를 회로에서 개방하였을 때 전하가 잔류함으로써 일어나는 위험의 방지와 재투입할 때 콘덴서에 걸리는 과전압의 방지를 위하여 방전장치가 사용된다. 방전장치에는 방전코일과 방전저항의 2종류가 있으며, 보통 대용량은 방전코일이 사용되고, 소용량에는 방전저항이 많이 사용된다.

방전 장치는 고압의 경우 개폐 후 5초 이내에 50[V]이하로 하고 저압의 경우는

3분에 75[V] 이하로 방전시킬 수 있는 성능을 갖추어야 한다. 콘덴서가 부하와 직결(전압강하 보상용)하여 똑같이 개폐될 경우에는 부하의 회로를 통하여 방전할 수 있으므로 방전장치가 불필요하다.

㉡ 직렬 리액터(SR : series reacter)

역률 개선용으로 콘덴서를 사용하면 회로의 전압이나 전류 파형의 왜곡을 확대하는 수가 있고, 때로는 기본파 이상의 고조파를 발생하는 수가 있다. 이러한 고조파의 발생으로 나타나는 문제점을 보완하고, 콘덴서 투입시 돌입전류를 억제하기 위하여 콘덴서용 직렬 리액터를 설치한다. 직렬 리액터용량은 콘덴서 용량의 6[%]정도이고, 대체로 뱅크 용량이 500[kVA] 이상인 경우에 설치한다.

② 콘덴서의 용량을 구하는 방법

전력부하는 일반적으로 저항 R과 유도성리액턴스 XL의 조합으로 이루어져 있어 전압과 전류는 그 임피던스에 의해 cos θ 만큼의 위상차를 나타낸다.

이를 역률이라 한다.

$Q_c = P(\tan\theta_0 - \tan\theta_1)[KVA]$

그리고, 수전 변압기의 무효전력을 보상하기 위한 콘덴서 용량을 확보하도록 규정하고 있으며, 용량 산정은 다음 표와 같다.

변압기 용량[kVA]	콘덴서 용량[kVA]
500 이하	변압기 용량 × 5[%]
500 ~ 2000	변압기 용량 × 4[%]
2000 이상	변압기 용량 × 3[%]

예제)

어떤 공장에서 정격용량 300[kVA]의 변압기에 역률 70[%]의 부하 300[kVA]가 접속되어 있다. 지금 합성 역률을 90[%]로 개선하기 위하여 전력용 콘덴서를 접속한다면 부하는 몇 [kW] 증가시킬 수 있겠는가?

➡ 역률 개선 전의 유효전력 P1= 300×0.7 = 210[kW]
역률 개선 후의 유효전력 P2= 300×0.9 = 270[kW]
따라서 270-210 = 60[kW]의 부하 용량을 증가 시킬 수 있다.

7) 계기용 변성기

계기용 변성기는 고전압, 대전류가 직접 배전반에 있는 계기나 계전기에 연결 되면 대단히 위험하므로 전압, 전류에 비례하는 저전압(110[V]), 소전류 (5[A], 1[A], 0.1[A])로 변성하여 계측기나 보호 계전기 등의 입력 전원으로 사용하기 위한 기기이다.

계기용 변성기에는 계기용 변압기(PT, VT), 계기용 변류기CT), 계기용 변압변류기(PCT, VCT, MOF), 영상변류기(ZCT) 등이 있다.

① 계기용 변압기 (PT : potential transformer)

계기용 변압기는 고압 회로의 전압을 이에 비례하는 낮은 전압으로 변성해 주는 기기로서, 회로에 병렬로 접속하여 사용하며, 배전반의 전압계, 전력계, 주파수계, 역률계, 표시등 및 부족전압 트립코일(UVC)의 전원으로 사용된다. 계기용 변압기의 정격부담이란 변성기의 2차측 단자간에 접속되는 부하의 한도를 말하며 [VA]로 표시한다.

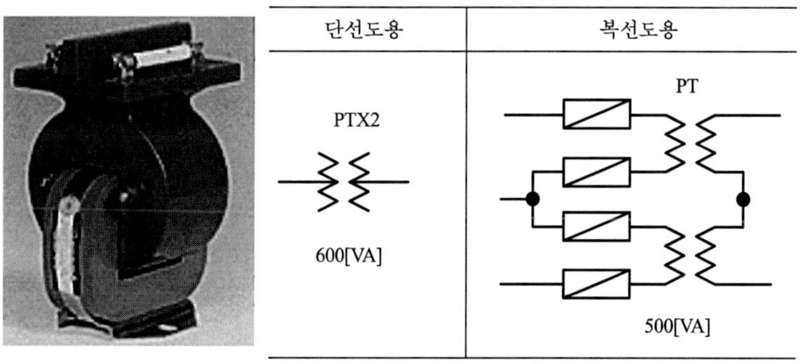

계기용 변압기(PT, VT) 심벌

② 계기용 변류기(CT : current transformer)

계기용 변류기는 회로에 흐르고 있는 전류가 크면 접속하는 전선이나 케이블이 굵어지게 되어 계기를 부착하기가 곤란할 뿐 아니라 위험하므로, 이에 비례하는 소전류로 변성해 주는 기기로서 회로에 직렬로 접속하여 사용하며, 배전반의 전류계, 전력계, 차단기 트립 코일의 전원으로 사용한다.

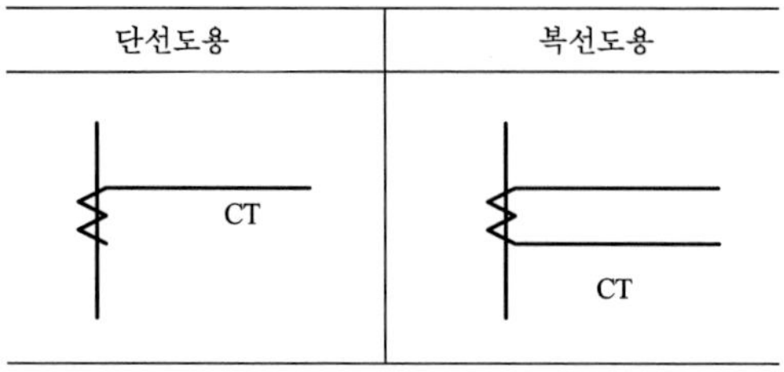

계기용 변류기(CT) 심벌

계기용 변압기(PT) 정격		계기용 변류기(CT)정격	
1차 정격전압[V]	3300, 6600	1차 정격전류[A]	10, 15, 20, 40, 50, 75, 100, 150, 200
2차 정격전압[V]	110	2차 정격전류[A]	5
정격부담[VA]	50, 100, 200, 4000	정격부담[VA]	15, 40, 100

③ 계기용 변압 변류기 (MOF 또는 PCT : metering of fit)

계기용 변압 변류기는 계기용 변압기와 변류기를 조합한 것으로 전력 수급용 전력량을 측정하기 위한 기기이다.

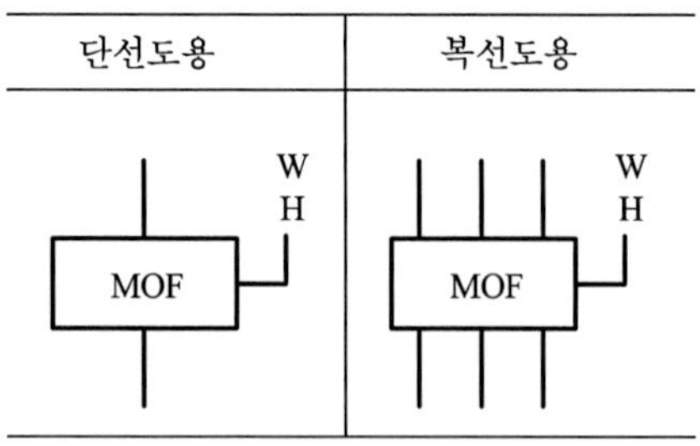

계기용 변압 변류기(MOF)의 심벌

④ 영상 변류기(ZCT : zero-phase current transformer)

영상 변류기는 회로에 지락사고가 발생했을 때 흐르는 영상전류(지락전류)를 검출하여 접지 계전기에 의해 차단기가 동작하도록 하는 기기이다.

단선도용	복선도용
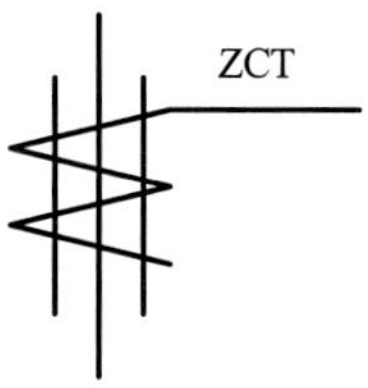	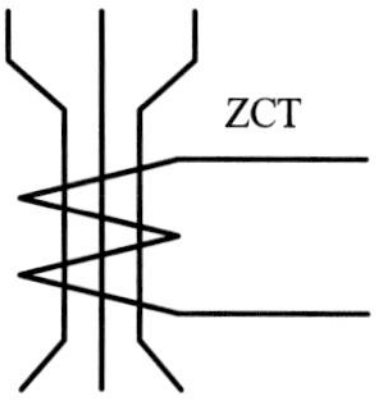

영상변류기(ZCT) 심벌

8) 보호 계전기

보호 계전기는 기기나 전로에 사고가 발생하였을 때 고장 피해를 최소화하 고, 다른 계통으로 사고가 파급되는 것을 방지하기 위한 기기이다.

보호 계전기에는 과전류계전기(OCR : over current relay), 과전압계전기(OVR : over voltage relay), 부족전압계전기(UVR : under voltage relay), 지락계전기(GR : ground relay) 등이 있다.

실전연습문제

1회 실전연습문제

01 3.2[mm] 이상의 굵은 단선의 분기 접속은 어떤 접속을 하여야 하는가?

㉮ 브리타니아 접속 ㉯ 쥐꼬리 접속 ㉰ 트위스트 접속 ㉱ 슬리브 접속

◆ 풀이 • 단선

① 2.6[mm] 이하 ➡ 트위스트 접속

② 3.2[mm] 이상 ➡ 브리타니아 접속

답 ㉮

02 박스 안에서 가는 전선을 접속할 때에 어떤 접속으로 하는가?

㉮ 슬리브 접속 ㉯ 브리타니아 접속 ㉰ 쥐꼬리 접속 ㉱ 트위스트 접속

◆ 풀이 박스 내에서의 접속 ➡ 쥐꼬리 접속

답 ㉰

03 다음 중 알루미늄 전선의 접속 방법으로 적합하지 않은 것은?

㉮ 직선 접속 ㉯ 분기 접속 ㉰ 종단 접속 ㉱ 트위스트 접속

◆ 풀이 • 알루미늄 전선의 접속 방법

① 직선 접속 ② 분기 접속 ③ 종단 접속

답 ㉱

04 전선의 굵기를 측정하는 공구는?

㉮ 권척 ㉯ 메거 ㉰ 와이어 게이지 ㉱ 와이어 스트리퍼

◆ 풀이 전선의 굵기 측정 ➡ 와이어 게이지

답 ㉰

05 다음 중 1.6[mm] 19가닥의 경동 연선의 바깥 지름 [mm]은?

㉮ 11 ㉯ 10 ㉰ 9 ㉱ 8

◆ 풀이 $D=(2n+1)d=(2\times2+1)\times1.6=8$[mm] 답 ㉱
(여기서, n : 층수 ⇒ 19가닥(2층), d : 소선의 지름)

06 전압계, 전류계 등의 소손 방지용으로 계기 내에 장치하고 봉입하는 퓨즈는 어느 것인가?

㉮ 통형 퓨즈 ㉯ 판형 퓨즈 ㉰ 온도 퓨즈 ㉱ 텅스텐 퓨즈

◆ 풀이 텅스텐 퓨즈 ➡ 전압계 · 전류계 등의 기기 보호용 답 ㉱

07 급 · 배수 회로 공사에서 탱크의 유량을 자동 제어하는 데 사용되는 스위치는?

㉮ 리밋 스위치 ㉯ 플로트리스 스위치 ㉰ 텀블러 스위치 ㉱ 타임 스위치

◆ 풀이 플로트리스 스위치 : 급 · 배수 회로에서 탱크의 유량을 제어 답 ㉯

08 220[V] 전선로에 사용하는 과전류 차단기용 퓨즈가 견디어야 할 전류는 정격 전류의 몇 배인가?

㉮ 1.5 ㉯ 1.25 ㉰ 1.2 ㉱ 1.1

◆ 풀이 220[V]는 저압용 퓨즈 : 정격 1.1배의 전류에 견뎌야 한다. 답 ㉱

09 옥내 배선 공사에서 대지 전압 150[V]를 초과하고 300[V] 이하 저압 전로의 인입구에 반드시 시설해야 하는 지락 차단 장치는?

㉮ 퓨즈(F) ㉯ 누전 차단기(ELB)
㉰ 배선용 차단기(MCB) ㉱ 커버나이프 스위치(Ks)

◆ 풀이 누전 차단기(ELB) : 인체의 감전 사고 방지 답 ㉯

10 선로의 도중에 설치하여 회로에 고장 전류가 흐르게 되면 자동적으로 고장 전류를 감지하여 스스로 차단하는 차단기의 일종으로 단상용과 3상용으로 구분되어 있는 것은?

㉮ 리클로저 ㉯ 선로용 퓨즈
㉰ 섹셔널라이저 ㉱ 자동 구간 개폐기

◆ 풀이 리클로저 : 고장 전류가 흐르게 되면 자동으로 차단하는 차단기의 일종으로 유압식과 전자식이 있다. 답 ㉮

11 합성 수지 전선관 공사에서 하나의 관로 직각 곡률 개소는 몇 개소를 초과하여서는 안되는가?

㉮ 2개소 ㉯ 3개소 ㉰ 4개소 ㉱ 5개소

◆ 풀이 • 합성 수지관 공사
구부러진 개소 : 4개소 이하 답 ㉰

12 애자 사용 공사에 의한 저압 옥내 배선에서 잘못된 것은?

㉮ 600 [V] 비닐 절연 전선을 사용한다.
㉯ 전선 상호간의 거리가 6 [cm] 이다.
㉰ 전선과 조영재 사이의 이격 거리는 사용 전압이 400 [V] 미만인 경우에는 5.5 [cm] 이상일 것
㉱ 절연성, 내연성 및 내구성이 있어야 한다.

◆ 풀이 • 애자 사용 공사시의 전선과 조영재와의 이격거리 답 ㉰
① 400 [V] 미만 : 2.5 [cm] 이상
② 400 [V] 이상 : 4.5 [cm] 이상

13 가요 전선관 공사에서 가요 전선관의 상호 접속에 사용하는 것은?

㉮ 유니언 커플링 ㉯ 2호 커플링
㉰ 콤비네이션 커플링 ㉱ 스플릿 커플링

◆ 풀이 가요 전선관 상호 접속 : 스플릿 커플링 답 ㉱

14 교류 전등 공사에서 금속관 내에 전선을 넣어 연결한 방법 중 옳은 것은?

㉮

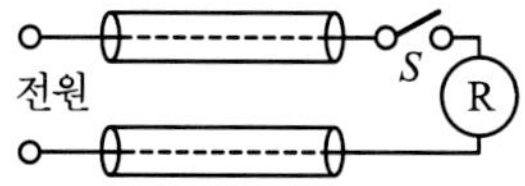

㉯

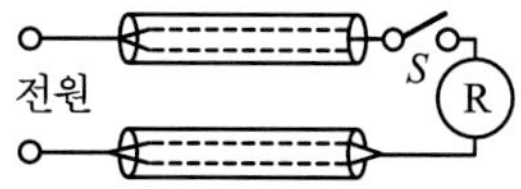

㉰

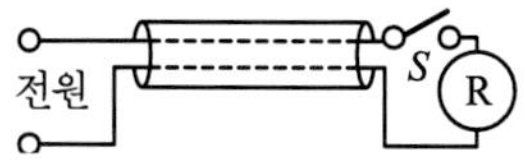

㉱

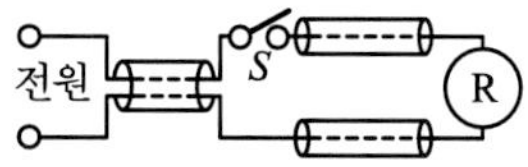

◆ 풀이 금속관 안에 같이 넣는다. **답** ㉰

15 금속관 배관 공사에서 절연 부싱을 사용하는 이유는?

㉮ 박스 내에서 전선의 접속을 방지
㉯ 관이 손상되는 것을 방지
㉰ 관 단에서 전선의 인입 및 교체시 발생하는 전선의 손상 방지
㉱ 관의 입구에서 조영재의 접속을 방지

◆ 풀이 절연 부싱하는 이유 : 전선의 손상 방지 **답** ㉰

16 화약류 저장 장소의 배선 공사에서 전용 개폐기에서 화약류 저장소의 인입구까지는 어떤 공사를 하여야 하는가?

㉮ 케이블을 사용한 옥측 전선로 ㉯ 금속관을 사용한 지중 전선로
㉰ 케이블을 사용한 지중 전선로 ㉱ 금속관을 사용한 옥측 전선로

답 ㉰

17 비교적 장력이 적고 타종류의 지선을 시설할 수 없는 경우에 적용되는 지선은?

㉮ 공동 지선 ㉯ 궁지선 ㉰ 수평 지선 ㉱ Y지선

답 ㉯

18 가공 전선로의 지지물에 시설하는 지선에서 맞지 않는 것은?

㉮ 지선의 안전율은 2.5 이상일 것

㉯ 지선의 안전율은 2.5 이상일 것. 이 경우 인장 하중은 440 [kg]으로 한다.

㉰ 소선의 지름이 1.6[mm] 이상의 동선을 사용한 것일 것

㉱ 지선에 연선을 사용할 경우에는 소선 3가닥 이상의 연선일 것

◆ 풀이 지름 2.6[mm] 이상되는 아연 도금 철선을 3가닥 사용 **답** ㉰

19 1차가 22.9[kV]－Y의 배전 선로이고, 2차가 220/380[V] 부하 공급시는 변압기 결선을 어떻게 하여야 하는가?

㉮ Δ－Y ㉯ Y－Δ ㉰ Y－Y ㉱ Δ－Δ

◆ 풀이 3ϕ4W식 22.9[kV－Y] 다중 접지 방식 **답** ㉰
∴ Y－Y 결선

20 전유 면적이 좁고 운전 보수에 안전하며 공장, 빌딩 등의 전기실에 많이 사용되는 배전반은 어떤 것인가?

㉮ 데드 프런트형 ㉯ 수직형 ㉰ 큐비클형 ㉱ 라이브 프런트형

◆ 풀이 큐비클형 배전반 : 공장·빌딩 등의 전기실에 사용 **답** ㉰

2회 실전연습문제

01 HIV 전선은 무슨 전선인가?

㉮ 전열기용 캡타이어 케이블　　㉯ 전열기용 고무 절연 전선
㉰ 전열기용 평형 절연 전선　　㉱ 내열용 비닐 절연 전선

◆ 풀이　HIV : 600[V] 내열용 비닐 절연전선 ➡ 현재 600[V] 2종 비닐 절연 전선　**답** ㉱

02 HIV 전선은 무슨 전선인가?

㉮ 전열기용 캡타이어 케이블　　㉯ 전열기용 고무 절연 전선
㉰ 전열기용 평형 절연 전선　　㉱ 내열용 비닐 절연 전선

◆ 풀이　동관 단자 : 전선과 기계기구의 단자를 접속할 때 사용　**답** ㉯

03 단선의 접속에서 전선의 굵기가 3.2 [mm] 이상 되는 굵은 전선을 직선 접속할 때 어떤 방법으로 하는가?

㉮ 슬리브 접속　㉯ 우산형 접속　㉰ 트위스트 접속　㉱ 브리타니아 접속

◆ 풀이　단선　**답** ㉱
① 2.6 [mm] 이하 ➡ 트위스트 접속
② 3.2 [mm] 이상 ➡ 브리타니아 접속

04 연피 케이블의 접속에 반드시 사용되는 테이프는?

㉮ 고무 테이프　㉯ 비닐 테이프　㉰ 리노 테이프　㉱ 자기융착 테이프

◆ 풀이　접착력은 떨어지나 절연성, 보온성, 내유성이 좋고, 연피 케이블의 접속에 사용　**답** ㉰

05 피시 테이프(fish tape)의 용도로 옳은 것은?

㉮ 전선을 테이핑하기 위하여 사용된다.
㉯ 전선관의 끝마무리를 위해서 사용된다.
㉰ 배관에 전선을 넣을 때 사용된다.
㉱ 합성 수지관을 구부릴 때 사용된다.

◆ 풀이 피시 테이프 : 배관에 전선을 넣을 때 사용 답 ㉰

06 급수용으로 수조의 수면 높이에 의해 자동적으로 동작하는 스위치는?

㉮ 팬던트 스위치 ㉯ 플로트 스위치 ㉰ 캐노피 스위치 ㉱ 덤블러 스위치

◆ 풀이 플로트 스위치 : 물 탱크의 수위를 조절 답 ㉯

07 저압 단상 3선식 회로의 중성선에는 어떻게 하는가?

㉮ 다른 선의 퓨즈와 같은 용량의 퓨즈를 넣는다.
㉯ 다른 선의 퓨즈의 2배 용량의 퓨즈를 넣는다.
㉰ 다른 선의 퓨즈의 $\frac{1}{2}$배 용량의 퓨즈를 넣는다.
㉱ 퓨즈를 넣지 않고 동선으로 직결한다.

◆ 풀이 단상 3선식 : 중성선에는 퓨즈를 넣지 않고 직결시킨다. 답 ㉱

08 과전류 차단기로 사설하는 퓨즈 등 고압 전로에 사용하는 포장 퓨즈는 정격전류의 몇 배의 전류에 견디어야 하는가?

㉮ 1배 ㉯ 1.25배 ㉰ 1.3배 ㉱ 3배

◆ 풀이 • 고압 퓨즈 답 ㉰
① 포장 퓨즈 : 정격 1.3배의 전류에 견디고 2배의 전류에서는 120분 내에 용단
② 비포장 퓨즈 : 정격 1.25배의 전류에 견디고 2배의 전류에서는 2분 내에 용단

09 분기 회로 설계에서 표준 부하를 20 [VA/m²]으로 하여야 하는 건물은?

㉮ 교회 ㉯ 학교 ㉰ 은행 ㉱ 아파트

◆ 풀이 • 학교 : 20 [VA/m^2]
• 교회 : 10 [VA/m^2]
• 은행 : 30 [VA/m^2]
• 아파트 : 30 [VA/m^2]

답 ㉯

10 네온 변압기 외함의 접지 공사는?

㉮ 제 1 종 ㉯ 제 2 종 ㉰ 특별 제 3 종 ㉱ 제 3 종

◆ 풀이 제 3 종 접지공사 : 네온 변압기 외함

답 ㉱

11 저압 수용가의 인입구에서 접지측 전선을 수도관과 연결하였을 경우에 대한 설명으로 틀린 것은?

㉮ 접지 사고시 퓨즈를 정확히 동작시킨다.
㉯ 제 2 종 접지 저항과 직렬로 되므로, 그것의 저항값을 작게 한다.
㉰ 고 · 저압 혼촉 사고시 위험을 감소시킨다.
㉱ 이상 전압 침입에 있어서 위해를 감소시킨다.

◆ 풀이 ㉯ 제 2 종 접지 저항과 직렬로 되므로, 그것의 저항값을 크게 한다.

답 ㉯

12 일정값 이상의 전류가 흘렀을 때 동작하는 계전기는?

㉮ OCR ㉯ OVR ㉰ UVR ㉱ GR

◆ 풀이 과전류 계전기(OCR) : 일정값 이상의 전류가 흘렀을 때 동작하는 계전기

답 ㉮

13 경질 비닐관의 가공 작업으로 볼 수 없는 것은?

㉮ 90° 구부리기
㉯ 2호 박스 커넥터 만들기
㉰ S형 및 반 오프셋 만들기
㉱ 커플링과 부싱 만들기

답 ㉯

14 박강 전선관의 표준 굵기가 아닌 것은?

㉮ 15[mm]　　㉯ 16[mm]　　㉰ 25[mm]　　㉱ 39[mm]

◆ 풀이 • 박강 : 바깥 지름(15, 19, 25, 31, 39, 51, 63, 75 [mm])
• 후강 : 안지름 짝수(16, 22, 28, 36, 42, 54, 70, 82, 92, 104 [mm])

답 ㉯

15 금속관 공사에 대한 설명으로 틀린 것은?

㉮ 전선이 금속관 속에 보호되어 안정적이다.
㉯ 단락 사고, 접지 사고 등에 있어서 화재의 우려가 적다.
㉰ 방습 장치를 할 수 있으므로 전선을 내수적으로 시설할 수 있다.
㉱ 접지 공사를 하지 않아도 감전의 우려가 없다.

답 ㉱

16 금속제 가요 전선관을 새들 등으로 지지하여 조영재의 측면에 수평 방향으로 시설하는 경우 지지점 간의 거리는 몇 [m] 이하로 하여야 하는가?

㉮ 1　　㉯ 1.2　　㉰ 1.5　　㉱ 2.0

◆ 풀이 가요 전선관 공사 : 지지점 간의 거리는 1 [m] 이하마다 새들로 고정시킨다.

답 ㉮

17 철근 콘크리트주의 길이가 16[m]이고 설계 하중이 800[kg]인 것을 지반이 약한 곳에 시설하는 경우, 그 묻히는 깊이를 다음의 보기 항과 같이 하였다. 옳게 시공된 것은?

㉮ 1[m] ㉯ 1.8[m] ㉰ 2[m] ㉱ 2.8[m]

◆ 풀이 • 전주를 땅에 묻는 깊이

① 15[m] 이하 : $\frac{1}{6}$ 이상

② 15[m] 이상 : 2.5[m] 이상

답 ㉱

18 불연성 먼지가 많은 장소에 시설할 수 없는 저압 옥내 배선의 방법은?

㉮ 금속관 배선

㉯ 두께가 1.2[mm]인 합성 수지관 배선

㉰ 금속제 가요 전선관 배선

㉱ 애자 사용 배선

◆ 풀이 합성 수지관 배선은 두께가 2[mm] 이상

답 ㉯

19 흥행장에 시설하는 전구선이 아크 등에 접근하여 과열될 우려가 있을 경우 어떤 전선을 사용하는 것이 바람직한가?

㉮ 비닐 피복 전선 ㉯ 내열성 피복 전선

㉰ 내약품성 피복 전선 ㉱ 내화학성 피복 전선

◆ 풀이 흥행 장소에서는 열에 충분히 견딜 수 있는 내열성 전선을 사용

답 ㉯

20 가공 안입선 중 수용 장소의 인입선에서 분기하여 다른 수용 장소의 인입구에 이르는 전선을 무엇이라 하는가?

㉮ 소주 인입선 ㉯ 연접 인입선 ㉰ 본주 인입선 ㉱ 인입 간선

◆ 풀이 연접인입선 : 수용장소의 인입선에서 분기하여 지지물을 거치지 않고 다른 수용장소의 인입구에 이르는 전선

답 ㉯

3회 실전연습문제

01 조명용 백열전등을 호텔 또는 여관 객실의 입구에 설치할 때나 일반 주택 및 아파트 각 실의 현관에 설치할 때 사용되는 스위치는?

㉮ 타임 스위치 ㉯ 누름 버튼 스위치
㉰ 토글 스위치 ㉱ 로터리 스위치

◆ 풀이 타임 스위치 답 ㉮

- 일반 주택의 현관 및 복도 : 3분 이내 | 소등
- 호텔·여관 등의 현관 복도 : 1분 이내 소등

02 폭연성 분진이 존재하는 곳의 금속관 공사에 있어서 관 상호간 및 관과 박스 기타의 부속품·풀박스, 또는 전기기계기구와의 접속은 몇 턱 이상의 나사조임으로 접속하여야 하는가?

㉮ 2턱 ㉯ 3턱 ㉰ 4턱 ㉱ 5턱

◆ 풀이 폭발성 분진이 있는 위험 장소에 금속관 배선에 의할 경우 관 상호 및 관과 박스 기타의 부속품이나 풀박스 또는 전기기계기구는 5턱 이상의 나사 조임으로 접속 답 ㉱

03 배전반 및 분전반의 설치장소로 적합하지 못한 것은?

㉮ 전기회로를 쉽게 조작할 수 있는 장소
㉯ 개폐기를 쉽게 조작할 수 있는 장소
㉰ 안정된 장소
㉱ 은폐된 장소

답 ㉱

04 옥외용 비닐절연전선의 약호는?

㉮ OW　　㉯ DV　　㉰ IV　　㉱ VV

◆ 풀이 • OW : 옥외용 비닐 절연전선
• DV : 인접용 비닐 절연전선
• IV : 600[V] 비닐 절연전선
• VV : 비닐 절연 비닐 외장 케이블

답 ㉮

05 지지물에 전선 그 밖의 기구를 고정시키기 위하여 완금, 완목, 애자 등을 장치하는 것을 무엇이라고 하는가?

㉮ 건주　　㉯ 가선　　㉰ 장주　　㉱ 경간

◆ 풀이 장주 : 지지물에 전선과 기구를 고정시키기 위하여
완목, 완금·애자 등을 장치하는 것

답 ㉰

06 주상 변압기를 철근 콘크리트 전주에 설치할 때 사용되는 것은?

㉮ 암밴드　　㉯ 암타이밴드　　㉰ 앵커　　㉱ 행어밴드

◆ 풀이 행어밴드 : 주상 변압기를 전주에 설치할 때 사용하는 것

답 ㉱

07 전환 스위치의 종류로 1개의 전등을 두 곳에서 자유롭게 점멸할 수 있는 스위치는?

㉮ 팬던트 스위치　　㉯ 3로 스위치　　㉰ 코드 스위치　　㉱ 단로 스위치

◆ 풀이 3로 스위치 : 1개의 전등을 2개소에서 점·멸이 가능

답 ㉯

08 주상변압기의 고·저압 혼촉 방지를 위해 실시하는 2차측 접지공사는?

㉮ 제 1 종　　㉯ 제 2 종　　㉰ 제 3 종　　㉱ 특별 제 3 종

◆ 풀이 제 2 종 접지공사 : 고·저압 혼촉에 의한 수용자측 전위상승 억제

답 ㉯

09 전선의 접속이 불완전하여 발생할 수 있는 사고로 볼 수 없는 것은?

㉮ 감전 ㉯ 누전 ㉰ 화재 ㉱ 타박상

답 ㉱

10 콘크리트에 매입하는 금속관 공사에서 직각으로 배관할 때 사용하는 것은?

㉮ 노멀 밴드 ㉯ 뚜껑이 있는 엘보
㉰ 서비스 엘보 ㉱ 유니버설 엘보

◆ 풀이 노멀 밴드 : 금속관 공사에서 직각으로 배관시 사용

답 ㉮

11 다음 중 금속 전선관 호칭을 맞게 기술한 것은?

㉮ 박강, 후강 모두 안지름으로 [mm]로 나타낸다.
㉯ 박강은 안지름, 후강은 바깥지름으로 [mm]로 나타낸다.
㉰ 박강은 바깥지름, 후강은 안지름으로 [mm]로 나타낸다.
㉱ 박강, 후강 모두 바깥지름으로 [mm]로 나타낸다.

◆ 풀이 ① 박강 : 바깥지름 · 홀수
② 후강 : 안지름 · 짝수

답 ㉰

12 접지극에 대한 설명 중 바람직하지 못한 것은?

㉮ 동판을 사용하는 경우에는 두께 0.7 [mm] 이상, 면적 900 [cm^2] 편면 이상이어야 한다.
㉯ 동봉, 동피복강봉을 사용하는 경우에는 지름 8 [mm] 이상, 길이 0.9 [m] 이상이어야 한다.
㉰ 철봉을 사용하는 경우에는 지름 12 [mm] 이상, 길이 0.9 [m] 이상의 아연 도금한 것을 사용한다.
㉱ 접지선과 접지극을 접속하는 경우에는 납과 주석의 합금으로 땜하여 접속한다.

답 ㉱

13 공칭단면적 $8\,[\text{mm}^2]$되는 연선의 구성은 소선의 지름이 $1.2\,[\text{mm}]$일 때 소선수는 몇 가닥으로 되어 있는가?

㉮ 3　　㉯ 4　　㉰ 6　　㉱ 7

◆ 풀이

	공칭단면적 [mm²]	소선수/지름 [본/mm]
연선	2	7/0.6
	3.5	7/0.8
	5.5	7/1.0
	8	7/1.2
	14	7/1.6
	22	7/2.0

답 ㉱

14 펜치로 절단하기 힘든 굵은 전선을 절단할 때 사용하는 공구는?

㉮ 스패너　　㉯ 프레셔 툴　　㉰ 파이프 바이스　　㉱ 클리퍼

◆ 풀이 클리퍼 : 굵은 전선이나 케이블 절단시 사용

답 ㉱

15 다음 중 과부하뿐만 아니라 정전시나 저전압일 때 자동적으로 차단되어 전동기의 소손을 방지하는 스위치는?

㉮ 안전 스위치　　㉯ 마그넷 스위치　　㉰ 자동 스위치　　㉱ 압력 스위치

답 ㉯

16 버스 덕트 공사에서 도중에 부하를 접속할 수 있도록 제작한 덕트는?

㉮ 피더 버스 덕트　　㉯ 플러그 인 버스 덕트
㉰ 트롤리 버스 덕트　　㉱ 이동부하 버스 덕트

◆ 풀이

명 칭	비고
피더 버스 덕트	도중에 부하를 접속하지 않은 것
플러그인 버스 덕트	도중에서 부하를 접속할 수 있도록 꽂음구멍이 있는 것
트롤리 버스 덕트	도중에서 이동부하를 접속할 수 있도록 트롤리 접속식 구조로 한 것

답 ㉯

17 금속관을 아우트렛 박스에 로크 너트만으로 고정하기 어려울 때 보조적으로 사용되는 재료는?

㉮ 링 리듀서 ㉯ 유니언 커플링 ㉰ 커넥터 ㉱ 부싱

◆ 풀이 링 리듀서 : 아웃트렛 박스의 녹 아웃 지름이 관지름보다 클 때 관을 박스에 고정시킬 때 사용 답 ㉮

18 220[V] 전선로에 사용하는 과전류 차단기용 퓨즈를 수평으로 붙인 경우 견디어야 할 전류는 정격전류의 몇 배로 정하고 있는가?

㉮ 1.5 ㉯ 1.25 ㉰ 1.2 ㉱ 1.1

◆ 풀이 220[V]는 저압용 퓨즈 : 정격 1.1배의 전류에 견뎌야 한다. 답 ㉱

19 피시 테이프(fish tape)의 용도는?

㉮ 전선관을 테이핑하기 위해서 사용
㉯ 전선관의 끝마무리를 위해서 사용
㉰ 배관에 전선을 넣을 때 사용
㉱ 합성수지관을 구부릴 때 사용

◆ 풀이 피시 테이프 : 관 내에 전선을 한 가닥 넣을 때 사용 답 ㉰

20 우수한 조명의 조건이 되지 못하는 것은?

㉮ 조도가 적당할 것
㉯ 균등한 광속발산도 분포일 것
㉰ 그림자가 없을 것
㉱ 광색이 적당할 것

◆ 풀이 •우수한 조명의 조건 답 ㉰
① 적당한 조도 ② 균등한 광속발산도 분포
③ 적당한 그림자 ④ 적당한 광색 ⑤ 적당한 휘도의 대비

4회 실전연습문제

01 점유면적이 좁고 운전, 보수에 안전하므로 공장, 빌딩 등의 전기실에 많이 사용되며, 큐비클(cubicle)형이라고도 불리는 배전반은?

㉮ 라이브 프런트식 배전반 ㉯ 데드 프런트식 배전반
㉰ 포스트형 배전반 ㉱ 폐쇄식 배전반

◆ 풀이 폐쇄식 배전반(큐비클형) : 가장 많이 사용(공장, 빌딩 등의 전기실) 답 ㉱

02 절연전선 상호간의 접속에서 옳지 않은 것은?

㉮ 납땜접속을 한다.
㉯ 슬리브를 사용하여 접속한다.
㉰ 와이어 커넥터를 사용하여 접속한다.
㉱ 굵기가 2.6[mm] 이하인 것은 브리나티아 접속을 한다.

◆ 풀이 • 단선 ① 2.6[mm] 이하 : 트위스트 접속 답 ㉱
② 3.2[mm] 이상 : 브리타니아 접속

03 가요전선관과 금속관과의 접속에 이용되는 것은?

㉮ 앵글 박스 커넥터 ㉯ 플렉시블 커플링
㉰ 콤비네이션 커플링 ㉱ 스트럿 박스 커넥터

◆ 풀이 콤비네이션 커플링 : 가요전선관과 금속관의 접속으로 사용 답 ㉰

04 저압 배전선로에서 전선을 수직으로 지지하는 데 사용되는 장주용 자재명은?

㉮ 경완철 ㉯ 래크 ㉰ LP 애자 ㉱ 현수애자

◆ 풀이 래크 : 저압 배전선로에서 전선을 수직으로 지지하는 데 사용 답 ㉯

05 고압 전기회로의 전기사용량을 적산하기 위한 계기용 변압 변류기의 약자는?

㉮ ZPCT ㉯ MOF ㉰ DCS ㉱ DSPF

◆ 풀이 • MOF(계기용 변성기함) 답 ㉯
① PT(계기용 변압기)와 CT(계기용 변류기)를 조합
② 전력량계 전원 공급

06 다음 중 과전류 차단기를 설치하는 곳은?

㉮ 간선의 전원측 전선
㉯ 접지 공사의 접지선
㉰ 접지 공사를 한 저압 가공전선의 접지측 전선
㉱ 다선식 전로의 중성선

◆ 풀이 • 과전류 차단기 시설 제한 장소 답 ㉮
① 접지 공사의 접지선
② 다선식 전로의 중성선
③ 접지 공사를 한 저압 가공전선의 접지측 전선

07 간선에서 분기하여 분기 과전류 차단기를 거쳐서 부하에 이르는 사이의 배선을 무엇이라 하는가?

㉮ 간선 ㉯ 인입선 ㉰ 중성선 ㉱ 분기회로

◆ 풀이 간선과 부하 사이의 배선 : 분기선 답 ㉱

08 다음 중 용어와 약호가 바르게 짝지어진 것은?

㉮ 유입 차단기 – ABB ㉯ 공기 차단기 – ACB
㉰ 가스 차단기 – GCB ㉱ 자기 차단기 – OCB

◆ 풀이 • 차단기 답 ㉰
① ABB : 공기 차단기 ② ACB : 기중 차단기
③ GCB : 가스 차단기 ④ OCB : 유입 차단기

09 IV 전선이란?

㉮ 인입용 비닐 절연전선　　㉯ 옥외용 비닐 절연전선
㉰ 형광등 전선　　㉱ 600[V] 비닐 절연전선

◆ 풀이　Ⅳ : 600 [V] 비닐 절연전선　　답 ㉱

10 계측방법에 대한 다음 설명 중 옳은 것은?

㉮ 어스 테스터로 절연저항을 측정한다.
㉯ 검전기로 전압을 측정한다.
㉰ 메가로서 회로의 저항을 측정한다.
㉱ 콜라우슈 브리지로 접지저항을 측정한다.

◆ 풀이　① 어스 테스터 : 접지저항 측정　　답 ㉱
② 네온 검전기 : 충전 유무 검사
③ 메거 : 절연저항 측정
④ 콜라우슈 브리지 : 접지저항, 전해액의 저항 측정

11 유니언 커플링의 사용 목적은?

㉮ 안지름이 틀린 금속관 상호 접속
㉯ 금속관 상호 접속용으로 관이 고정되어 있을 때 또는 관 자체를 돌릴 수 없을 때 사용
㉰ 금속관의 박스와 접속
㉱ 배관의 직각 굴곡부분에 사용

◆ 풀이　유니언 커플링 : 금속관 상호 접속용으로 사용　　답 ㉯

12 진동이 있는 기계기구의 단자에 전선을 접속할 때 사용하는 것은?

㉮ 압착단자　　㉯ 스프링 와셔　　㉰ 코드 패스너　　㉱ 십자머리 볼트

◆ 풀이　스프링 와셔 : 진동이 있는 기계기구에 접속시 사용　　답 ㉯

13 학교, 사무실, 은행의 간선 굵기 선정시 수용률은 몇[%]를 적용하는가?

㉮ 50 ㉯ 60 ㉰ 70 ㉱ 80

◆ 풀이 • 간선의 수용률 **답** ㉰

① 학교, 사무실, 은행 : 70 [%]

② 주택, 기숙사, 호텔, 병원 : 50 [%]

14 전동기의 정격 전류가 60 [A]이다. 전선의 허용 전류는 얼마인가?

㉮ 60 [A] ㉯ 66 [A] ㉰ 72 [A] ㉱ 75 [A]

◆ 풀이 • 전선의 허용 전류 **답** ㉯

① 전동기 정격 전류의 합계가 50 [A] 이하인 경우
=전동기 정격 전류의 합×1.25+기타 기계기구 전류의 합

② 전동기 정격 전류의 합계가 50 [A] 초과인 경우
=전동기 정격 전류의 합×1.1+기타 기계기구 전류의 합
$I=60\times1.1=66$ [A]

15 하나의 콘센트로 둘 또는 세 가지의 기구를 사용할 수 있는 기구 명칭은?

㉮ 멀티 탭 ㉯ 테이블 탭 ㉰ 아이언 플러그 ㉱ 코드 접속기

◆ 풀이 • 멀티탭 : 하나의 콘센트에 둘 또는 세 가지의 기구를 사용시 **답** ㉮

• 테이블 탭(익스텐션 코드) : 콘센트로 부터 길이가 짧을 때 연장하여 사용시

16 배전 선로 공사에서 충전되어 있는 활선을 움직이거나 작업권 밖으로 밀어낼 때, 또는 활선을 다른 장소로 옮길 때 사용하는 활선 공구는?

㉮ 피박기 ㉯ 활선 커버 ㉰ 데드 앤드 커버 ㉱ 와이어 통

답 ㉱

17 다음은 가요전선관을 설명한 것이다. 옳은 것은?

㉮ 저압 옥내 배선의 사용전압이 400 [V] 이상인 경우에는 가요전선관에 제 1 종 접지 공사를 하여야 한다.

㉯ 가요전선관은 건조하고 점검할 수 없는 은폐장소에만 시설한다.

㉰ 가요전선관 안에는 전선에 접속점이 없도록 한다.

㉱ 1종 금속제 가요전선관은 두께 0.7 [mm] 이하인 것이어야 한다.

◆ 풀이 가요전선관 안에는 접속점이 없어야 한다. 답 ㉰

18 배선에 대한 다음 그림기호의 명칭은?

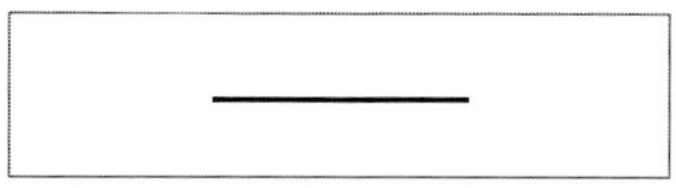

㉮ 바닥 은폐배선 ㉯ 천장 은폐배선 ㉰ 노출배선 ㉱ 지중 매설배선

◆ 풀이 ① - - - - - - - : 바닥 은폐배선 답 ㉯
② ———— : 천장 은폐배선
③ ··············· : 노출배선
④ —·—·—·- : 지중 매설배선

19 지선의 중간에 넣는 애자는?

㉮ 저압핀 애자 ㉯ 구형애자 ㉰ 인류애자 ㉱ 내장애자

◆ 풀이 구형애자(지선애자=옥애자) : 지선의 중간부분에 사용 답 ㉯

20 합성수지관 상호 및 관과 박스와는 접속시에 삽입하는 깊이를 관 바깥지름의 몇 배 이상으로 하여야 하는가? (단, 접착제를 사용하지 않는다.)

㉮ 0.8 ㉯ 1.2 ㉰ 2.0 ㉱ 2.5

◆ 풀이 합성수지관 공사 : 합성수지관 접속은 관 바깥지름의 1.2배 이용 답 ㉯
(단, 접착제 사용시 0.8배 이상)

5회 실전연습문제

01 가정용 전등에 사용되는 점멸 스위치를 설치하여야 할 위치에 대한 설명으로 가장 적당한 것은?

㉮ 접지측 전선에 설치한다.　㉯ 중성선에 설치한다.
㉰ 부하의 2차측에 설치한다.　㉱ 전압측 전선에 설치한다.

답 ㉱

02 충전되어 있는 활선을 움직이거나, 작업권 밖으로 밀어낼 때 사용되는 활선장구는?

㉮ 애자 커버　㉯ 데드엔드 커버　㉰ 와이어 통　㉱ 활선 커버

답 ㉰

03 전선의 굵기를 측정할 때 사용되는 것은?

㉮ 와이어 게이지　㉯ 파이어 포트　㉰ 스패너　㉱ 프레셔 툴

◆ 풀이　와이어 게이지 : 단선의 굵기 측정

답 ㉮

04 실내 전반조명을 하고자 한다. 작업대로부터 높이가 2.4 [m]인 위치에 조명기구를 배치할 때 벽에서 한 기구 이상 떨어진 기구에서 기구간의 거리는 일반적인 경우 최대 몇 [m]로 배치하여 설치하는가? (단, $S \leqq 1.5H$를 사용하여 구하도록 한다.)

㉮ 1.8　㉯ 2.4　㉰ 3.2　㉱ 3.6

◆ 풀이
- S : 등과 등 사이의 간격
- H : 작업면으로부터 등까지의 높이
- $S \leqq 1.5H$

$\therefore S \leqq 1.5 \times 2.4 = 3.6$ [m]

답 ㉱

05 다음 중 과전류 차단기를 시설해야 할 곳은?

㉮ 접지공사의 접지선

㉯ 인입선

㉰ 다선식 전로의 중성선

㉱ 저압 가공전로의 접지측 전선

풀이 • 과전류 차단기 시설 제한 장소

① 접지 공사의 접지선

② 다선식 전로의 중성선

③ 저압 가공전선로의 접지측 전선

답 ㉯

06 저압 전선로에 사용하는 과전류 차단기용 퓨즈를 수평으로 붙인 경우 견디어야 할 전류는 정격 전류의 몇 배로 정하고 있는가?

㉮ 1.1 ㉯ 1.2 ㉰ 1.25 ㉱ 1.5

풀이 저압용 퓨즈 : 정격 1.1배의 전류에 견뎌야 한다.

답 ㉮

07 제 1 종 및 제 2 종 접지공사를 다음과 같이 시행하였다. 잘못된 접지공사는?

㉮ 접지극은 동봉을 사용하였다.

㉯ 접지극은 75 [cm] 이상의 깊이에 매설하였다.

㉰ 지표, 지하 모두에 옥외용 비닐 절연전선을 사용하였다.

㉱ 접지선과 접지극은 은납땜을 하여 접속하였다.

풀이 접지선에는 옥외용 비닐 절연전선은 제외

답 ㉰

08 지선의 중간에 넣는 애자의 명칭은?

㉮ 구형애자 ㉯ 곡핀애자 ㉰ 인류애자 ㉱ 핀애자

풀이 구형애자(지선애자=옥애자) : 지선의 중간 부분에 사용

답 ㉮

09 금속관 공사를 할 때 앤트랜스 캡의 사용으로 옳은 것은?

㉮ 금속관이 고정되어 회전시킬 수 없을 때 사용
㉯ 저압 가공인입선의 인입구에 사용
㉰ 배관의 직각의 굴곡 부분에 사용
㉱ 조명기구가 무거울 때 조명기구 부착용으로 사용

◆ 풀이 앤트랜스 캡의 용도 : 저압 가공선의 인입구에 전선을 보호하기 위해 관 끝에 취부

답 ㉯

10 400 [V] 미만인 저압 옥내 배선을 가요전선관 공사에 의한다고 할 때 전선관에는 제 몇 종 접지공사를 하여야 하는가? (단, 관의 길이는 4 [m]를 초과한다고 한다.)

㉮ 제 1 종 접지공사 ㉯ 제 2 종 접지공사
㉰ 제 3 종 접지공사 ㉱ 특별 제 3 종 접지공사

◆ 풀이 • 가요 전선관 공사

① 400 [V] 미만 : 제 3 종 접지공사(단, 관의 길이가 4 [m] 이하인 경우에는 제외)
② 400 [V] 이상 : 특 3 종 접지공사(단, 사람이 접촉할 우려가 없으면 제 3 종 접지공사)

답 ㉰

11 금속관 끝에 나사를 내는 공구는?

㉮ 오스터 ㉯ 파이프 커터 ㉰ 리머 ㉱ 스패너

◆ 풀이 오스터 : 금속관 끝에 나사를 내는 공구

답 ㉮

12 절연전선 서로를 접속할 때 어느 접속기를 사용하면 접속 부분에 절연을 할 필요가 없는가?

㉮ 전선 피박이 ㉯ 박스형 커넥터 ㉰ 전선 커버 ㉱ 목대

◆ 풀이 박스형 커넥터 : 박스형 커넥터 사용시 절연전선 상호 접속시 절연을 할 필요가 없다.

답 ㉯

13 조명용 백열전등을 일반주택 및 아파트 각 호실에 설치할 때 현관 등은 최대 몇 분 이내에 소등되는 타임 스위치를 시설하여야 하는가?

㉮ 1 ㉯ 2 ㉰ 3 ㉱ 4

◆ 풀이 • 타임 스위치 **답** ㉰

① 일반주택의 현관 복도 : 3분 이내 소등

② 호텔 · 여관 등의 현관 복도 : 1분 이내 소등

14 하나의 콘센트에 둘 또는 세 가지의 기계기구를 끼워서 사용할 때 사용되는 것은?

㉮ 노출형 콘센트 ㉯ 키리스 소켓 ㉰ 멀티 탭 ㉱ 아이언 플러그

◆ 풀이 멀티 탭 : 하나의 콘센트에 둘 또는 세 가지의 기구를 사용 **답** ㉰

15 다음 중 지중전선로의 매설 방법이 아닌 것은?

㉮ 관로식 ㉯ 암거식 ㉰ 직접매설식 ㉱ 행거식

◆ 풀이 • 지중전선로의 매설 방식 **답** ㉱

① 관로식 ② 암거식 ③ 직접매설식

16 합성수지관 공사에서 옥외 등 온도차가 큰 장소에 노출배관을 할 때 사용하는 커플링은?

㉮ 신축 커플링(0C) ㉯ 신축 커플링(1C)

㉰ 신축 커플링(2C) ㉱ 신축 커플링(3C)

◆ 풀이 • 합성수지관 공사 **답** ㉱

신축 커플링(3C) : 옥외 등 온도차가 큰 노출배관시 사용

17 2종 금속 몰드의 구성 부품으로 조인트 금속의 종류가 아닌 것은?

㉮ L형 ㉯ T형 ㉰ 플랫 엘보 ㉱ 크로스형

◆ 풀이 • 2종 금속 몰드 조인트 금속의 종류
① L형 ② T형 ③ 크로스형

답 ㉰

18 자연 공기 내에서 개방할 때 접촉자가 떨어지면서 자연 소호되는 방식을 가진 차단기로 저압의 교류 또는 직류 차단기로 많이 사용되는 것은?

㉮ 유입 차단기 ㉯ 자기 차단기 ㉰ 가스 차단기 ㉱ 기중 차단기

◆ 풀이 기중 차단기(ACB) : 자연 소호되는 방식으로 저압의 교류 또는 직류 차단기로 많이 사용

답 ㉱

19 흥행장의 400 [V] 미만의 저압 전기 공사를 시설하는 방법으로 적합하지 않은 것은?

㉮ 영사실에 사용되는 이동전선은 1종 캡타이어 케이블 이외의 캡타이어 케이블을 사용한다.
㉯ 플라이 덕트를 시설하는 경우에는 덕트의 끝부분은 막아야 한다.
㉰ 무대용의 콘센트 박스, 플라이 덕트 및 보더 라이트의 금속제 외함에는 제 3 종 접지공사를 한다.
㉱ 무대, 무대마루 밑, 오케스트라 박스 및 영사실의 전로에는 과전류 차단기 및 개폐기를 시설하지 않아야 한다.

답 ㉱

20 변전소의 역할로 볼 수 없는 것은?

㉮ 전압의 변성 ㉯ 전력 생산
㉰ 전력계통 보호 ㉱ 전력의 집중과 배분

◆ 풀이 전력생산은 발전소에 해당

답 ㉯

6회 실전연습문제

01 다음 그림 기호의 명칭은?

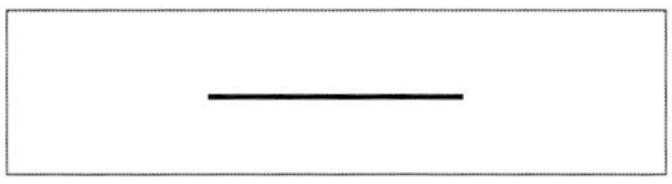

㉮ 천장 은폐 배선　㉯ 바닥 은폐 배선　㉰ 노출 배선　㉱ 바닥면 노출 배선

◆ 풀이
- ———————— : 천장 은폐배선
- – – – – – – – : 바닥 은폐배선
- ·············· : 노출배선
- —··—··—·· : 바닥면 노출 배선

답 ㉮

02 다음 중 전선의 슬리브 접속에 있어서 펜치와 같이 사용되고 금속관 공사에서 로크 너트를 조일 때 사용하는 공구는 어느 것인가?

㉮ 펌프 플라이어(pump plier)　㉯ 히키(hickey)
㉰ 비트 익스텐션(bit extension)　㉱ 클리퍼(clipper)

◆ 풀이 펌프 플라이어 : 금속관 공사에서 로크 너트를 조일 때 사용

답 ㉮

03 배관의 직각 굴곡 부분에 사용하는 것은?

㉮ 로크 너트　㉯ 절연 부싱　㉰ 플로어 박스　㉱ 노멀 밴드

◆ 풀이 노멀 밴드 : 배관의 직각 굴곡 부분에 사용

답 ㉱

04 철근 콘크리트주에 완철을 고정시키려면 어떤 밴드를 사용하는가?

㉮ 암 밴드　㉯ 지선 밴드　㉰ 래크 밴드　㉱ 암타이 밴드

◆ 풀이 암 밴드 : 완철 고정

답 ㉮

05 제 1 종 접지 공사에 사용하는 접지선의 최소 굵기는 몇 [mm^2]인가?

㉮ 1.6　　㉯ 2.0　　㉰ 6　　㉱ 5.0

◆ 풀이　제 1 종 접지 공사의 접지선 굵기 : 공칭다면적 6 [mm^2]이상

답 ㉰

06 다단의 크로스 암이 설치되고 또한 장력이 클 때와 H주일 때 보통지선을 2단으로 부설하는 지선은?

㉮ 보통지선　　㉯ 공동지선　　㉰ 궁지선　　㉱ Y지선

답 ㉱

07 다음 중 600 [V] 비닐 절연전선을 나타내는 약호는?

㉮ IV　　㉯ DV　　㉰ IC　　㉱ NRC

◆ 풀이
- IV : 600 [V] 비닐 절연전선
- DV : 인입용 비닐 절연전선
- IC : 600 [V] 가교 폴리에틸렌 절연전선
- NRC : 고무절연 클로로프렌 시스 네온전선

답 ㉮

08 사람이 접촉될 우려가 있는 곳에 시설하는 경우 접지극은 지하 몇 [cm] 이상의 깊이에 매설하여야 하는가?

㉮ 30　　㉯ 45　　㉰ 50　　㉱ 75

◆ 풀이　접지극 : 지하 75 [cm] 이상의 깊이에 매설

답 ㉱

09 공장 · 사무실 · 학교 · 상점 등의 옥내에 시설하는 전등은 부분 조명이 가능하도록 시설하여야 하는데, 이때 전등군은 몇 등 이내로 하는 것이 바람직한가?

㉮ 6　　㉯ 8　　㉰ 10　　㉱ 12

◆ 풀이　전등군은 6등이 하나의 스위치로 점멸 가능하도록 시설　　답 ㉮

10 전선을 기구단자에 접속할 때 진동 등의 영향으로 헐거워질 우려가 있는 경우에 사용하는 것은?

㉮ 압착단자　　㉯ 코드 패스너　　㉰ 십자머리 볼트　　㉱ 스프링 와셔

◆ 풀이　스프링 와셔 : 단자가 진동 등의 영향으로 헐거워질 우려가 있는 경우에 사용　　답 ㉱

11 다음 중 접지의 목적으로 알맞지 않는 것은?

㉮ 감전의 방지　　㉯ 전로의 대지전압 상승
㉰ 보호 계전기의 동작 확보　　㉱ 이상전압의 억제

◆ 풀이　• 접지의 목적　　답 ㉯
① 감전의 방지
② 전로의 대지 전위 상승 억제
③ 보호 계전기의 동작 확실
④ 이상 전압의 방지

12 다음 중 고압에 속하는 것은?

㉮ 교류 440 [V]　　㉯ 직류 600 [V]　　㉰ 교류 700 [V]　　㉱ 직류 700 [V]

◆ 풀이　　답 ㉰
• 저압　① AC : 600 [V] 이하
　　　② DC : 750 [V] 이하
• 고압　① AC : 600 [V] 초과 7000 [V] 이하
　　　② DC : 750 [V] 초과 7000 [V] 이하
• 특고압 : 7000 [V] 초과

13 한 수용 장소의 인입선에서 분기하여 지지물을 거치지 아니하고 다른 수용 장소의 인입구에 이르는 부분의 전선을 무엇이라 하는가?

㉮ 가공 전선　㉯ 가공 지선　㉰ 가공 인입선　㉱ 연접 인입선

◆ 풀이 • 연접 인입선 : 지지물을 거치지 않은 것
• 가공 인입선 : 지지물을 거치는 것

답 ㉱

14 저압 배선 중의 전압 강하는 간선 및 분기회로에서 각각 표준 전압의 몇 [%] 이하로 하는 것을 원칙으로 하는가?

㉮ 2　㉯ 4　㉰ 6　㉱ 8

◆ 풀이 저압 배선 중 전압 강하는 간선 및 분기회로에서 각각의 표준 전압 : 2 [%] 이하

답 ㉮

15 절연전선의 피복에 "15 [kV] NRV"라고 표기되어 있다. 여기서 "NRV"는 무엇을 나타내는 약호인가?

㉮ 형광등 전선
㉯ 고무절연 폴리에틸렌 시스 네온 전선
㉰ 고무절연 비닐 시스 네온 전선
㉱ 폴리에틸렌 절연 비닐 시스 네온 전선

◆ 풀이 NRV : 고무 절연 비닐 시스 네온 전선

답 ㉰

16 화약고 등의 위험 장소의 배선공사에서 전로의 대지전압은 몇 [V] 이하로 하도록 되어 있는가?

㉮ 300　㉯ 400　㉰ 500　㉱ 600

◆ 풀이 화약고 등의 위험장소의 배선공사에서 전로의 대지전압 : 300 [V] 이하

답 ㉮

17 조명기구의 배광에 의한 분류 중 40 ~ 60 [%] 정도의 빛이 위쪽과 아래쪽으로 고루 향하고 가장 일반적인 용도를 가지고 있으며 상 · 하 좌우로 빛이 모두 나오므로 부드러운 조명이 되는 방식은?

㉮ 직접 조명방식 ㉯ 반직접 조명방식
㉰ 전반확산 조명방식 ㉱ 반간접 조명방식

◆ 풀이 • 조명 방식의 분류(하향광속) 답 ㉰
① 직접 조명 : 90~100 [%]
② 반직접 조명 : 60~900 [%]
③ 전반 확산 조명 : 40~60 [%]
④ 반간접 조명 : 10~40 [%]
⑤ 간접 조명 : 0~10 [%]

18 다음 중 금속 전선관을 박스에 고정시킬 때 사용되는 것은 어느 것인가?

㉮ 새들 ㉯ 부싱 ㉰ 로크 너트 ㉱ 클램프

◆ 풀이 로크 너트 : 금속관과 박스를 고정 답 ㉰

19 다음 중 인류 또는 내장주의 선로에서 활선공법을 할 때 작업자가 현수애자 등에 접촉되어 생기는 안전사고를 예방하기 위해 사용하는 것은?

㉮ 황선 커버 ㉯ 가스 개폐기
㉰ 데드 엔드 커버 ㉱ 프로텍터 차단기

◆ 풀이 데드 엔드 커버 : 활선 작업시 현수애자 등에 접촉되어 생기는 안전사고를 예방하기 위해 사용 답 ㉰

20 다음 철탑의 사용 목적에 의한 분류에서 서로 인접하는 경간의 길이가 크게 달라 지나친 불평형 장력이 가해지는 경우 등에는 어떤 형의 철탑을 사용하여야 하는가?

㉮ 직선형 ㉯ 각도형 ㉰ 인류형 ㉱ 내장형

◆ 풀이 내장형 : 지지물과 지지물 사이의 양쪽 경간의 차가 큰 곳에 사용 답 ㉱

7회 실전연습문제

01 600 [V] 이하의 저압 회로에 사용하는 비닐 절연 비닐 외장 케이블의 약칭으로 맞는 것은?

㉮ VV ㉯ EV ㉰ FP ㉱ CV

◆ 풀이 • VV : 비닐 절연 비닐 외장 케이블 답 ㉮
• EV : 폴리에틸렌 절연 비닐 외장 케이블
• FP : 1000 [V] 형광 방전등용 EP 고무 절연 전선
• CV : 가교 폴리에틸렌 절연 비닐 외장 케이블

02 고압 가공 전선로의 전선의 조수가 3조일 때 완금의 길이는?

㉮ 1200 [mm] ㉯ 1400 [mm] ㉰ 1800 [mm] ㉱ 2400 [mm]

◆ 풀이 • 완금의 길이 답 ㉰

전선의 조수	저압	고압	특고압
2	900	1400	1800
3	1400	1800	2400

03 합성수지관 공사에 대한 설명 중 옳지 않은 것은?

㉮ 습기가 많은 장소, 또는 물기가 있는 장소에 시설하는 경우에는 방습 장치를 한다.
㉯ 관 상호간 및 박스와는 관을 삽입하는 깊이를 관의 바깥지름의 1.2배 이상으로 한다.
㉰ 관이 지지점 간의 거리는 3 [m] 이상으로 한다.
㉱ 합성수지관 안에는 전선에 접속점이 없도록 한다.

◆ 풀이 • 합성수지관 공사 답 ㉰
관의 지지점 간의 거리 : 1.5 [m] 이하

04 구리전선과 전기기계기구 단자를 접속하는 경우에 진동 등으로 인하여 헐거워질 염려가 있는 곳에는 어떤 것을 사용하여 접속하여야 하는가?

㉮ 평와셔 2개를 끼운다. ㉯ 스프링 와셔를 끼운다.
㉰ 코드 패스너를 끼운다. ㉱ 정슬리브를 끼운다.

◆ 풀이 스프링 와셔 : 단자가 진동 등의 영향으로 헐거워질 우려가 있는 경우에 사용 답 ㉯

05 다음 중 접지저항의 측정에 사용되는 측정기의 명칭은?

㉮ 회로시험기 ㉯ 변류기 ㉰ 검류기 ㉱ 어스 테스터

◆ 풀이 어스 테스터 : 접지저항 측정 답 ㉱

06 폭발성 분진이 존재하는 곳의 금속관 공사에 있어서 관 상호 및 관과 박스 기타의 부속품이나 풀박스 또는 전기기계기구와의 접속은 몇 턱 이상이 나사조임으로 접속하여야 하는가?

㉮ 2턱 ㉯ 3턱 ㉰ 4턱 ㉱ 5턱

◆ 풀이 • 금속관 공사 답 ㉱
관 상호간 및 관과 박스 기타의 부속품 · 풀박스 또는 전기기계기구와의 접속은 5턱 이상의 조임나사로 접속한다.

07 저압 가공 인입선의 인입구에 사용하는 부속품은?

㉮ 플로어 박스 ㉯ 링 리듀서 ㉰ 엔트런스 캡 ㉱ 노멀 벤드

◆ 풀이 엔트런스캡 : 저압 가공 인입선의 인입구에 사용 답 ㉰

08 접지선의 절연전선 색상은 특별한 경우를 제외하고는 어느 색으로 표시를 하여야 하는가?

㉮ 적색 ㉯ 황색 ㉰ 녹색 ㉱ 흑색

◆ 풀이 접지선 : 녹색 답 ㉰

09 셀룰로이드 성냥, 석유류 등 기타 가연성 위험물질을 제조 또는 저장하는 장소의 배선으로 잘못된 배선은?

㉮ 금속관 배선　　㉯ 합성수지관 배선
㉰ 플로어 덕트 배선　　㉱ 케이블 배선

◆ 풀이 가연성 위험물질 제조 또는 저장하는 장소의 배선
: 금속관 배선, 합성수지관 배선, 케이블 배선

답 ㉰

10 수변전설비에서 차단기의 종류 중 가스 차단기에 들어가는 가스의 종류는?

㉮ CO_2　　㉯ LPG　　㉰ SF_6　　㉱ LNG

◆ 풀이 가스차단기(GCB) : SF_6(육불화 유황가스)

답 ㉰

11 사용 전압이 380 [V] 저압용인 유도 전동기 외함은 몇 종 접지공사를 하여야 하는가?

㉮ 제 1 종　　㉯ 제 2 종　　㉰ 제 3 종　　㉱ 특별 제 3 종

◆ 풀이 • 기계기구의 철대 및 외함 접지
① 400 [V] 미만 : 제 3 종 접지공사
② 400 [V] 이상 저압용 : 특별 제 3 종 접지공사
③ 고압 또는 특고압 : 제 1 종 접지공사

답 ㉰

12 습기가 많은 장소 또는 물기가 있는 장소의 바닥 위에서 사람이 접촉될 우려가 있는 장소에 시설하는 사용 전압이 400 [V] 미만인 전구선 및 이동전선은 단면적이 최소 몇 [mm^2] 이상인 것을 사용하여야 하는가?

㉮ 0.75　　㉯ 1.25　　㉰ 2.0　　㉱ 3.5

◆ 풀이 400 [V] 미만 전구선 및 이동전선 : 0.75 [mm^2]

답 ㉮

13 금속 전선관 공사에 필요한 공구가 아닌 것은?

㉮ 파이프 바이스 ㉯ 스트리퍼 ㉰ 리머 ㉱ 오스터

◆ 풀이 • 금속관 공사에 필요한 공구 답 ㉯
① 파이프 바이스 : 파이프를 고정
② 리머 : 관 절단 후 다듬는 공구
③ 오스터 : 금속관 끝에 나사를 내는 공구

14 다음 중 변류기의 약호는?

㉮ CB ㉯ CT ㉰ DS ㉱ COS

◆ 풀이 • CB : 교류 차단기 답 ㉯
• CT : 계기용 변류기
• DS : 단로기
• COS : 컷아웃 스위치

15 2종 가요전선관의 굵기(관의 호칭)가 아닌 것은?

㉮ 10 [mm] ㉯ 12 [mm] ㉰ 16 [mm] ㉱ 24 [mm]

◆ 풀이 2종 가요전선관의 굵기(호칭) 답 ㉰
: 10, 12, 15, 17, 24, 30, 38, 50, 63, 76, 83, 101 [mm]

16 전선 2.6 [mm] 이하의 가는 단선을 직선 접속할 때 어느 방법으로 하여야 하는가?

㉮ 브리타니아 접속 ㉯ 트위스트 접속
㉰ 슬리브 접속 ㉱ 우산형 접속

◆ 풀이 • 단선 답 ㉯
① 2.6 [mm] 이하 : 트위스트 접속
② 3.2 [mm] 이상 : 브리타니아 접속

17 저압 옥내 간선에서 전동기의 정격 전류가 40 [A]일 때 전선의 허용 전류는 몇 [A]인가?

㉮ 44　　㉯ 50　　㉰ 60　　㉱ 100

◆ 풀이　• 전선의 허용 전류　　답 ㉯

① 전동기 정격 전류의 합계가 50 [A] 이하인 경우
=전동기 정격 전류의 합×1.25+기타 기계기구 전류의 합

② 전동기 정격 전류의 합계가 50 [A] 초과인 경우
=전동기 정격 전류의 합×1.1+기타 기계기구 전류의 합 ➡ 40×1.25=50 [A]

18 합성수지 몰드 배선의 사용 전압은 몇 [V] 미만이어야 하는가?

㉮ 400　　㉯ 600　　㉰ 750　　㉱ 800

◆ 풀이　합성수지 몰드 배선의 사용 전압 : 400 [V] 미만　　답 ㉮

19 배선용 차단기의 심벌은?

㉮ [B]　　㉯ [E]　　㉰ [BE]　　㉱ [S]

◆ 풀이　　답 ㉮

[B] : 배선용 차단기
[E] : 누전 차단기
[BE] : 과전류 소자붙이 누전 차단기
[S] : 개폐기

20 다음 중 금속 덕트 공사 방법과 거리가 가장 먼 것은?

㉮ 덕트의 말단은 열어 놓을 것
㉯ 금속 덕트는 3 [m] 이하의 간격으로 견고하게 지지할 것
㉰ 금속 덕트의 뚜껑은 쉽게 열리지 않도록 시설할 것
㉱ 금속 덕트 상호는 견고하고 또한 전기적으로 완전하게 접속할 것

◆ 풀이　금속 덕트 공사 : 덕트의 말단은 폐쇄　　답 ㉮

8회 실전연습문제

01 다음 중 나전선과 절연전선 접속시 접속부분의 전선의 세기는 일반적으로 어느 정도 유지해야 하는가?

㉮ 80 [%] 이상 ㉯ 70 [%] 이상 ㉰ 60 [%] 이상 ㉱ 50 [%] 이상

◆ 풀이 전선의 접속시 유의사항 : 전선의 세기를 20 [%] 이상 감소시키지 않을 것 (80 [%] 이상 유지)

답 ㉮

02 다음 중 옥내에 시설하는 저압 전로와 대지 사이의 절연 저항 측정에 사용되는 계기는?

㉮ 콜라우슈 브리지 ㉯ 메거 ㉰ 어스 테스터 ㉱ 마그넷 벨

◆ 풀이
- 콜라우슈 브리지 : 접지 저항, 전해액의 저항 측정에 사용
- 메거 : 절연 저항 측정에 사용
- 어스 테스터 : 접지 저항 측정에 사용
- 마그넷 벨 : 도통 시험에 사용

답 ㉯

03 금속관 공사에서 관을 박스 내에 고정시킬 때 사용하는 것은?

㉮ 부싱 ㉯ 로크 너트 ㉰ 새들 ㉱ 커플링

◆ 풀이 로크 너트 : 금속관과 박스를 고정

답 ㉯

04 홀더용 1종 케이블의 약호는?

㉮ WCT ㉯ WNCT ㉰ WRCT ㉱ TRNCT

◆ 풀이
- 용접용 케이블

약호	품명
WCT	리드용 1종 케이블
WNCT	리드용 2종 케이블
WRCT	홀더용 1종 케이블
WRNCT	홀더용 2종 케이블

답 ㉰

05 다음 중 단선의 브리타니아 직선 접속에 사용되는 것은?

㉮ 조인트선　　㉯ 파라핀선　　㉰ 바인드선　　㉱ 에나멜선

◆ 풀이　조인트선 : 단선의 브리타니아 직선 접속에 사용　　답 ㉮

06 셀룰로이드, 성냥, 석유류 등 기타 가연성 위험물질을 제조 또는 저장하는 장소에 시설해서는 안되는 배선은?

㉮ 애자사용 배선　　㉯ 케이블 배선
㉰ 합성수지관 배선　　㉱ 금속관 배선

◆ 풀이　• 가연성 위험물질 제조 또는 저장하는 장소의 배선　　답 ㉮
① 금속관 배선　② 합성수지관 배선　③ 케이블 배선

07 배전반 및 분전반의 설치장소로 적합하지 못한 것은?

㉮ 전기회로를 쉽게 조작할 수 있는 장소
㉯ 개폐기를 쉽게 조작할 수 있는 장소
㉰ 안정된 장소
㉱ 은폐된 장소

◆ 풀이　• 배전반 및 분전반의 설치 장소　　답 ㉱
① 쉽게 조작할 수 있는 장소
② 안정된 장소

08 작업면에서 천장까지의 높이가 3 [m]일 때 직접 조명일 경우의 광원의 높이는 몇 [m]인가?

㉮ 1　　㉯ 2　　㉰ 3　　㉱ 4

◆ 풀이　• 직접 조명시 광원의 높이　　답 ㉯

$$\text{광원 높이} = \frac{2}{3}H_o = \frac{2}{3} \times 3 = 2\,[\text{m}]$$

09 다음 심벌의 명칭은?

㉮ 과전압 계전기　㉯ 환풍기　㉰ 콘센트　㉱ 룸 에어컨

◆ 풀이　• 심벌　　답 ㉰

 : 콘센트

10 주상 변압기의 고 · 저압 혼촉 방지를 위해 실시하는 2차측 접지 공사는?

㉮ 제 1 종　㉯ 제 2 종　㉰ 제 3 종　㉱ 특별 제 3 종

◆ 풀이　제 2 종 접지 공사 : 변압기의 고 · 저압 혼촉 방지　　답 ㉯

11 다음 중 차단기를 시설해야 하는 곳으로 가장 적당한 것은?

㉮ 다선식 전로의 중성선
㉯ 제 2 종 접지 공사를 한 저압 가공 전로의 접지측 전선
㉰ 고압에서 저압으로 변성하는 2차측의 저압측 전선
㉱ 접지 공사의 접지선

◆ 풀이　• 과전류 차단기의 시설제한 장소　　답 ㉰
① 다선식 전로의 중성선
② 제 2 종 접지공사를 한 저압 가공 전선로의 접지측 전선
③ 접지 공사의 접지선

12 플로어 덕트 공사의 설명 중 옳지 않은 것은?

㉮ 덕트 상호 및 덕트와 박스 또는 인출구와 접속은 견고하고 전기적으로 완전하게 접속하여야 한다.
㉯ 덕트의 끝 부분은 막는다.
㉰ 덕트 및 박스 기타 부속품은 물이 고이는 부분이 없도록 시설하여야 한다.
㉱ 플로어 덕트는 특별 제 3 종 접지 공사로 하여야 한다.

◆ 풀이　플로어 덕트 공사 : 제 3 종 접지 공사　　답 ㉱

13 가스 절연 개폐기나 가스 차단기에 사용되는 가스인 SF_6의 성질이 아닌 것은?

㉮ 연소하지 않는 성질이다.
㉯ 색깔, 독성, 냄새가 없다.
㉰ 절연유의 $\frac{1}{140}$로 가볍지만 공기보다 5배 무겁다.
㉱ 공기의 25배 정도로 절연 내력이 낮다.

◆ 풀이 SF_6 가스의 성질이 아닌 것 : 공기보다 5배 무겁다. **답** ㉱

14 금속관을 조영재에 따라서 시설하는 경우는 새들 또는 행어 등으로 견고하게 지지하고 그 간격을 몇 [m] 이하로 하는 것이 가장 바람직한가?

㉮ 2 ㉯ 3 ㉰ 4 ㉱ 5

◆ 풀이 금속관을 조영재에 따라서 시설하는 경우 새들 또는 행어 등으로 2 [m]마다 견고하게 지지한다. **답** ㉮

15 전선로의 종류가 아닌 것은?

㉮ 옥측 전선로 ㉯ 지중 전선로 ㉰ 가공 전선로 ㉱ 산간 전선로

◆ 풀이 • 전선로의 종류 **답** ㉱
① 옥측 전선로 ② 지중 전선로 ③ 가공 전선로

16 제 2 종 접지 공사의 저항값을 결정하는 가장 큰 요인은?

㉮ 변압기의 용량
㉯ 고압 가공 전선로의 전선 연장
㉰ 변압기 1차 측에 넣는 퓨즈 용량
㉱ 변압기 고압 또는 특고압측 전로의 1선 지락 전류의 암페어 수

◆ 풀이 제 2 종 접지 공사의 접지저항값 $R = \frac{150\,[\text{V}]}{\text{1선 지락 전류}}\,[\Omega]$ **답** ㉱

17 무대, 무대마루 밑, 오케스트라 박스, 영사실, 기타 사람이나 무대 도구가 접촉할 우려가 있는 장소에 시설하는 저압 옥내 배선, 전구선 또는 이동전선은 최고 사용 전압이 몇 [V] 미만이어야 하는가?

㉮ 100　　㉯ 200　　㉰ 400　　㉱ 700

◆ 풀이　저압 옥내 배선, 전구선 또는 이동전선의 최고 사용 전압 : 400 [V] 미만　　답 ㉰

18 지선의 중간에 넣는 애자의 명칭은?

㉮ 구형애자　　㉯ 곡핀애자　　㉰ 현수애자　　㉱ 핀애자

◆ 풀이　구형애자(지선애자＝옥애자) : 지선의 중간 부분에 사용　　답 ㉮

19 가공 전선로의 지지물에 시설하는 지선의 안전율을 얼마 이상이어야 하는가?

㉮ 3.5　　㉯ 3.0　　㉰ 2.5　　㉱ 1.0

◆ 풀이　지선의 안전율 : 2.5 이상　　답 ㉰

20 가요 전선관에 사용되는 부속품이 아닌 것은?

㉮ 스플릿 커플링　　㉯ 콤비네이션커플링
㉰ 앵글 박스 커넥터　　㉱ 유니언 커플링

◆ 풀이　• 가요 전선관에 사용되는 부속품　　답 ㉱
① 스플릿(split) 커플링
② 콤비네이션 커플링
③ 앵글 박스 커넥터

9회 실전연습문제

01 다음 중 과전류 차단기를 설치하는 곳은?

㉮ 간선의 전원측 전선
㉯ 접지 공사의 접지선
㉰ 다선식 전로의 중성선
㉱ 접지 공사를 한 저압 가공전선의 접지측 전선

◆ 풀이 • 과전류 차단기의 설치 제외 장소
① 접지 공사의 접지선
② 다선식 전로의 중성선
③ 저압 가공 전선의 접지측 전선

답 ㉮

02 한 분전반에 사용 전압이 각각 다른 분기회로가 있을 때 분기회로를 쉽게 식별하기 위한 방법으로 가장 적합한 것은?

㉮ 차단기별로 분리해 놓는다.
㉯ 차단기나 차단기 가까운 곳에 각각 전압을 표시하는 명판을 붙여 놓는다.
㉰ 왼쪽은 고압측 오른쪽은 저압측으로 분류해 놓고 전압표시는 하지 않는다.
㉱ 분전반을 철거하고 다른 분전반을 새로 설치한다.

◆ 풀이 분기회로를 식별하기 위한 방법
: 차단기 가까운 곳에 각각 전압을 표시하는 명판을 붙여 놓는다.

답 ㉯

03 합성수지관 배선에 대한 설명으로 틀린 것은?

㉮ 합성수지관 배선은 절연전선을 사용하여야 한다.

㉯ 합성수지관 내에서 전선에 접속점을 만들어서는 안 된다.

㉰ 합성수지관 배선은 중량물의 압력 또는 심한 기계적 충격을 받는 장소에 시설하여서는 안 된다.

㉱ 합성수지관의 배선에 사용되는 관 및 박스, 기타 부속품은 온도변화에 의한 신축을 고려할 필요가 없다.

◆ 풀이 • 합성수지관 배선에 대한 설명으로 틀린 것

➡ 합성수지관의 배선에 사용되는 관 및 박스, 기타 부속품은 온도 변화에 의한 신축을 고려할 필요가 있다.

답 ㉱

04 버스 덕트 공사에 의한 저압 옥내 배선 공사에 대한 설명으로 틀린 것은?

㉮ 덕트 상호간 및 전선 상호간은 견고하고 또한 전기적으로 완전하게 접속할 것

㉯ 저압 옥내 배선의 사용전압이 400 [V] 미만인 경우에는 덕트에 제1종 접지공사를 할 것

㉰ 덕트(환기형의 것을 제외한다)의 끝 부분은 막을 것

㉱ 습기가 많은 장소 또는 물기가 있는 장소에 시설하는 경우에는 옥외용 버스 덕트를 사용할 것

◆ 풀이 버스 덕트 공사 400 [V] 미만 : 제3종 접지 공사

답 ㉯

05 가공 전선로의 지지물이 아닌 것은?

㉮ 목주 ㉯ 지선 ㉰ 철근 콘크리트주 ㉱ 철탑

◆ 풀이 가공 전선로의 지지물이 아닌 것은 지선이다.

답 ㉯

06 광산이나 갱도 내 가스 또는 먼지의 발생에 의해서 폭발할 우려가 있는 장소의 전기 공사 방법 중 옳지 않은 것은?

㉮ 금속관은 박강 전선관 또는 이와 동등 이상의 강도를 가지는 것일 것
㉯ 전동기는 과전류가 생겼을 때에 폭연성 분진에 착화할 우려가 없도록 시설할 것
㉰ 이동전선은 1종 캡타이어 케이블을 사용할 것
㉱ 백열전등 및 방전등용 전등 기구는 조영재에 직접 견고하게 붙이거나 또는 전등을 다는 관·전등 완관 등에 의하여 조영재에 견고하게 붙일 것

답 ㉰

07 금속관 공사시 관을 접지하는 데 사용하는 것은?

㉮ 노출배관용 박스 ㉯ 엘보우 ㉰ 접지 클램프 ㉱ 터미널 캡

◆ 풀이 접지 클램프 : 금속관 공사시 관을 접지하는 데 사용 답 ㉰

08 가요전선관 공사에 대한 설명으로 틀린 것은?

㉮ 가요전선관 상호의 접속은 커플링으로 하여야 한다.
㉯ 1종 금속제 가요전선관은 두께 0.7 [mm] 이하인 것을 사용하여야 한다.
㉰ 가요전선관 및 그 부속품은 기계적, 전기적으로 완전하게 연결하고 적당한 방법으로 조영재 등에 확실하게 지지하여야 한다.
㉱ 사용전압이 400 [V] 미만인 경우는 가요전선관 및 부속품은 제 3 종 접지공사에 의하여 접지하여야 한다.

답 ㉯

09 PVC 전선관의 표준 규격품의 길이는?

㉮ 3 [m] ㉯ 3.6 [m] ㉰ 4 [m] ㉱ 4.5 [m]

◆ 풀이 PVC 전선관의 표준 규격품의 길이 : 4 [m] 답 ㉰

10 폭발성 분진이 있는 위험장소에 금속관 배선에 의할 경우 관 상호 및 관과 박스 기타의 부속품이나 풀박스 또는 전기 기계기구는 몇 턱 이상의 나사 조임으로 접속하여야 하는가?

㉮ 2턱 ㉯ 3턱 ㉰ 4턱 ㉱ 5턱

◆ 풀이 폭발성 분진이 있는 위험 장소에 금속관 배선에 의할 경우 관 상호 및 관과 박스 기타의 부속품이나 풀박스 또는 전기기계기구는 5턱 이상의 나사 조임으로 접속 답 ㉱

11 Ⅳ 전선을 사용한 옥내 배선 공사시 박스 안에서 사용되는 전선 접속 방법은?

㉮ 브리타니아 접속 ㉯ 쥐꼬리 접속
㉰ 복권 직선 접속 ㉱ 트위스트 접속

◆ 풀이 쥐꼬리 접속 : 옥내 배선 공사시 박스 안에 사용 답 ㉯

12 가연성 가스가 존재하는 장소의 저압 시설 공사 방법으로 옳은 것은?

㉮ 가요전선관 공사 ㉯ 합성 수지관 공사
㉰ 금속관 공사 ㉱ 금속 몰드 공사

◆ 풀이 금속관 공사 : 가연성 가스가 존재하는 장소의 저압 시설 공사 답 ㉰

13 절연 전선으로 가선된 배전 선로에서 활선 상태인 경우 전선의 피복을 벗기는 것은 매우 곤란한 작업이다. 이런 경우 활선 상태에서 전선의 피복을 벗기는 공구는?

㉮ 전선 피박기 ㉯ 애자 커버 ㉰ 와이어 통 ㉱ 데드 엔드 커버

◆ 풀이 전선 피박기 : 활선 상태에서 전선의 피복을 벗기는 공구 답 ㉮

14 콘크리트 직매용 케이블 배선에서 일반적으로 케이블을 구부릴 때는 피복이 손상되지 않도록 그 굴곡부 안쪽의 반지름은 케이블 바깥지름의 몇 배 이상으로 하여야 하는가? (단, 단심인 경우이다.)

㉮ 4　　㉯ 8　　㉰ 10　　㉱ 14

◆ 풀이　케이블 공사 : 굴곡부 안쪽의 반지름은 케이블 바깥지름의 8배 이상으로 한다. (단심인 경우)　**답** ㉯

15 전동기의 정격 전류가 20 [A]이다. 전동기 전용 분기 회로에 있어서 허용 전류는 몇 [A] 이상인가?

㉮ 20　　㉯ 25　　㉰ 30　　㉱ 60

◆ 풀이　• 허용 전류　**답** ㉯

50 [A] 이하 : 정격 전류×1.25배 $= 20 \times 1.25 = 25$[A]

16 아웃렛 박스 등의 녹 아웃의 지름이 관의 지름보다 클 때에 관을 박스에 고정시키기 위해 쓰는 재료의 명칭은?

㉮ 터미널 캡　　㉯ 링 리듀서　　㉰ 엔트랜스 캡　　㉱ 유니버설

◆ 풀이　링 리듀서 : 아웃렛 박스 등의 녹 아웃의 지름이 관의 지름보다 클 때 관을 박스에 고정시킬 때 사용　**답** ㉯

17 전선로의 지선에 사용되는 애자는?

㉮ 현수 애자　　㉯ 구형 애자　　㉰ 인류 애자　　㉱ 핀 애자

◆ 풀이　구형 애자 : 전선로의 지선에 사용　**답** ㉯

18 전선의 접속 방법 중 트위스트 접속의 용도는?

㉮ 2.6 [mm] 이하 단선의 직선접속

㉯ 3.2 [mm] 이상 단선의 직선접속

㉰ 3.5 [mm^2] 이상 연선의 직선접속

㉱ 5.5 [mm^2] 이상 연선의 분기접속

◆ 풀이 트위스트 접속 : 2.6 [mm] 이하 단선의 직선 접속 답 ㉮

19 제 1 종 접지공사에 접지선으로 사용되는 연동선의 굵기(지름)는 몇 [mm^2] 이상 되어야 하는가?

㉮ 1.6 [mm^2] ㉯ 2.0[mm^2] ㉰ 6 [mm^2] ㉱ 3.0[mm^2]

◆ 풀이 제 1 종 접지 공사 접지선의 굵기 : 공칭단면적 6[mm^2] 답 ㉰

20 한 수용장소의 인입선에서 분기하여 지지물을 거치지 아니하고 다른 수용장소의 인입구에 이르는 부분의 전선을 무엇이라 하는가?

㉮ 연접 인입선 ㉯ 본딩선 ㉰ 이동전선 ㉱ 지중 인입선

◆ 풀이 연접 인입선 : 한 수용장소의 인입선에서 분기하여 지지물을 거치지 아니하고 다른 수용장소의 인입구에 이르는 부분의 전선 답 ㉮

10회 실전연습문제

01 변전소의 역할에 대한 내용이 아닌 것은?

㉮ 전압의 변성　　㉯ 전력 생산
㉰ 전력의 집중과 배분　　㉱ 역률 개선

◆ 풀이　변전소 : 전력 생산　　**답** ㉯

02 금속관에 여러 가닥의 전선을 넣을 때 매우 편리하게 넣을 수 있는 방법으로 쓰이는 것은?

㉮ 비닐 전선　　㉯ 철망 그리프　　㉰ 접지선　　㉱ 호밍사

◆ 풀이　철망 그리프 : 전선관에 여러 가닥의 전선을 넣을 경우 사용　　**답** ㉯

03 버스 덕트 공사시 사용 전압이 440 [V]인 경우 몇 종 접지 공사를 하여야 하는가?

㉮ 제 1 종 접지 공사를 하여야 한다.
㉯ 제 2 종 접지 공사를 하여야 한다.
㉰ 특별 제 3 종 접지 공사를 하여야 한다.
㉱ 접지 공사가 필요 없다.

◆ 풀이　버스 덕트 공사시 440 [V] : 특별 제 3 종 접지공사　　**답** ㉰

04 애자 사용 공사를 건조한 장소에 시설하고자 한다. 사용 전압이 400 [V] 미만인 경우 전선과 조영재 사이의 이격거리는 최소 몇 [cm] 이상이어야 하는가?

㉮ 2.5 [cm] 이상　　㉯ 4.5 [cm] 이상　　㉰ 6 [cm] 이상　　㉱ 12 [cm] 이상

◆ 풀이　• 애자 사용 공사　　**답** ㉮
400 [V] 미만 : 전선과 조영재 사이의 이격거리는 2.5 [cm] 이상

05 전압의 종별에서 특별 고압이란?

㉮ 7 [kV] 넘는 것　　㉯ 5 [kV] 넘는 것
㉰ 14 [kV] 이상　　㉱ 20 [kV] 이상

◆ 풀이　특고압 : 7000 [V] 초과　　답 ㉮

06 사용 전압이 400 [V] 미만인 경우에 가요 전선관 및 부속품은 몇 종 접지 공사를 하여야 하는가?

㉮ 제 1 종　　㉯ 제 2 종　　㉰ 제 3 종　　㉱ 특별 제 3 종

◆ 풀이　사용 전압이 400 [V] 미만 : 제 3 종 접지공사　　답 ㉰

07 전선에 압착단자 접속시 사용되는 공구는?

㉮ 와이어 스트리퍼　　㉯ 프레셔툴
㉰ 클리퍼　　㉱ 니퍼

◆ 풀이　프레셔툴 : 전선에 압착단자 접속시 사용　　답 ㉯

08 간선에 접속하는 전동기의 정격전류의 합계가 100 [A]인 경우에 간선의 허용 전류가 몇 [A]인 전선의 굵기를 선정하여야 하는가?

㉮ 100　　㉯ 110　　㉰ 125　　㉱ 200

◆ 풀이　• 간선의 허용 전류　　답 ㉯
① 전동기 정격 전류의 합계가 50 [A] 이하 : $I_M \times 1.25$ 배
② 전동기 정격 전류의 합계가 50 [A] 초과 : $I_M \times 1.1$ 배 ➡ $100 \times 1.1 = 110$ [A]

09 저압 가공 인입선의 인입구에 사용하며 금속관 공사에서 끝 부분의 빗물 침입을 방지하는 데 적당한 것은?

㉮ 엔드 ㉯ 엔트런스 캡 ㉰ 부싱 ㉱ 라미플

◆ 풀이 엔트런스 캡 : 저압 가공 인입선의 인입구에 사용(빗물의 침입 방지) 답 ㉯

10 차단기에서 ELB의 용어는?

㉮ 유입 차단기 ㉯ 진공 차단기 ㉰ 배전용 차단기 ㉱ 누전 차단기

◆ 풀이 ELB : 누전 차단기 답 ㉱

11 다음 중 저압 개폐기를 생략하여도 좋은 개소는?

㉮ 부하 전류를 단속할 필요가 있는 개소
㉯ 인입구 기타 고장, 점검, 측정 수리 등에서 개로할 필요가 있는 개소
㉰ 퓨즈의 전원측으로 분기회로용 과전류 차단기 이후의 퓨즈가 플러그 퓨즈와 같이 퓨즈 교환시에 충전부에 접촉될 우려가 없을 경우
㉱ 퓨즈의 전원측

답 ㉰

12 인류하는 곳이나 분기하는 곳에 사용하는 애자는?

㉮ 구형 애자 ㉯ 가지 애자 ㉰ 새클 애자 ㉱ 현수 애자

◆ 풀이 현수 애자 : 인류하는 곳이나 분기하는 곳에 사용 답 ㉱

13 목장의 전기 울타리에 사용하는 경동선의 지름은 최소 몇 [mm] 이상이어야 하는가?

㉮ 1.6 ㉯ 2.0 ㉰ 2.6 ㉱ 3.2

◆ 풀이 목장 – 전기 울타리에 사용되는 경동선의 최소 지름 : 2.0 [mm] 이상 답 ㉯

14 합성수지관 상호간을 연결하는 접속재가 아닌 것은?

㉮ 로크 너트 ㉯ TS 커플링 ㉰ 콤비네이션 커플링 ㉱ 2호 커넥터

◆ 풀이 로크 너트 : 금속관과 박스를 고정 답 ㉮

15 가공 전선로의 지지물에 시설하는 지선에서 맞지 않는 것은?

㉮ 지선의 안전율은 2.5 이상일 것
㉯ 지선의 안전율은 2.5 이상일 경우에 허용 인장 하중의 최저는 4.31 [kN]으로 한다.
㉰ 소선의 지름이 1.6 [mm] 이상의 동선을 사용한 것일 것
㉱ 지선에 연선을 사용할 경우에는 소선 세 가닥 이상의 연선일 것

◆ 풀이 지선 : 소선의 지름이 2.6 [mm] 이상의 동선을 사용한 것 답 ㉰

16 박스 내에서 가는 전선을 접속할 때에는 어떤 방법으로 접속하는가?

㉮ 트위스트 접속 ㉯ 쥐꼬리 접속 ㉰ 브리타니아 접속 ㉱ 슬리브 접속

◆ 풀이 쥐꼬리 접속 : 박스 내에서 가는 전선을 접속 답 ㉯

17 다음 중 충전되어 있는 활선을 움직이거나 작업권 밖으로 밀어낼 때 또는 활선을 다른 장소로 옮길 때 사용하는 절연봉은?

㉮ 애자 커버 ㉯ 전선 커버 ㉰ 와이어통 ㉱ 전선피박기

◆ 풀이 • 와이어통 답 ㉰
① 활선을 움직이거나 작업권 밖으로 밀어낼 때
② 활선을 다른 장소로 옮길 때 사용

18 저압 옥외 전기설비(옥측의 것을 포함한다)의 내염(耐鹽) 공사에서 설명이 잘못된 것은?

㉮ 바인드선은 철제의 것을 사용하지 말 것
㉯ 계량기함 등은 금속제를 사용할 것
㉰ 철제류는 아연도금 또는 방청도장을 실시할 것
㉱ 나사못류는 동합금(놋쇠)제의 것 또는 아연도금한 것을 사용할 것

답 ㉯

19 옥내 저압 이동전선으로 사용하는 캡타이어 케이블에는 단심, 2심, 3심, 4~5심이 있다. 이때 도체 공칭 단면적의 최소값은 몇 $[mm^2]$인가?

㉮ 0.75 ㉯ 2 ㉰ 5.5 ㉱ 8

답 ㉮

20 전선 접속에 관한 설명으로 틀린 것은?

㉮ 접속 부분의 전기 저항을 증가시켜서는 안 된다.
㉯ 전선의 세기를 20 [%] 이상 유지해야 한다.
㉰ 접속 부분은 납땜을 한다.
㉱ 절연을 원래의 절연효력이 있는 테이프로 충분히 한다.

◆ 풀이 전선의 세기를 80 [%] 이상 유지(20 [%] 이상 감소시키지 않을 것)

답 ㉯

11회 실전연습문제

01 다음과 같은 그림기호의 명칭은?

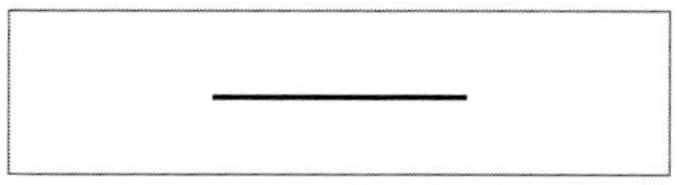

㉮ 천장 은폐 배선　　㉯ 노출 배선　　㉰ 지중 매설 배선　　㉱ 바닥 은폐 배선

◆ 풀이　① ———————— : 천장 은폐배선
② ┈┈┈┈┈┈┈┈ : 노출배선
③ —·—·—·— : 지중 매설배선
④ - - - - - - - - : 바닥 은폐배선

답 ㉯

02 1종 금속 몰드 배선 공사를 할 때 동일 몰드 내에 넣는 전선수는 최대 몇 본 이하로 하여야 하는가?

㉮ 3　　㉯ 5　　㉰ 10　　㉱ 12

◆ 풀이　이종 금속 몰드 배선 공사시 동일 몰드 내에 넣는 전선수는 최대 10분 이하로 한다.

답 ㉰

03 가공 인입선 중 수용장소의 인입선에서 분기하여 다른 수용장소의 인입구에 이르는 전선을 무엇이라 하는가?

㉮ 소주 인입선　　㉯ 연접 인입선　　㉰ 본주 인입선　　㉱ 인입간선

◆ 풀이　연접 인입선 : 수용 장소의 인입선에서 분기하여 지지물을 거치지 않고 다른 수용장소의 인입구에 이르는 전선

답 ㉯

04 변전소에 사용되는 주요 기기로서 ABB는 무엇을 의미하는가?

㉮ 유입 차단기　　㉯ 자기 차단기　　㉰ 공기 차단기　　㉱ 진공 차단기

◆ 풀이　• 차단기의 종류　　**답** ㉰

① OCB : 유입 차단기　　② MBB : 자기 차단기

③ ABB : 공기 차단기　　④ VCB : 진공 차단기

05 수 · 변전 설비의 인입구 개폐기로 많이 사용되고 있으며 전력 퓨즈의 용단시 결상을 방지하는 목적으로 사용되는 개폐기는?

㉮ 부하 개폐기　　㉯ 선로 개폐기

㉰ 자동 고장 구분 개폐기　　㉱ 기중 부하 개폐기

◆ 풀이　• 부하 개폐기(LBS)　　**답** ㉮

① 수 · 변전 설비의 인입구 개폐기로 많이 사용

② 전력 퓨즈의 용단시 결상을 방지

06 $\dfrac{\text{부하의 평균 전력(1시간 평균)}}{\text{최대 수용 전력(1시간 평균)}} \times 100\,[\%]$의 관계를 가지고 있는 것은?

㉮ 부하율　　㉯ 부등률　　㉰ 수용률　　㉱ 설비율

◆ 풀이　**답** ㉮

• 부하율 $= \dfrac{\text{부하의 평균 전력}}{\text{최대 수용 전력}} \times 100$

• 부등률 $= \dfrac{\text{개별 최대 수용 전력의 합}}{\text{합성 최대 전력}}$

• 수용률 $= \dfrac{\text{최대 수용전력}}{\text{설비 용량}}$

07 주상변압기 설치시 사용하는 것은?

㉮ 완금 밴드　㉯ 행어 밴드　㉰ 지선 밴드　㉱ 암타이 밴드

◆ 풀이　행어 밴드 : 주상 변압기를 전극에 설치하기 위하여 사용되는 금구류　답 ㉯

08 옥내 배선의 박스(접속함) 내에서 가는 전선을 접속할 때 주로 어떤 방법을 사용하는가?

㉮ 쥐꼬리 접속　㉯ 슬리브 접속　㉰ 트위스트 접속　㉱ 브리타니아 접속

◆ 풀이　쥐꼬리 접속 : 옥내 배선의 박스 내에서 가는 전선을 접속　답 ㉮

09 건축물의 종류에서 표준 부하를 20 [VA/m²]으로 하여야 하는 건축물은 다음 중 어느 것인가?

㉮ 교회, 극장　㉯ 학교, 음식점　㉰ 은행, 상점　㉱ 아파트, 미용원

◆ 풀이　표준 부하를 20 [VA/m²]으로 하는 건축물 : 학교, 음식점　답 ㉯

10 폭발성 분진이 존재하는 곳의 금속관 공사에 있어서 관상호 및 관과 박스 기타의 부속품이나 풀박스 또는 전기 기계기구와의 접속은 몇 턱 이상의 나사 조임으로 접속하여야 하는가?

㉮ 2턱　㉯ 3턱　㉰ 4턱　㉱ 5턱

◆ 풀이　• 관 상호간 및 관과 박스 기타의 부속품　답 ㉱
• 풀박스 또는 전기 기계기구와의 접속 : 5턱 이상의 조임나사로 접속

11 저압 옥내 간선에 사용되는 전선에 관한 사항이다. 간선에 접속하는 전동기 등의 정격 전류의 합계가 50 [A]를 초과하는 경우에 그 정격 전류의 합계의 몇 배의 허용 전류가 있는 전선이어야 하는가?

㉮ 0.8　㉯ 1.1　㉰ 1.25　㉱ 3.0

◆ 풀이　• 간선의 허용 전류　답 ㉯
전동기 전류의 합계가 50 [A] 이하 : 전동기 정격 전류의 합계×1.25배

12 1종 가요 전선관을 구부릴 경우의 곡률 반지름은 관 안지름의 몇 배 이상으로 하여야 하는가?

㉮ 3 ㉯ 4 ㉰ 5 ㉱ 6

◆ 풀이 1종 가용 전선관을 구부릴 경우 곡률 반지름은 관 안지름의 6배 이상으로 한다. 답 ㉱

13 성냥, 석유류, 셀룰로이드 등 기타 가연성 물질을 제조 또는 저장하는 장소의 배선 방법으로 적당하지 않은 공사는?

㉮ 케이블 배선 공사 ㉯ 방습형 플레시블 배선 공사
㉰ 합성수지관 배선 공사 ㉱ 금속관 배선 공사

◆ 풀이 • 성장 · 석유류 · 셀룰로이드 등 기타 가연성 물질 제조 또는 저장하는 장소의 배선 방법 답 ㉯
① 케이블 배선 공사 ② 합성수지관 배선 공사 ③ 금속관 배선 공사

14 2종 금속 몰드의 구성 부품에서 조인트 금속 부품이 아닌 것은?

㉮ 노멀밴드형 ㉯ L형 ㉰ T형 ㉱ 크로스형

◆ 풀이 노벌밴드형 : 배관의 직각 굴곡 부분에 사용 답 ㉮

15 가스 절연 개폐기나 가스 차단기에 사용되는 가스인 SF_6의 성질이 아닌 것은?

㉮ 연소하지 않는 성질이다.
㉯ 색깔, 독성, 냄새가 없다.
㉰ 절연유의 1/140로 가볍지만 공기보다 5배 무겁다.
㉱ 공기의 25배 정도로 절연 내력이 낮다.

◆ 풀이 • SF_6(6불화 유황)가스 답 ㉱
① 연소하지 않는 성질
② 색깔 · 독성 · 냄새가 없다.
③ 절연유의 $\frac{1}{140}$로 가볍지만 공기보다 5배 무겁다.
④ 1기압에서 공기보다 2~3배 절연 내력이 크다.

16 금속관 공사에서 금속 전선관의 나사를 낼 때 사용하는 공구는?

㉮ 밴더 ㉯ 커플링 ㉰ 로크 너트 ㉱ 오스터

◆ 풀이 금속관 공사에서 전선관의 나사를 내는 공구 : 오스터

답 ㉱

17 철근 콘크리트주의 길이가 14 [m]이고, 설계 하중이 9.8 [kN] 이하일 때, 땅에 묻히는 표준 깊이는 몇 [m]이어야 하는가?

㉮ 2 [m] ㉯ 2.3 [m] ㉰ 2.5 [m] ㉱ 2.7 [m]

◆ 풀이 • 전구가 땅에 묻히는 깊이

답 ㉱

15 [m] 이하 : 전장$\times\frac{1}{6}$ 이상

단, 설계하중 1000 [kg] 이하

전장 14 [m] 이상, 20 [m] 이하일 경우 : +0.3 [m]

$$\left(14\times\frac{1}{6}\right)+0.3 \fallingdotseq 2.7[m]$$

18 합성수지관을 새들 등으로 지지하는 경우에는 그 지지점간의 거리를 몇 [m] 이하로 하여야 하는가?

㉮ 1.5 [m] 이하 ㉯ 2.0 [m] 이하 ㉰ 2.5 [m] 이하 ㉱ 3.0 [m] 이하

◆ 풀이 • 합성수지관 공사

답 ㉮

새들 등으로 지지하는 경우 지지점 간의 거리 : 1.5 [m] 이하

19 다음 중 동전선의 접속에서 직선 접속에 해당하는 것은?

㉮ 직선 맞대기용 슬리브(B형)에 의한 압착 접속
㉯ 비틀어 꽂는 형의 전선 접속기에 의한 접속
㉰ 종단 겹침용 슬리브(E형)에 의한 접속
㉱ 동선 압착단자에 의한 접속

◆ 풀이 동전선의 접속에서 직선 접속 : 직선 맞대기용 슬리브(B형)에 의한 압착 접속 **답** ㉮

20 교류 400 [V] 미만의 저압용 기계기구의 철대 및 금속제 외함의 접지공사는?

㉮ 제 1 종 접지공사 ㉯ 제 2 종 접지공사
㉰ 제 3 종 접지공사 ㉱ 특별 제 3 종 접지공사

◆ 풀이 • 철대 및 금속제 외함의 접지 공사
① 400 [V] 미만 : 제 3 종 접지 공사
② 400 [V] 이상 저압 : 특별 제 3 종 접지 공사
③ 고압 및 특고압 : 제 1 종 접지 공사
단, 사람이 접촉할 우려 없을시 제 3 종 접지 공사 **답** ㉰

12회 실전연습문제

01 어미자와 아들자의 눈금을 이용하여 두께, 깊이, 안지름 및 바깥지름 측정용에 사용하는 것은?

㉮ 버니어 캘리퍼스　　　　㉯ 스패너
㉰ 와이어 스트리퍼　　　　㉱ 잉글리시 스패너

◆ 풀이　버니어 캘리퍼스 : 어미자와 아들자의 눈금을 이용
(두께, 깊이, 안지름, 바깥지름 측정)　　　답 ㉮

02 그림과 같은 심벌의 명칭은?

MD

㉮ 금속 덕트　　㉯ 버스 덕트　　㉰ 피드 버스 덕트　　㉱ 플러그인 버스 덕트

◆ 풀이　MD : 금속 덕트　　　답 ㉮

03 폭발성 분진이 있는 위험장소의 금속관 공사에 있어서 관 상호 및 관과 박스 기타의 부속품이나 풀박스 또는 전기 기계기구는 몇 턱 이상의 나사 조임으로 시공하여야 하는가?

㉮ 2턱　　㉯ 3턱　　㉰ 4턱　　㉱ 5턱

◆ 풀이　• 관 상호간 및 관과 박스 기타의 부속품
• 풀박스 또는 전기 기계기구와의 접속 : 5턱 이상의 조임 나사로 접속　　　답 ㉱

04 MOF는 무엇의 약호인가?

㉮ 계기용 변압기 ㉯ 계기용 변압변류기
㉰ 계기용 변류기 ㉱ 시험용 변압기

◆ 풀이 MOF : 계기용 변압 변류기 답 ㉯

05 과전류 차단기로 저압 전로에 사용하는 30 [A] 이하의 배선용 차단기는 정격 전류 1.25배의 전류가 흐를 때 몇 분 내에 자동적으로 동작하여야 하는가? 7

㉮ 10분 이내 ㉯ 30분 이내 ㉰ 60분 이내 ㉱ 120분 이내

◆ 풀이 • 과전류 차단기 : 과전류가 흐르면 차단하여 회로와 기기를 보호 답 ㉰
• 배선용 차단기 : 정격 1배의 전류에 견디고

전류	1.25배	2배
30 [A] 이하	60분 이내	2분 이내
50 [A] 이하	60분 이내	4분 이내
100 [A] 이하	120분 이내	6분 이내
225 [A] 이하	120분 이내	8분 이내
400 [A] 이하	120분 이내	10분 이내

06 옥내 배선의 접속함이나 박스 내에서 접속할 때 주로 사용하는 접속법은?

㉮ 슬리브 접속 ㉯ 쥐꼬리 접속
㉰ 트위스트 접속 ㉱ 브리타니아 접속

◆ 풀이 쥐꼬리 접속 : 옥내 배선의 박스 내에서 가는 전선을 접속 답 ㉯

07 특별 제3종 접지 공사의 접지 저항값은 몇 [Ω] 이하이어야 하는가?

㉮ 10 ㉯ 15 ㉰ 20 ㉱ 100

◆ 풀이 • 접지 공사 답 ㉮

접지	저항값	접지선 굵기
① 제1종 접지공사	10 [Ω] 이하	공칭단면적 6[mm^2]
② 제2종 접지공사	$R = \frac{150\,[V]}{I_{1[\Omega]}}$	공칭단면적 16[mm^2] 이상 (고압전로 또는 중성점 다중 접지한 25[KV]이하와 저압전로를 변압기에 의하여 결합한 경우에는 공칭단면적 16[mm^2] 이상)
③ 제3종 접지공사	100 [Ω] 이하	공칭단면적 2.5[mm^2]이상
④ 특별 제3종 접지공사	10 [Ω]	공칭단면적 2.5[mm^2]이상

08 가공 전선로의 지지물에 지선을 사용해서는 안되는 곳은?

㉮ 목주 ㉯ A종 철근 콘크리트주 ㉰ A종 철주 ㉱ 철탑

◆ 풀이 가공 전선로의 지지물에 지선을 사용해서는 안되는 곳 : 철탑 답 ㉱

09 저압 옥내 배선에서 합성수지관 공사에 대한 설명 중 잘못된 것은?

㉮ 합성수지관 안에는 전선에 접속점이 없도록 한다.
㉯ 합성수지관을 새들 등으로 지지하는 경우는 그 지지점간의 거리를 3 [m] 이상으로 한다.
㉰ 합성수지관 상호 및 관과 박스는 접속시에 삽입하는 깊이를 관 바깥지름의 1.2배 이상으로 한다.
㉱ 관 상호의 접속은 박스 또는 커플링(coupling) 등을 사용하고 직접 접속하지 않는다.

◆ 풀이 • 합성수지관 공사 답 ㉯
관 고정을 새들 등으로 지지하는 경우 그 지지점간의 거리를 1.5 [m] 이하로 한다.

10 다음 중 전선 및 케이블 접속 방법이 잘못된 것은?

㉮ 전선의 세기를 30 [%] 이상 감소시키지 않을 것
㉯ 접속 부분은 접속관 기타의 기구를 사용하거나 납땜을 할 것
㉰ 코드 상호, 캡타이어 케이블 상호, 케이블 상호, 또는 이들 상호를 접속하는 경우에는 코드 접속기, 접속함 기타의 기구를 사용할 것
㉱ 도체에 알루미늄을 사용하는 전선과 동을 사용하는 전선을 접속하는 경우에는 접속 부분에 전기적 부식이 생기지 않도록 할 것

◆ 풀이 • 전선 접속시 유의사항 **답** ㉮
전선의 세기를 20 [%] 이상 감소시키지 않을 것. (80 [%] 이상 유지)

11 흥행장의 저압 공사에서 잘못된 것은?

㉮ 무대용의 콘센트 박스 플라이 덕트 및 보더 라이트의 금속제 외함에는 제 3 종 접지를 하여야 한다.
㉯ 무대 마루밑 오케스트라 박스 및 영사실의 전로에는 전용 개폐기 및 과전류 차단기를 시설할 필요가 없다.
㉰ 플라이 덕트는 조영재 등에 견고하게 시설하여야 한다.
㉱ 플라이 덕트 내의 전선을 외부로 인출할 경우는 1종 캡타이어 케이블을 사용한다.

◆ 풀이 • 무대 마루밑 오케스트라 박스 및 영사실의 전로에도 전용 개폐기 및 과전류 차단기를 시설해야 한다. **답** ㉯
흥행장(극장 · 무대 · 방송국) : 400 [V] 미만 – 제 3 종 접지 공사

12 박스에 금속관을 고정할 때 사용하는 것은?

㉮ 유니언 커플링 ㉯ 로크 너트 ㉰ 부싱 ㉱ C형 엘보

◆ 풀이 로크 너트 : 박스에 금속관을 고정시킬 때 사용 **답** ㉯

13 가요 전선관과 금속관의 상호 접속에 쓰이는 재료는?

㉮ 스프리트 커플링　　㉯ 콤비네이션 커플링
㉰ 스트레이트 복스 커넥터　　㉱ 앵글 복스 커넥터

◆ 풀이　콤비네이션 커플링 : 가요 전선관과 금속관의 상호 접속　　답 ㉯

14 부식성 가스 등이 있는 장소에서 시설이 허용되는 것은?

㉮ 과전류 차단기　　㉯ 전등　　㉰ 콘센트　　㉱ 개폐기

◆ 풀이　부식성 가스 등이 있는 장소에 시설이 허용되는 것 : 전등　　답 ㉯

15 가공 전선로의 지지물에 시설하는 지선의 안전율을 얼마 이상이어야 하는가?

㉮ 2　　㉯ 2.5　　㉰ 3　　㉱ 3.5

◆ 풀이　지선의 안전율 : 2.5　　답 ㉯

16 고압 또는 특별 고압 가공 전선로에서 공급을 받는 수용장소의 인입구 또는 이와 근접한 곳에는 무엇을 시설하여야 하는가?

㉮ 계기용 변성기　　㉯ 과전류 계전기　　㉰ 접지 계전기　　㉱ 피뢰기

◆ 풀이　피뢰기 : 고압 또는 특별 고압 가공 전선로에서 수용 장소의 인입구에 설치　　답 ㉱

17 금속 몰드 공사는 몇 종 접지 공사를 하여야 하는가?

㉮ 제 1 종 접지공사　　㉯ 제 2 종 접지공사
㉰ 제 3 종 접지공사　　㉱ 특별 제 3 종 접지공사

◆ 풀이　금속 몰드 공사 : 제 3 종 접지 공사　　답 ㉰

18 다음 그림 기호 중 천장 은폐 배선은?

㉮ 　　㉯  　　㉰  　　㉱ 

◆ 풀이　• 심볼　　　　　　　　　　　　　　　　　　답 ㉯

①  : 천장 은폐배선
②  : 바닥 은폐배선
③  : 노출배선

19 각 수용가의 최대 수용 전력이 각각 5 [kW], 10 [kW], 15 [kW], 22 [kW]이고, 합성 최대 수용 전력이 50 [kW]이다. 수용가 상호간의 부등률은 얼마인가?

㉮ 1.04　　㉯ 2.34　　㉰ 4.25　　㉱ 6.94

◆ 풀이　$\text{부등률} = \dfrac{\text{개별 최대수용전력의 합}}{\text{합성 최대 전력}} = \dfrac{5+10+15+22}{50} = 1.04$　　　답 ㉮

20 교류 전등 공사에서 금속관 내에 전선을 넣어 연결한 방법 중 옳은 것은?

㉮
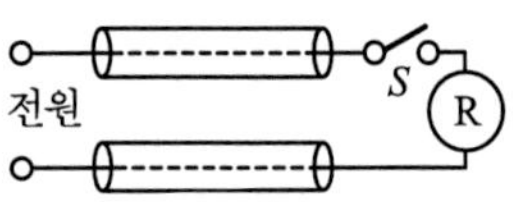

㉯
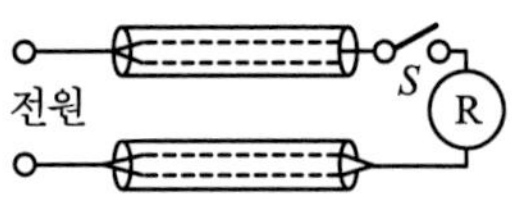

㉰
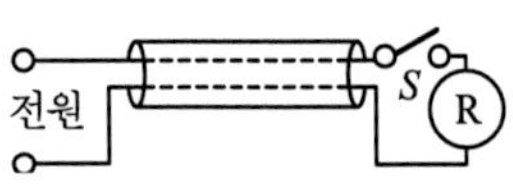

㉱
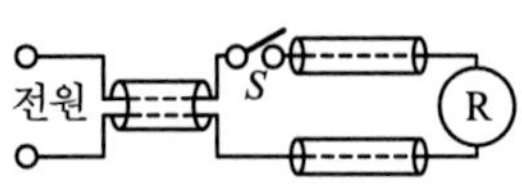

◆ 풀이　금속관 내에 전선을 넣을 때는 동일관 내에 넣어야 한다.　　　답 ㉰

13회 실전연습문제

01 금속관을 구부릴 때 금속관의 단면이 심하게 변형되지 아니하도록 구부려야 하며, 그 안쪽의 반지름은 관 안지름의 몇 배 이상이 되어야 하는가?

㉮ 6 ㉯ 8 ㉰ 10 ㉱ 12

◆ 풀이 금속관을 구부릴 때 굴곡 반경은 관 안지름의 6배이어야 한다. 답 ㉮

02 금속관 배관공사를 할 때 금속관을 구부리는데 사용하는 공구는?

㉮ 히키(hickey) ㉯ 파이프렌치(pipe wrench)
㉰ 오스터(oster) ㉱ 파이프 커터(pipe cutter)

◆ 풀이 금속관을 구부릴 때 사용하는 공구는 히키, 벤더 등이 있다. 답 ㉮

03 접지 저항값에 가장 큰 영향을 주는 것은?

㉮ 접지선 굵기 ㉯ 접지전극 크기 ㉰ 온도 ㉱ 대지저항

◆ 풀이 접지 저항은 대지와 접지 전극 사이의 전기적 저항이므로 접지 저항에 가장 큰 영향을 주는 것은 대지 저항이다. 답 ㉱

04 제1종 및 제2종 접지공사에서 접지선을 철주, 기타 금속체를 따라 시설하는 경우 접지극은 지중에서 그 금속체로부터 몇 cm 이상 떼어 매설하나?

㉮ 30 ㉯ 60 ㉰ 75 ㉱ 100

◆ 풀이 제1종 및 제2종 접지 공사에서 접지선을 처주, 기타 금속체를 따라 시설하는 경우 접지극은 지중에서 그 금속체로부터 1[m] 이상 떼어 매설해야 한다. 답 ㉱

05 금속관 공사에서 노크아웃의 지름이 금속관의 지름보다 큰 경우에 사용하는 재료는?

㉮ 로크너트 ㉯ 부싱 ㉰ 콘넥터 ㉱ 링 리듀서

◆ 풀이 금속관 공사에서 녹아웃의 지름이 금속관의 지름보다 큰 경우에 사용하는 재료는 링리듀서이다. 답 ㉱

06 애자 사용 배선공사 시 사용할 수 없는 전선은?

㉮ 고무 절연전선 ㉯ 폴리에틸렌 절연전선
㉰ 플루오르 수지 절연전선 ㉱ 인입용 비닐 절연전선

◆ 풀이 애자 사용 공사 시 사용할 수 없는 전선은 인입용 비닐 절연 전선(DV)과 옥외용 비닐 절연 전선(OW)이다. 답 ㉱

07 전선의 재료로서 구비해야할 조건이 아닌 것은?

㉮ 기계적 강도가 클 것 ㉯ 가요성이 풍부할 것
㉰ 고유저항이 클 것 ㉱ 비중이 작을 것

◆ 풀이 전선 재료의 구비 조건 답 ㉰
① 도전율이 클 것 ② 기계적 강도가 클 것
③ 내식성이 클 것 ④ 가요성이 클 것
⑤ 접속이 쉬울 것 ⑥ 비중이 작을 것
⑦ 가격이 쌀 것 ⑧ 대량 생산이 가능할 것

08 수・변전 배전반에 설치된 고압 계기용변성기의 2차측 전로의 접지공사는?

㉮ 제 1종 접지공사 ㉯ 제 2종 접지공사
㉰ 제 3종 접지공사 ㉱ 특별 제 3종 접지공사

◆ 풀이 수・변전 배전반에 설치된 고압 계기용 변성기의 2차측 전로의 접기 공사는 제3종 접지 공사를 하여야 한다. 답 ㉰

09 화재 시 소방대가 조명 기구나 파괴용 기구, 배연기 등 소화 활동 및 인명 구조 활동에 필요한 전원으로 사용하기 위해 설치하는 것은?

㉮ 상용전원장치 ㉯ 유도등 ㉰ 비상용 콘센트 ㉱ 비상등

◆ 풀이 화재 시 소방대가 조명 기구나 파괴용 기구, 배연기 등 소화 활동 및 인명 구조 활동에 필요한 전원으로 사용하기 위해 비상용 콘센트를 설치하여야 한다. **답** ㉰

10 가공 전선 지지물의 기초 강도는 주체(主體)에 가하여지는 곡하중(曲荷重)에 대하여 안전율은 얼마 이상으로 하여야 하는가?

㉮ 1.0 ㉯ 1.5 ㉰ 1.8 ㉱ 2.0

◆ 풀이 가공 전선 지지물의 기초 강도는 주체에 가하여지는 곡(曲)하중에 대하여 안전율을 2.0 이상으로 하여야 한다. **답** ㉱

11 전선의 접속에 대한 설명으로 틀린 것은?

㉮ 접속 부분의 전기저항을 20% 이상 증가되도록 한다.
㉯ 접속 부분의 인장강도를 80% 이상 유지되도록 한다.
㉰ 접속 부분에 전선 접속 기구를 사용한다.
㉱ 알루미늄전선과 구리선의 접속 시 전기적인 부식이 생기지 않도록 한다.

◆ 풀이 전선 접속 부분의 전기 저항을 증가시키지 않도록 하여야 한다. **답** ㉮

12 전주 외등 설치 시 백열전등 및 형광등의 조명기구를 전주에 부착하는 경우 부착한 점으로부터 돌출되는 수평거리는 몇 m 이내로 하여야 하는가?

㉮ 0.5 ㉯ 0.8 ㉰ 1.0 ㉱ 1.2

◆ 풀이 전주 외등 설치 시 백열전등 및 형광등의 조명 기구를 전주에 부착하는 경우 부착한 점으로부터 돌출되는 수평 거리는 1.0[m] 이내로 하여야 한다. **답** ㉰

13 간선에 접속하는 전동기의 정격전류의 합계가 50A를 초과하는 경우에는 그 정격전류의 합계의 몇 배에 견디는 전선을 선정하여야 하는가?

㉮ 0.8 ㉯ 1.1 ㉰ 1.25 ㉱ 3

◆ 풀이 간선에 접속하는 전동기의 정격 전류의 합계가 50[A]를 초과하는 경우 그 정격 전류의 1.1배에 견디는 전선을 선정하여야 한다.

답 ㉯

14 전선 약호가 VV인 케이블의 종류로 옳은 것은?

㉮ 0.6/1kV 비닐절연 비닐시스 케이블
㉯ 0.6/1kV EP 고무절연 클로로프렌시스 케이블
㉰ 0.6/1kV EP 고무절연 비닐시스 케이블
㉱ 0.6/1kV 비닐절영ㄴ 비닐캡타이어 케이블

◆ 풀이 VV Cable : 비닐 절연 비닐시스(sheath) cable

답 ㉮

15 저압 2조의 전선을 설치 시, 크로스 완금의 표준 길이(mm)는?

㉮ 900 ㉯ 1400 ㉰ 1800 ㉱ 2400

◆ 풀이 저압 2조의 전선 설치 시 크로스 완금의 표준 길이는 900[mm]이다.

답 ㉮

16 전등 1개를 2개소에서 점멸하고자 할 때 3로 스위치는 최소 몇 개 필요한가?

㉮ 4개 ㉯ 3개 ㉰ 2개 ㉱ 1개

◆ 풀이 전등 1개를 2개소에서 점멸하고자 할 경우 3로 스위치는 양쪽에 2개가 필요하다.

답 ㉰

17 수변전설비 구성기기의 계기용변압기(PT) 설명으로 맞는 것은?

㉮ 높은 전압을 낮은 전압으로 변성하는 기기이다.
㉯ 높은 전류를 낮은 전류로 변성하는 기기이다.
㉰ 회로에 병렬로 접속하여 사용하는 기기이다.
㉱ 부족전압 트립코일의 전원으로 사용된다.

◆ 풀이 PT는 높은 전압을 낮은 전압(110[V])으로 변성하여 전압계, OVR, OVGR 등에 전원을 공급하는 전력 변환 장치이다. 답 ㉮

18 폭연성 분진이 존재하는 곳의 저압 옥내배선 공사 시 공사 방법으로 짝지어진 것은?

㉮ 금속관 공사, MI 케이블 공사, 개장된 케이블 공사
㉯ CD 케이블 공사, MI 케이블 공사, 금속관 공사
㉰ CD 케이블 공사, MI 케이블 공사, 제1종 캡타이어 케이블 공사
㉱ 개장된 케이블 공사, CD 케이블 공사, 제1종 캡타이어 케이블 공사

◆ 풀이 폭연성 분진이 존재하는 곳의 저압 옥내 배선 공사 시 공사 방법은 금속관 공사, 케이블(캡타이어 케이블 제외) 공사에 의하여 시설한다. 답 ㉮

19 22.9kV-y 가공전선의 굵기는 단면적이 몇 mm^2 이상 이어야 하는가? (단, 동선의 경우이다.)

㉮ 22 ㉯ 32 ㉰ 40 ㉱ 50

◆ 풀이 22.9[kV-Y] 가공 전선의 굵기는 22[mm^2] 이상이어야 한다. 답 ㉮

20 화약고의 배선공사시 개폐기 및 과전류차단기에서 화약고 인입구까지는 어떤 배선공사에 의하여 시설하여야 하는가?

㉮ 합성수지관 공사로 지중선로 ㉯ 금속관 공사로 지중선로
㉰ 합성수지몰드 지중선로 ㉱ 케이블사용 지중선로

◆ 풀이 화약고의 배선 공사 시 개폐기 및 과전류 차단기에서 화약고 인입구까지는 케이블을 사용하여 지중에 매설한다. 답 ㉱

14회 실전연습문제

01 저압 연접 인입선의 시설규정으로 적합한 것은?

㉮ 분기점으로부터 90m 지점에 시설 ㉯ 6m 도로를 횡단하여 시설
㉰ 수용가 옥내를 관통하여 시설 ㉱ 지름 1.5mm 인입용 비닐절연전선을 사용

◆ 풀이 • 연접인입선의 시설 규정 **답** ㉮
- 인입선에서 분기하는 점으로부터 100[m]를 초과할 수 있다.
- 폭 5[m]를 넘는 도로를 횡단할 수 없다.
- 다른 옥내를 관통해서는 안 된다.
- 저압에서만 사용한다.
- 전선의 굵기 : 지름 2.6[m] 이상

02 사람이 쉽게 접촉 하는 장소에 설치하는 누전차단기의 사용전압 기준은 몇 V 초과인가?

㉮ 60 ㉯ 110 ㉰ 150 ㉱ 220

◆ 풀이 사람이 쉽게 접촉될 우려가 있는 장소에 시설하는 저압의 금속제 외함을 가지는 기계 기구에 전기를 공급하는 전로에 지락이 발생했을 때에 자동적으로 전로를 차단하는 누전차단기의 사용전압은 60[V]를 초과하여야 한다. **답** ㉮

03 전선을 접속할 경우의 설명으로 틀린 것은?

㉮ 접속 부분의 전기 저항이 증가되지 않아야 한다.
㉯ 전선의 세기를 80% 이상 감소시키지 않아야 한다.
㉰ 접속 부분은 접속 기구를 사용하거나 납땜을 하여야 한다.
㉱ 알루미늄 전선과 동선을 접속하는 경우, 전기적 부식이 생기지 않도록 해야 한다.

◆ 풀이 전선 접속의 기준 **답** ㉯
- 전선의 세기를 20[%] 이상 감소시키지 않아야 한다.
- 전선의 세기를 80[%] 이상 유지하여야 한다.

04 특고압 계기용 변성기 2차측에는 어떤 접지 공사를 하는가?

㉮ 제1종 ㉯ 제2종 ㉰ 제3종 ㉱ 특별 제3종

◆ 풀이 특고압 계기용 변성기 2차측
1종 접지공사
접지 저항값 : 10[Ω]

답 ㉮

05 화약류 저장소에서 백열전등이나 형광등 또는 이들에 전기를 공급하기 위한 전기설비를 시설하는 경우 전로의 대지전압(V)은?

㉮ 100V 이하 ㉯ 150V 이하 ㉰ 220V 이하 ㉱ 300V 이하

답 ㉱

06 연피없는 케이블을 배선할 때 직각 구부리기(L형)는 대략 굴곡 반지름을 케이블의 바깥지름의 몇 배 인상으로 하는가?

㉮ 3 ㉯ 4 ㉰ 6 ㉱ 10

◆ 풀이 케이블의 굴곡 반지름 : 6배 이상. 단, 단심일 경우 8배 이상

답 ㉰

07 정격전류 20A인 전동기 1대와 정격전류 5A인 전열기 3대가 연결된 분기회로에 시설하는 과전류차단기의 정격전류는?

㉮ 35 ㉯ 50 ㉰ 75 ㉱ 100

◆ 풀이 $I_\beta(I_M \times 3\text{배}) + I_n = (20 \times 3) + 15 = 75$

답 ㉰

08 접지저항 측정방법으로 가장 적당한 것은?

㉮ 절연 저항계 ㉯ 전력계
㉰ 교류의 전압, 전류계 ㉱ 코올라우시 브리지

답 ㉱

09 큰 건물의 공사에서 콘크리트에 구멍을 뚫어 드라이브 핀을 경제적으로 고정하는 공구는?

㉮ 스패너 ㉯ 드라이브이트 툴
㉰ 오스터 ㉱ 록 아웃 펀치

답 ㉯

10 전자접촉기 2개를 이용하여 유도전동기 1대를 정·역운전하고 있는 시설에서 전자접촉기 2개가 동시에 여자 되어 상간 단락되는 것을 방지하기 위하여 구성하는 회로는?

㉮ 자깅유지회로 ㉯ 순차제어회로
㉰ Y-Δ 기동 회로 ㉱ 인터록회로

답 ㉱

11 특별 제3종접지공사의 접지저항은 몇 Ω 이하여야 하는가?

㉮ 10 ㉯ 20 ㉰ 50 ㉱ 100

답 ㉮

12 다음 중 버스 덕트가 아닌 것은?

㉮ 플로어 버스 덕트 ㉯ 피더 버스 덕트
㉰ 트롤리 버스 덕트 ㉱ 플러그인 버스 덕트

◆ 풀이 • 버스덕트의 종류
① 피더 버스 덕트
② 트롤리 버스 덕트
③ 플러그인 버스 덕트

답 ㉮

13 과전류차단기로서 저압전로에 사용되는 배선용 차단기에 있어서 정격전류가 25A인 회로에 50A의 전류가 흘렀을 때 몇 분 이내에 자동적으로 동작하여야 하는가?

㉮ 1분　　㉯ 2분　　㉰ 4분　　㉱ 8분

◆ 풀이　배선용 차단기 : 정격전류 1배에서 자동으로 동작하지 말 것　　답 ㉯

정격전류	1.25배	2배
30[A]	60분	2분
50[A]	60분	4분
100[A]	120분	5분
200[A]	120분	8분

14 가공전선로의 지지물에서 다른 지지물을 거치지 아니하고 수용장소의 인입선 접속점에 이르는 가공전선을 무엇이라 하는가?

㉮ 연접인입선　　㉯ 가공인입선　　㉰ 구내전선로　　㉱ 구내인입선

◆ 풀이　가공인입선 : 가공 전선로 지지물에서 다른 지지물을 거치지 아니하고 수용장소 인입구에 이르는 전선　　답 ㉯

연접인입선 : 한 수용 장소 인입구에서 분기하여 다른 지지물을 거치지 아니하고 다른 수용 장소 인입구에 이르는 전선

15 합성수지관 공사의 설명 중 틀린 것은?

㉮ 관의 지지점 간의 거리는 1.5m 이하로 할 것
㉯ 합성 수지관 안에는 전선에 접속점이 없도록 할 것
㉰ 전선은 절연 전선(옥외용 비닐 절연전선을 제외한다.)일 것
㉱ 관 상호간 및 박스와는 관을 삽입하는 깊이를 관의 바깥 지름의 1.5배 이상으로 할 것

◆ 풀이　관과 관의 접속　　답 ㉱

접착제를 사용시 : 관 외경의 0.8배 이상
접착제를 미사용시 : 관 외경의 1.2배 이상

16 배선설계를 위한 전등 및 소형 전기기계기구의 부하용량 산정 시 건축물의 종류에 대응한 표준 부하에서 원칙적으로 표준부하를 20 VA/m2으로 적용하여야 하는 건축물은?

㉮ 교회, 극장 ㉯ 호텔, 병원 ㉰ 은행, 상점 ㉱ 아파트, 미용원

◆ 풀이 표준부하밀도 답 ㉯

건축물의 종류	표준부하 $[VA/m^2]$
공장, 공회당, 사원, 교회, 극장, 영화관, 연회장 등	10
기숙사, 여관, 호텔, 병원, 학교, 음식점, 다방, 대중목욕탕	20
주택, 아파트, 사무실, 은행, 상점, 이발소, 미장원	30

17 지중전선로를 직접매설식에 의하여 시설하는 경우 차량, 기타 중량물의 압력을 받을 우려가 있는 장소의 매설 깊이(m)는?

㉮ 0.6m 이상 ㉯ 1.2m 이상 ㉰ 1.5m 이상 ㉱ 2.0m 이상

◆ 풀이 지중전선로에서 직접 매석식의 공사 방법 답 ㉯

〈최소깊이〉

① 차량등 중량물의 압력을 받을 우려가 없을 때 : 0.6[m]

② 차량등 중량물의 압력을 받을 우려가 있을 때 : 1.2[m]

18 동전선의 직선접속에서 단선 및 연선에 적용되는 접속 방법은?

㉮ 직선맞대기용슬리브에 의한 압착접속

㉯ 가는단선(2.6mm이상)의 분기접속

㉰ S형 슬리브에 의한 분기접속

㉱ 터미널 러그에 의한 접속

◆ 풀이 직선접속 답 ㉮

- 트위스트 접속 : 단면적 $6[mm^2]$ 이하의 가는 단선의 접속
- 브리타니어 접속 : 단면적 $10[mm^2]$ 이상의 굵은 단선의 접속
- 직선 맞대기용 슬리브(B형)에 의한 압착접속

19 급속관 광사에 관하여 설명한 것으로 옳은 것은?

㉮ 저압옥내 배선의 사용전압이 400V 미만인 경우에는 제1종 접지를 사용한다.

㉯ 저압옥내 배선의 사용전압이 400V 이상인 경우에는 제2종 접지를 사용한다.

㉰ 콘크리트에 매설하는 것은 전선관의 두께를 1.2mm 이상으로 한다.

㉱ 전선은 옥외용 비닐 절연 전선을 사용한다.

◆ 풀이 금속관 공사시 관의 두께는 콘크리트에 매입할 경우 1.2[mm] 이상으로 한다. 답 ㉰

20 전기 난방 기구인 전기담요나 전기장판의 보호용으로 사용되는 퓨즈는?

㉮ 플러그퓨즈 ㉯ 온도퓨즈 ㉰ 절연퓨즈 ㉱ 유리관퓨즈

답 ㉯

15회 실전연습문제

01 수 · 변전 설비의 고압회로에 걸리는 전압을 표시하기 위해 전압계를 시설할 때 고압회로와 전압계 사이에 시설 하는 것은?

㉮ 수전용 변압기　　㉯ 계기용 변류기
㉰ 계기용 변압기　　㉱ 권선형 변류기

◆ 풀이 계기용 변압기(PT)의 용도 (본문 표 3-37 참조) 답 ㉰
① 고전압을 저전압으로 변성
② 배전반의 전압계, 전력계, 주파수계, 역률계 표시등 및 부족전압 트립 코일의 전원으로 사용

02 가연성 분진에 전기설비가 발화원이 되어 폭발의 유려가 있는 곳에 시설하는 저압 옥내배선 공사방법이 아닌 것은?

㉮ 금속관 공사　　㉯ 케이블 공사
㉰ 애자사용 공사　　㉱ 합성수지관 공사

◆ 풀이 분진 위험장소의 저압 옥내 배선 공사(내선규정4215-2 참고) 답 ㉰
: 소맥분, 전분, 기타 가연성 분진이 존재하는 곳
① 금송관 배선
② 합성 수지관 배선
③ 케이블 배선 또는 캡타이어 케이블 배선에 의할 것

03 전선의 접속이 불완전하여 발생할 수 있는 사고로 볼 수 없는 것은?

㉮ 감전　　㉯ 누전　　㉰ 화재　　㉱ 절전

답 ㉱

04 저압 구내 가공인입선으로 DV전선 사용 시 전선의 길이가 15m 이하인 경우 사용할 수 있는 최소 굵기는 몇 mm 이상인가?

㉮ 1.5　　㉯ 2.0　　㉰ 2.6　　㉱ 4.0

◆ 풀이 저압 구내 가공인입선(재선규정 2115-1 참조) 답 ㉯

전선의 종류	전선의 굵기	
	전선의 길이 15m 이하	전선의 길이 15m 초과
OW 전선, DV전선, 고압 절연 전선, 특고압 절연 전선	2.0 mm 이상	2.6mm 이상

05 나전선 등의 금속선에 속하지 않는 것은?

㉮ 경동선(지금 12mm 이하의 것)　　㉯ 연동선
㉰ 동합금선(단면적 $35mm^2$ 이하의 것)　　㉱ 경알루미늄선(단면적 $35mm^2$ 이하의 것)

◆ 풀이 나전선 등의 금속선 (내선규정 1430-6 참조) : ㉮,㉯,㉱ 이외에 답 ㉰

① 동합금선 (단면적 $25mm^2$ 이하)
② 알루미늄 합금선 (단면적 $35mm^2$ 이하)
③ 아연도강선
④ 아연도철선

06 배선용 차단기의 심벌은?

㉮ [B]　　㉯ [E]　　㉰ [BE]　　㉱ [S]

◆ 풀이 개폐기 심벌 답 ㉮

① 배선용 차단기
② 누전차단기
③ 과전류붙이 누전차단기
④ 개폐기

※ [$] : 전자 개폐기, [C] : 컷아웃 스위치, (L) : 전류 제한기

07 아래의 그림기호가 나타내는 것은?

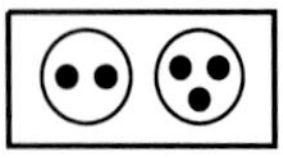

㉮ 비상 콘센트
㉯ 형광등
㉰ 점멸기
㉱ 접지저항 측정용 단자

◆ 풀이 콘덴트 그림 기호 **답** ㉮

① 벽붙이 콘센트 :  ② 비상 콘센트 : 

08 무대 · 오케스트라 박스 · 영사실 기타 사람이나 무대 도구가 접촉 될 우려가 있는 장소에 시설하는 저압 옥내배선의 사용전압은?

㉮ 400 V 미만 ㉯ 500 V 미만 ㉰ 600 V 미만 ㉱ 700 V 미만

◆ 풀이 흥행장 (내선규정 4250→1) **답** ㉮
: 저압 옥내 배선, 전구선 또는 이동 전선은 사용 전압이 400V 미만이어야 한다.

09 금속관 공사에 의한 저압 옥내배선에서 잘못된 것은?

㉮ 전선은 절연 전선일 것
㉯ 금속관 안에서는 전선의 접속점이 없도록 할 것
㉰ 알루미늄 전선은 단면적 16mm^2 초과 시 연선을 사용할 것
㉱ 옥외용 비닐절연전선을 사용할 것

◆ 풀이 금속관 배선은 절연전선을 사용하여야 한다 (옥외용 비닐 절연전선은 제외). **답** ㉱

10 옥내의 건조하고 전개된 장소에서 사용전압이 400 V 이상인 경우에는 사용할 수 없는 배선공사는?

㉮ 애자사용공사 ㉯ 금속덕트공사 ㉰ 버스덕트공사 ㉱ 금속몰드공사

◆ 풀이 금속 몰드 배선 (내선규정 2230-9 참조) **답** ㉱
: 사용 전압은 400V미만이어야 한다.

11 조명기구를 반간접 조명방식으로 설치하였을 때 위(상방향)로 향하는 광속의 양(%)은?

㉮ 0 ~ 10 ㉯ 10 ~ 40 ㉰ 40 ~ 60 ㉱ 60 ~ 90

◆ 풀이 조명기구의 배광 (본문 표 3-76 참조) 답 ㉱
반간접조명 방식 ① 상향 : 60~90% ② 하향 : 40~10%

12 하나의 콘센트에 두개 이상의 플러그를 꽂아 사용할 수 있는 기구는?

㉮ 코드 접속기 ㉯ 멀티 탭 ㉰ 테이블 탭 ㉱ 아이언 플러그

◆ 풀이 ① 멀티 탭(multi tap) : 하나의 콘센트에 2~3가지의 기구를 사용할 때 쓴다. 답 ㉯
② 테이블 탭(table tap) : 코드의 길이가 짧을 때 연장하여 사용한다.

13 접지공사의 종류가 아닌 것은?

㉮ 제1종 접지공사 ㉯ 제2종 접지공사
㉰ 특별 제2종 접지공사 ㉱ 제3종 접지공사

◆ 풀이 • 접지공사의 종류 답 ㉰
① 제1종 접지공사 ② 제2종 접지공사
③ 제3종 접지공사 ④ 특별 제3종 접지공사

14 다음 ( ) 안에 알맞은 내용은?

> 고압 및 특고압용 기계기구의 시설에 있어 고압은 지표상 (ㄱ) 이상(시가지에 시설하는 경우), 특고압은 지표상 (ㄴ) 이상의 높이에 설치하고 사람이 접촉될 우려가 없도록 시설하여야 한다.

㉮ ㄱ : 3.5m, ㄴ : 4m ㉯ ㄱ : 4.5m, ㄴ : 5m
㉰ ㄱ : 5.5m, ㄴ : 6m ㉱ ㄱ : 5.5m, ㄴ : 7m

◆ 풀이 고압 및 특고압용 기계기구 시설(내선규정 3210-2 참조) 답 ㉯
① 시가제에 시설하는 고압 : 4.5m 이상(시가지 이외는 4m)
② 특고압은 5m 이상

15 전주의 길이가 16m 이고, 설계하중이 6.8kN 이하의 철근 콘크리트주를 시설할 때 땅에 묻히는 깊이는 몇 m 이상이어야 하는가?

㉮ 1.2 ㉯ 1.4 ㉰ 2.0 ㉱ 2.5

◆ 풀이 땅에 묻히는 깊이(판단기분 제63조 참조) 답 ㉱

① 15m 이하 : $\frac{1}{6}$ 이상

② 15m 이상 : 2.5m 이상

16 알루미늄전선의 접속방법으로 적합하지 않은 것은?

㉮ 직선접속 ㉯ 분기접속 ㉰ 종단접속 ㉱ 트위스트접속

◆ 풀이 알루미늄 전선의 접속방법 답 ㉱

① 직선접속 : 본문 그림 3-13

② 분기접속 : 본문 그림 3-19

③ 종단접속 : 본문 그림 3-20

※ 트위스트(twist)접속은 동(구리)선의 직선 접속(가는 단선 $6mm^2$ 이하)에 적용된다.

17 배전반 분전반과 연결된 배관을 변경하거나 이미 설치되어 있는 캐비닛에 구멍을 뚫을 때 필요한 공구는?

㉮ 오스터 ㉯ 클리퍼 ㉰ 토치램프 ㉱ 녹아웃펀치

◆ 풀이 녹아웃 펀치(knock out punch) : 배전반, 분전반 등의 배관을 변경하거나 이미 설치되어 있는 캐비닛에 구멍을 뚫을 때 필요한 공구이다. 답 ㉱

※ 클리퍼(clipper : cable cutter) : 굵은 전선 또는 케이블을 절단하는 일종의 가위이다.

18 전선을 접속하는 경우 전선의 강도는 몇 % 이상 감소시키지 않아야 하는가?

㉮ 10 ㉯ 20 ㉰ 40 ㉱ 80

◆ 풀이 전선의 접속 (내선규정 1430-7)
: 전선의 강도(인장하중)를 20% 이상 감소시키지 않을 것

답 ㉯

19 저압 인입선 공사 시 저압 가공인입선이 철도 또는 궤도를 횡단하는 경우 레일면상에서 몇 m 이상 시설하여야 하는가?

㉮ 3 ㉯ 4 ㉰ 5.5 ㉱ 6.5

◆ 풀이 저압 인입선의 높이에 대한 이격거리

답 ㉱

구분	이격거리
도로	도로를 횡단하는 경우 5m 이상
철도 또는 궤도를 횡단	레일면 상 6.5m 이상
횡단보도교의 위쪽	횡단보도교의 노면 상 3m 이상

20 150kW의 수전설비에서 역률을 80%에서 95%로 개선하려고 한다. 이때 전력용 콘덴서의 용량은 몇 kVA인가?

㉮ 63.2 ㉯ 126.4 ㉰ 144.5 ㉱ 157.6

◆ 풀이

$$Q_c = P\left(\sqrt{\frac{1}{\cos^2\theta_1} - 1} - \sqrt{\frac{1}{\cos^2\theta_2} - 1}\right)$$

$$= 150\left(\sqrt{\frac{1}{0.8^2} - 1} - \sqrt{\frac{1}{0.95^2} - 1}\right)$$

$$\fallingdotseq 63.2 \text{ kVA}$$

답 ㉮

16회 실전연습문제

01 S형 슬리브를 사용하여 전선을 접속하는 경우의 유의사항이 아닌 것은?

㉮ 전선은 연선만 사용이 가능하다.
㉯ 전선의 끝은 슬리브의 끝에서 조금 나오는 것이 좋다.
㉰ 슬리브는 전선의 굵기에 적합한 것을 사용한다.
㉱ 도체는 센드페이퍼 등으로 닦아서 사용한다.

◆ 풀이 S형 슬리브를 사용하는 경우 단선, 연선 어느 것에도 사용할 수 있다. 답 ㉮
※ 본문 그림 3-16 참조

02 가공전선의 지지물에 승탑 또는 승강용으로 사용하는 발판 볼트 등은 지표상 몇 m 미만에 시설하여서는 안 되는가?

㉮ 1.2　　㉯ 1.5　　㉰ 1.6　　㉱ 1.8

◆ 풀이 가공전선로의 지지물에 취급자가 오르고 내리는데 사용되는 발판 볼트 등을 지표상 1.8m미만에 시설하여서는 안 된다(판단기분 제 60조 참조) 답 ㉱

03 조명기구를 배광에 따라 분류 하는 경우 특정한 장소만을 고조도로 하기 위한 조명 기구는?

㉮ 직접 조명기구　　㉯ 전반확산 조명기구
㉰ 광천장 조명기구　　㉱ 반직접 조명기구

◆ 풀이 조명 기구의 배광에 의한 조명 방식 답 ㉮
㉮ 직접 조명, 반직점 조명, 전반확산 조명, 반간접 조명, 간접 조명 장식
㉯ 직접 조명은 하향 광속이 90~100% 이므로 조명률이 가장 높다.
㉰ 직접 조명은 공장 등에서 고조도를 필요로 하는 장소에 적합하다.

04 과전류차단기로 저압전로에 사용하는 퓨즈를 수평으로 붙인 경우 퓨즈는 정격전류 몇 배의 전류에 견디어야 하는가?

㉮ 2.0　　㉯ 1.6　　㉰ 1.25　　㉱ 1.1

◆ 풀이　저압용 전선로에 사용되는 퓨즈는 정격전류의 1.1배의 전류에는 견디어야 하며 1.35배, 2배의 정격전류에는 규정시한 이내에 용단되어야 한다.
(내정규정 1470-2 참조)

답 ㉱

05 고압 이상에서 기기의 점검, 수리 시 무전압, 무전류 상태로 전로에서 단독으로 전로의 접속 또는 분리하는 것을 주목적으로 사용되는 수·변전기기는?

㉮ 기중부하 개폐기　㉯ 단로기
㉰ 전력퓨즈　㉱ 컷아웃 스위치

◆ 풀이　단로기(DS) : 개폐기의 일종으로 기기의 점검, 측정, 시험 및 수리를 할 때 기기를 활선으로부터 분리하여 확실하게 회로를 열어놓거나 회로변경을 위하여 설치한다.

답 ㉯

※ 단로기의 심별

단선도용	복선도용
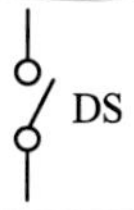	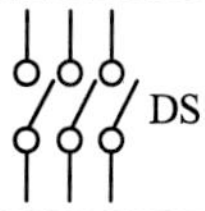

06 지중전선로 시설 방식이 아닌 것은?

㉮ 직접 매설식　　㉯ 관로식　　㉰ 트라이식　　㉱ 암거식

◆ 풀이　지중전선로 시설 방식

답 ㉰

㉮ 직접 매설식 : 본문 그림 3-37(a) 참조
㉯ 관로식 : 본문 그림 3-38(b) 참조
㉰ 암거식 : 터널(tunnel) 내에 케이블을 부설하는 방식으로,
　　　　전력구식(공동구식)도 암거식의 일종이다.

07 화약류의 분말이 전기설비가 발화원이 되어 폭발할 우려가 있는 곳에 시설하는 저압 옥내배선의 공사 방법으로 가장 알맞은 것은?

㉮ 금속관 공사 ㉯ 애자 사용 공사
㉰ 버스덕트 공사 ㉱ 합성수지몰드 공사

◆ 풀이 폭연성 분진 또는 화약류의 분말이 존재하는 곳이고 저압 옥내 배선
: 케이블 공사, 금속관 공사 답 ㉮

08 금속관을 절단할 때 사용되는 공구는?

㉮ 오스터 ㉯ 녹 아웃 펀치 ㉰ 파이프 커터 ㉱ 파이프 렌치

◆ 풀이 파이프 커터(pipe cutter) : 금속관을 절단할 때 사용한다. 답 ㉰

09 합성수지 몰드 공사에서 틀린 것은?

㉮ 전선은 절연 전선일 것
㉯ 합성수지 몰드 안에는 접속점이 없도록 할 것
㉰ 합성수지 몰드는 홈의 폭 및 깊이가 6.5cm 이하일 것
㉱ 합성수지 몰드와 박스 기타의 부속품과는 전선이 노출되지 않도록 할 것.

◆ 풀이 합성수지 몰드의 선정(내선규정 2215-4 참조) 답 ㉰
홈의 폭 및 깊이가 3.5m 이하로 두께는 2mm이상의 것이어야 한다.

10 배전반 및 분전반을 넣은 강판제로 만든 함의 두께는 몇 mm 이상인가?

㉮ 0.8 ㉯ 1.2 ㉰ 1.5 ㉱ 2.0

◆ 풀이 분전반의 함(내선규정 1455-5 참조) 답 ㉯
㉮ 강판제의 것은 두께 1.2mm 이상이어야 한다.
㉯ 난연성 합성수지로 된 것은 두께 1.5mm 이상으로 내(耐) 아크성인 것이어야 한다.

11 실링· 직접부착등을 시설하고자 한다. 배선도에 표기할 그림기호로 옳은 것은?

㉮ 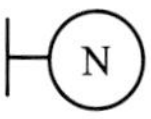　㉯ 　㉰ (CL)　㉱ (R)

◆ 풀이　전등 심벌(천장등)　답 ㉰

(CL) : 실링 라이트 직접부침등

(R) : 리셉터클

(CH) : 샹들리에

※ 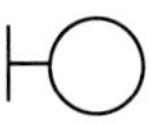 : 벽등(N:나트륨등),  : 외등

12 저압가공전선이 철도 또는 궤도를 횡단하는 경우에는 레일면상 몇 m 이상이어야 하는가?

㉮ 3.5　㉯ 4.5　㉰ 5.5　㉱ 6.5

◆ 풀이　판단기분 제72조 (저·고압 가공전선의 높이)　답 ㉱

① 도로를 횡단하는 경우에는 지표상 6m 이상

② 철도 또는 궤도를 횡단하는 경우에는 궤조면상 6.5m 이상

③ 횡단보도교의 위에 시설하는 경우에는 저압가공전선은 그 노면상 3.5m 이상, 고압 가공전선은 그 노면상 3.5m 이상

④ 이외의 경우에는 지표상 5m 이상

13 인입용 비닐절연전선을 나타내는 약호는?

㉮ OW　㉯ EV　㉰ DV　㉱ NV

◆ 풀이　전선의 약호　답 ㉰

① DV : 인입용 비닐 절연전선

② EV : 폴리에틸렌 절연 비닐시스 케이블

③ OW : 옥외용 비닐절연전선

14 애자사용 공사에서 전선 상호 간의 간격은 몇 cm 이상이어야 하는가?

㉮ 4 ㉯ 5 ㉰ 6 ㉱ 8

◆ 풀이 애자사용 공사 (내선규정 2270-8 참조) 답 ㉰

[전선의 이격거리]

사용전압 / 거리	400V미만의 경우	400V 이상의 경우
전선 상호 간의 거리	6cm 이상	6cm 이상
전선과 조영재와의 거리	2.5cm 이상	4.5cm 이상*

*주) 건조한 장소에서는 2.5cm 이상으로 할 수 있다.

15 옥내배선의 접속함이나 박스 내에서 접속할 때 주로 사용하는 접속법은?

㉮ 슬리브 접속 ㉯ 쥐꼬리 접속 ㉰ 트위스트 접속 ㉱ 브리타니아 접속

◆ 풀이 ① 쥐꼬리 접속(rat tail joint) : 박스 안에서 가는 전선을 접속할 때 적용 답 ㉯
② 브리타니아 접속(britannia joint) : $10mm^2$ 이상의 굵은 단선인 경우에 적용
③ 트위스트 접속(twist joint) : $6mm^2$ 이하의 단선인 경우에 적용

16 위험물 등이 있는 곳에서의 저압 옥내배선 공사 방법이 아닌 것은?

㉮ 케이블 공사 ㉯ 합성수지관 공사 ㉰ 금속관 공사 ㉱ 애자사용 공사

◆ 풀이 위험물 등이 있는 곳에서의 저압의 시설에는 애자사용공사를 하여서는 안 된다. 답 ㉱
※ 전기설비 판단기준 제 201조 참조

17 금속몰드의 지지점간의 거리는 몇 m 이하로 하는 것이 가장 바람직한가?

㉮ 1 ㉯ 1.5 ㉰ 2 ㉱ 3

◆ 풀이 금속 몰드는 조영재에 1.5m 이하마다 고정하고, 금속 몰드 및 기타 부속품에는 제 2종 접지 공사를 하여야 한다(내선규정 2230 참조). 답 ㉯

18 접지공사의 종류와 접지저항 값이 틀린 것은?

㉮ 제1종 접지 : 10Ω 이하　　㉯ 제3종 접지 : 100Ω 이하
㉰ 특별 제3종 접지 : 10Ω 이하　　㉱ 특별 제1종 접지 : 10Ω 이하

◆ 풀이 접지고사의 종류 답 ㉱

접지공사의 종류	접지 저항값
제1종 접지공사	10Ω 이하
제2종 접지공사	변압기 고압 측 또는 특별 고압 측 전로의 1선 지락전류의 암페어 수로 150을 나눈 값과 같은 Ω 수 이하
제3종 접지공사	100Ω 이하
특별 제3종 접지공사	10Ω 이하

19 정격전압 3상 24kV, 정격차단전류 300A 인 수전설비의 차단용량은 몇 MVA 인가?

㉮ 17.26　　㉯ 28.34　　㉰ 12.47　　㉱ 24.94

◆ 풀이 차단기의 용량 산정 답 ㉰

$Q = \sqrt{3} \times 정격전압 \times 정격차단전류 \times 10^{-6}$

$= \sqrt{3} \times 24 \times 10^{3} \times 300 \times 10^{-6} \fallingdotseq 12.47\,\mathrm{MVA}$

20 합성수지관 상호 및 관과 박스는 접속 시에 삽입하는 깊 이를 관 바깥지름의 몇 배 이상으로 하여야 하는가?(단, 접착제를 사용하지 않은 경우이다.)

㉮ 0.2　　㉯ 0.5　　㉰ 1　　㉱ 1.2

◆ 풀이 관과 관의 접속방법 답 ㉱

① 합성수지관 상호 접속 시에 삽입하는 깊이를 관 바깥지름의 1.2배 이상으로 한다.

② 접착제를 사용하는 경우에는 0.8배 이상으로 할 수 있다.

참고문헌

1. *전기설비*, 한국산업인력공단.
2. *전기공사기사*, 국가기술자격시험연구회, 일진사.
3. *신 전기설비설계*, 이준웅, 동일출판사.
4. *IEC 규격에 의한 전기설비*, 이해기·안병록·김득중·송준호·박재원, 태영문화사.
5. *전기설비설계*, 유수복·허만진, 태영문화사.
6. *전기설비의 설계 및 시공*, 이원교, 동일출판사.
7. *최신전기설비*, 지철근·정용기, 문운랑.
8. *배전설비시공실무*, 한국전력공사 배전처.
9. *전기설비*, 최연수, 복두출판사.
10. *6060 알기쉬운 전기기능사*, 김수용 외 1인, 미림원출판사, 2017.
11. *알기쉬운 전력공학*, 김수용, 웅보출판사, 2017.
12. *알기쉬운 송배전공학*, 김수용, 웅보출판사, 2017.
13. *안전교육학*, 김수용, 홍릉과학출판사, 2019.
14. *알기쉬운 전기기기*, 김수용, 화수목출판사, 2020.
15. *알기쉬운 전기이론*, 김수용, 화수목출판사, 2020.

찾아보기

ㅈ

ㅎ

0-9

A-Z

저자 소개

김수용

교육학 / 공학박사 / 기술자(특급)

알기 쉬운 전기설비 정가 18,000원

저자 : 김수용

발행인 : 임정대
발행처 : 도서출판 화수목

인쇄 : 2020년 1월 15일
발행 : 2020년 1월 22일

등록 : 제2014-000166호

주소 : 서울시 마포구 신촌로 2길 5-15
전화 : 02-338-9119
팩스 : 02-335-2201

ISBN 979-11-89933-13-5 (93530)